Speziallagermetall „Turbo-Glyco"

(Metallklasse III C)

Devisensparend
da ohne Zinnzusatz legiert

Kostenmindernd
da der niedrige Preis äußerste Wirtschaftlichkeit gewährleistet

Verschleißfest
da hohe Festigkeitswerte und günstige Gleiteigenschaften

Seit Jahren bewährt
unter den verschiedenartigsten Beanspruchungen bei Arbeits- und Kraftmaschinen aller Art

Bis zu 20 kg bedarfsscheinfrei
falls kein größerer Bedarf vorliegt

Es liegt im Interesse aller Lagermetall-Verbraucher, unsere Druckschrift D. 34 anzufordern. Wir beraten kostenlos in allen Fragen zweckmäßiger Gleitlagerpflege (Schmiernutenanordnung, Lagerspiel usw.) und richtiger Lagermetallverarbeitung

GLYCO-METALL-WERKE
DAELEN & LOOS — WIESBADEN — SCHIERSTEIN

DUROMETER
Apparat für die Härteprüfung nach Rockwell und Kugeldruckproben von 15,6 bis 250 kg Belastung

DURANDO
Original Brinellpresse für Kugeldruckproben von 187,5 bis 3000 kg Belastung

Verlangen Sie unsere Druckschriften

Durometer   Durando

Reparaturen und Überholungen von Kugeldruckpressen „Alpha" werden in unserem Betrieb sorgfältig und preiswert ausgeführt

P. F. DUJARDIN & CO., DÜSSELDORF 74

SIEMENS MESSTECHNIK

Zerstörungsfreie Werkstoffprüfung
nach dem Magnetpulververfahren

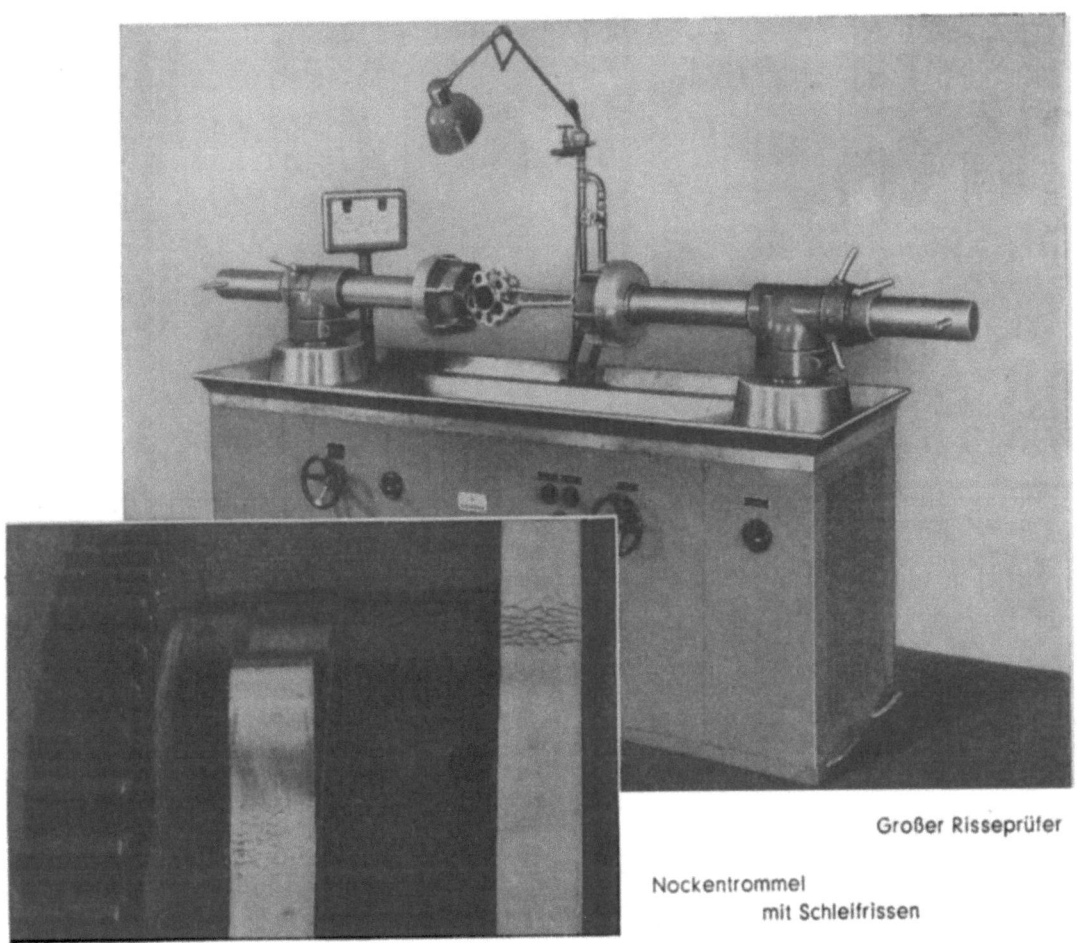

Großer Risseprüfer

Nockentrommel mit Schleifrissen

Kombinierte Prüfeinrichtungen
mit drehbaren Einspannbacken oder mit Supporten, umschaltbarer Felderzeugung, zum Prüfen von Werkstücken beliebiger Form und Länge auf Längsrisse sowie Querrisse

Spezialeinrichtungen zur Reihenprüfung
von zylinderförmigen Hohlkörpern, z. B. Motorzylindern, Nockentrommeln

Tragbare Prüfgeräte
der verschiedensten Bauformen

Nähere Auskunft auf Wunsch

SIEMENS & HALSKE AG · WERNERWERK · BERLIN-SIEMENSSTADT

Ms 236

Maschinen für die Baustoffprüfung
nach den verschiedenen Normen und Vorschriften

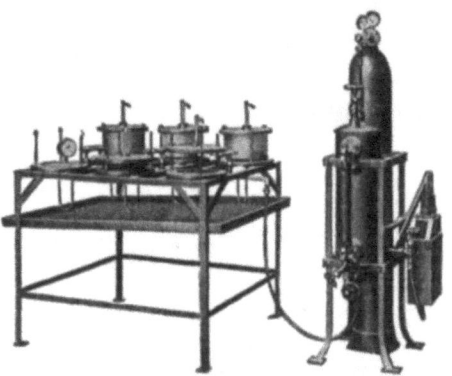

Wasserdurchlässigkeitsprüfer
für Betonproben nach DIN V 4029

OSCAR A. RICHTER
DRESDEN-A. 1, Güterbahnhofstraße 8

Zum neuen SEIL die neue KLEMME

HEUER-HAMMER
GRÜNE i. WESTF.

Bergwerks-Fördereinrichtungen

u. a. **Förderkörbe** mit Münznerscher Original-Sicherheits-Fangvorrichtung und Seilklemmen - Zwischengeschirr **Seilscheiben, Fördermaschinen, Häspel und Aufsetzvorrichtungen** Ferner: **Fahrtregler, Bremsdruckregler, Förderwagenreiniger**
„Bauart G. Schönfeld"

Münzner Maschinenbau Obergruna
Obergruna, Fabrik über Freiberg (Sa.) 2

Wir bauen und liefern
Prüfmaschinen und Prüfgeräte
nach den
Deutschen Normen für Portlandzement, Eisenportlandzement und Hochofenzement (DIN 1164, 1165, E 1166)
Bestimmungen des Deutschen Ausschusses für Eisenbeton
Vorschriften für die Prüfung und Lieferung von Asphalt und Teer (DIN 1995/96)
Anweisungen für Mörtel und Beton (AMB) und
Anweisungen für die Abdichtung von Ingenieurbauwerken (AIB) der Deutschen Reichsbahngesellschaft
Richtlinien für Fahrbahndecken der Reichsautobahnen und anderen in- und ausländischen Vorschriften

CHEMISCHES LABORATORIUM FÜR
TONINDUSTRIE
PROF. DR. H. SEGER & E. CRAMER KOM.-GES.

ABT. PRÜFMASCHINENBAU
BERLIN NW 21, DREYSESTR. 4.

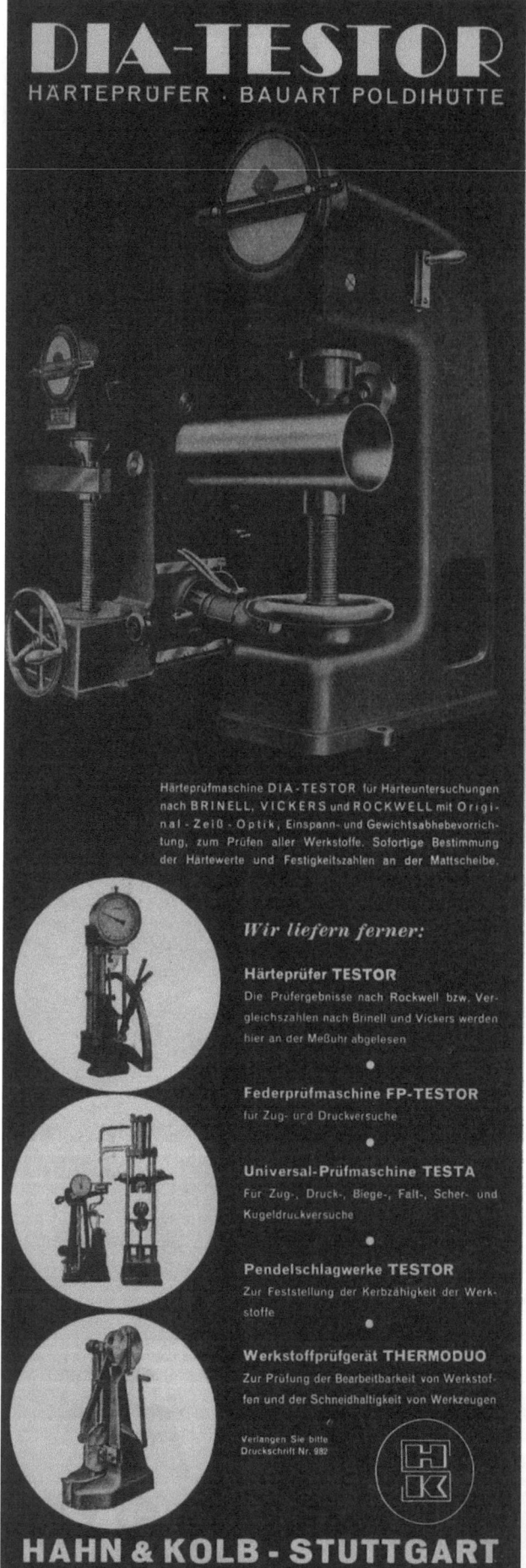

FLURALSIL

das vielseitig anerkannte und bewährte Imprägniersalz für Holzbauwerke aller Art / Grubenholz / Leitungsmaste Schwellen / Wasserbauhölzer usw. liefert

Brander Farbwerke
Chemische Fabrik G. m. b. H.
Brand-Erbisdorf in Sachsen

Fordern Sie auch Angebot über:

Brandschutzmittel,
in farblos und farbig

Dachschutzmassen,
in schwarz und bunt

bewährte **Oberflächenanstriche** für Putz, Beton u. Stein als Schutz gegen aggressive Wässer, Säuren, Laugen u. Gase

---

HÄRTEPRÜFER
nach **Brinell, Rockwell, Vickers**
und allen anderen

Prüfmaschinen

MASCHINENFABRIK KARL BERRANG
VORM. GESELLSCHAFT FÜR FEINMECHANIK m. b. H.,
MANNHEIM

Wir liefern für den Bergbau

Richt- u. Biegepressen für den gesamten Grubenausbau
Biegewalzen für Grubenschienen
Preßluft **Schwimmerpumpen**
Preßluft **Signalhupen**
Preßluft **Schachttoröffner**
Selbsttätige **Schachtsperren** gegen Hinunterfallen von Förderwagen
Förderwagen **Schmiervorrichtung**
Förderwagen **Ausbeulvorrichtung**
Präzisionsschachttorrollen
Grubenstempel-Anspitzmaschine
Sämtliche Preßluftarmaturen, Luftfilter u. dergl.

Paul Stratmann & Co.
Tel. 378 55
„ 378 56 **Dortmund**
„ 378 57 Fabrik für Bergbau und Industriebedarf
Alleiniger Inhaber Paul Stratmann
Postfach 300

LOS-Prüfung... ein Begriff!

Die LOS-Universal-Schwingungsprüfmaschine ist ein voller Erfolg. Hydraulischer Antrieb dadurch genaueste Kraftmessung und lange Lebensdauer. Fragen Sie LOS

LOSENHAUSENWERK
DÜSSELDORF-GRAFENBERG

DRÄGER

Bergbau-Sauerstoff-Schutzgerät Mod. 160A/1934

Atemschutz deutscher Grubenwehren

DRÄGERWERK HEINR. & BERNH. DRÄGER **LÜBECK**
ZWEIGBÜROS: BERLIN W35, ESSEN-RUHR, BEUTHEN O/S, NÜRNBERG

Grubenholzimprägnierung

Die Schutzbehandlung des Grubenholzes wird bei den namhaftesten Bergbaubetrieben Deutschlands seit über

35 Jahren

mit

Wolman-Salzen

erfolgreich durchgeführt.

Mit **Triolith U** kann die Lebensdauer der Grubenhölzer um ein Vielfaches verlängert werden. Auch Bauholz, Zaunpfosten, Schwellen, Mastholz usw. wird nachweislich mit WOLMAN-SALZEN gegen alle Holzzerstörer geschützt.

Rat und Auskunft erteilt:

Allgemeine Holzimprägnierung
G. m b. H.
Berlin W 35   Viktoriastraße 31

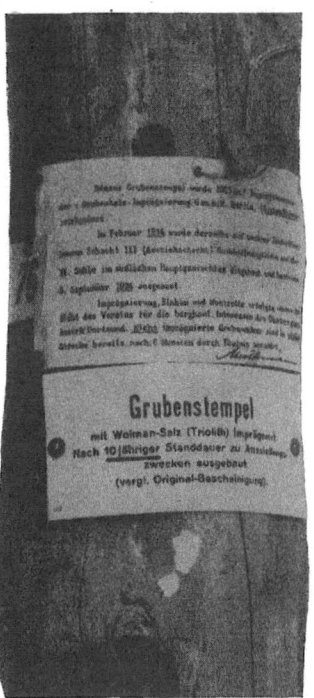

Wiedergabe von Grubenstempeln,
und zwar links: Imprägniert mit „Wolman-Salz" nach 10 jähr. Standdauer,
rechts: unimprägniert nach 10 monatl. Standdauer in der Grube.

Neue Adresse: Berlin NW 7, Charitéstraße 3. Fernruf 416161

CLORA Dichtfiltermaske
aus Leichtmetall und Gummi,
mit auswechselbaren Staubfiltern
gegen Grob- und Feinstaub.
Verlangen Sie Angebot und Druckschriften.

CLORA GEGR. 1910
ATEMSCHUTZGERÄTE
SCHLEICH & CO., SCHWÄBISCH GMÜND

Für alle SCHACHT-ABDICHTUNGEN,
Industriebauten über- und untertage
liefern wir nach besonderem Verfahren in der Praxis überall bewährte
Spezial-Erzeugnisse

Heimalol-Aquafest DRP.
Mafra-Schnell
HAD-Zementhärtung

Beton- und Mörteldichtung, Normal- und
Schnellbindeverfahren!

Fachliche Beratung kostenlos!   Ia Referenzen stehen zu Diensten!

Schächte bis zu den größten Abmessungen werden z. Z. mit unseren Zementdichtungsstoffen mit den denkbar besten Erfolgen trockengelegt.

HEIMALOL, DATTELN i. W. RUF 223

Giesen-Siebe
für Kohle- und Erzaufbereitung

H. GIESEN
JUN. & CO. G.M.B.H.
BERGISCH GLADBACH (RHLD)

Geologie des Niederrheinisch-Westfälischen Steinkohlengebietes

Im Auftrage der Westfälischen Berggewerkschaftskasse zu Bochum
verfaßt von

Professor Dr. phil. habil. Paul Kukuk

Mit Beiträgen zahlreicher Fachgenossen.

Text- und Tafelband. Mit 743 Abbildungen und 48 Tabellen im Text,
einem Titelbild und 14 zum Teil farbigen Tafeln. XVII, IV, 706 Seiten. 1938.
Gebunden RM 66.—

Die Drahtseile in der Praxis

Von

Oberingenieur Dipl.-Ing. Richard Meebold

Leiter der Seilprüfstelle der Saargruben, Saarbrücken.

Mit 75 Abbildungen im Text. IV, 68 Seiten. 1938. RM 6.60

VERLAG VON JULIUS SPRINGER IN BERLIN

WISSENSCHAFTLICHE ABHANDLUNGEN
DER DEUTSCHEN MATERIALPRÜFUNGSANSTALTEN

FRÜHER: SONDERHEFTE DER MITTEILUNGEN DER DEUTSCHEN MATERIALPRÜFUNGSANSTALTEN

1. FOLGE   HEFT 3

WERKSTOFF-PRÜFUNG IM BERGBAU

HERAUSGEGEBEN VOM

PRÄSIDENTEN
DES STAATLICHEN MATERIALPRÜFUNGSAMTS
BERLIN-DAHLEM

MIT 1 TAFEL UND 176 BILDERN IM TEXT

AUSGEGEBEN AM 28. DEZEMBER 1939

SPRINGER-VERLAG BERLIN HEIDELBERG GMBH

1939

Alle Rechte vorbehalten

ISBN 978-3-7091-5291-1   ISBN 978-3-7091-5439-7 (eBook)
DOI 10.1007/978-3-7091-5439-7

Am 26. Juni 1939 verstarb nach kurzer schwerer Krankheit der Präsident des Staatlichen Materialprüfungsamts Berlin-Dahlem

DR.-ING., DR.-ING. E. H. ERICH SEIDL

im Alter von 58 Jahren.

Das Amt betrauert in dem Dahingeschiedenen seinen tatkräftigen Leiter, dessen rastloses Schaffen der wissenschaftlichen Förderung des Materialprüfungswesens und dem Wohle seiner Gefolgschaft gewidmet war.

Erich Seidl entstammte väterlicherseits einer oberbayrischen, mütterlicherseits einer mecklenburgischen Familie; geboren wurde er am 3. Oktober 1880 in Breslau als erster Sohn des Geheimen Baurats Anton Seidl und seiner Gemahlin Marie geb. Kludt. Nach Besuch der Gymnasien zu Breslau, Kattowitz und Stettin studierte er ab 1901 als Bergbaubeflissener der Preußischen Bergwerksverwaltung das Bergfach. 1905 wurde er Bergreferendar, 1909 Bergassessor und in den folgenden 5 Jahren war er dann als Hilfsarbeiter an der Kgl. Geologischen Landesanstalt tätig und widmete sich insbesondere der Untersuchung der deutschen Kalilagerstätten. Hier bot sich ihm auch Gelegenheit zu umfangreichen Studienreisen. So lernte er 1909 die österreichischen und schlesischen Steinkohlenreviere kennen und 1910/11 bereiste er die Wolframit- und Zinnerzgebiete von Portugal, Birma und der malayischen Staaten. Das Jahr 1912 führte ihn zu den Salz- und Braunkohlenlagerstätten Mitteldeutschlands, und 1914 durchforschte er die Salzgebiete Nordspaniens. Aus dieser Zeit stammt auch seine erste größere Arbeit „Die Permische Salzlagerstätte im Graf Moltke Schacht und in der Umgebung von Schönebeck a. d. E. Beziehung zwischen Mechanismus der Gebirgsbildung und innerer Umformung der Salzlagerstätte", die für sein späteres Forschen richtunggebend werden sollte.

Seiner Militärpflicht genügte Erich Seidl 1905/06 als Einjährig-Freiwilliger des Grenadierregiments 2 in Stettin. Während des Weltkrieges nahm er zunächst als Leutnant, später als Ober-Leutnant d. R. an den Kämpfen des östlichen Kriegsschauplatzes (Tannenberg, Warschau) und 1915 im Stabe des Generalfeldmarschalls von der Goltz-Pascha an den Operationen an der persischen Grenze teil. Nach dem Tode des Generalfeldmarschalls wurde er zum Stabe des Deutschen Militärbevollmächtigten an der Deutschen Botschaft in Konstantinopel kommandiert. 1916/17 lernte Seidl auf dem Marsche nach Bagdad und dem Rückwege über Mosul die Erdöl- und Pechgebiete am Euphrat und Tigris kennen, und auf seine Anregung und unter seiner Leitung wurden dann im Jahre 1918 seitens des von ihm aufgestellten „Brennstoffkommandos Arabien" die Erdölquellen bei Mosul erbohrt, die Flieger und Autokolonnen in Arabien mit Motoren-Betriebsstoff belieferten. Als Anerkennung seiner im Kriege geleisteten Dienste wurde er mit dem E. K. I und II ausgezeichnet; auch war er Inhaber des Verwundetenabzeichens.

Nach Beendigung des Weltkrieges trat Erich Seidl Anfang 1919 in das Reichsschatzamt als Hilfsreferent für Kohlensteuer- und schwerindustrielle Fragen ein. Nach seinem Ausscheiden aus der Preußischen Bergverwaltung wurde er im April Regierungsrat, später Oberregierungsrat in der Industrie-Abteilung des neugebildeten Reichsschatzministeriums sowie Leiter der Sektion Metalle und Kommissar des Reichs für die Ilseder Hütte AG. und die Eisenzentrale G. m. b. H. Im April 1920 wurde er zum Ministerialrat befördert und als Vertreter des Reichs Mitglied des Aufsichtsrats der Ilseder Hütte A.G. und verschiedener Aluminium- und Metallgesellschaften, an denen das Reich beteiligt war. Nach seinem Ausscheiden aus dem aktiven Reichsdienst im Jahre 1924 verblieb er noch 4 Jahre im Aufsichtsrat dieser Gesellschaften.

Im Jahre 1924 promovierte Erich Seidl an der Technischen Hochschule Braunschweig mit der Arbeit: „Die geologischen Gesetzmäßigkeiten, welche im Hessisch-Thüringischen (Werra-Fulda-) Gebiet für den Zechstein-Kalisalzbergbau maßgebend sein müssen. Über Umformung verschieden-plastischer Schichten durch Translokation und Dislokation in Verbindung mit tektonisch-plastischer Differentiation."

In den folgenden 10 Jahren betätigte sich Erich Seidl als Privatgelehrter. Er unternahm umfangreiche Studienreisen, die ihn 1927 nach Kanada und Neufundland und 1929 nach der Südafrikanischen Union führten, um die Bergbaugebiete, die Wasserkraftwerke und die Metallhütten dieser Länder kennenzulernen. Seine wissenschaftliche Arbeit war während dieser Jahre Forschungen gewidmet, die sich auf Grenzgebieten der Technischen

Mechanik (nebst Metallographie), der Geophysik, der tektonischen Geologie (nutzbare Lagerstätten) und des Bergbaus (Abbauwirkungen) bewegten.

Im Februar 1933 führte Erich Seidl mit politischen Freunden die Hochschullehrer und Wissenschaftler zunächst im „Kampfbund für deutsche Kultur" für Preußen und im April des gleichen Jahres im NS.-Lehrerbund für das Reich als Leiter der „Reichsfachschaft Hochschullehrer und Wissenschaftler im Nationalsozialistischen Lehrerbund" zusammen. Unter Bezugnahme auf seine wissenschaftlichen Leistungen und seine weltanschauliche Betätigung wurde er im Juni 1934 zum Ehrensenator der Technischen Hochschule Berlin ernannt, und im Juni 1935 ehrte ihn die Technische Hochschule Breslau durch Verleihung des Dr.-Ing. e. h..

Am 1. März 1935 wurde Dr.-Ing., Dr.-Ing. e. h. Seidl von dem Herrn Reichs- und Preußischen Minister für Wissenschaft, Erziehung und Volksbildung mit der Führung der Geschäfte des Präsidenten des Staatlichen Materialprüfungsamtes Berlin-Dahlem beauftragt und Anfang Mai 1935 zum Präsidenten dieses Amtes ernannt.

Erich Seidls Leben als Forscher und als Kämpfer war getragen von dem Gedanken, daß zwar die Pfade, auf denen die Forschung zu neuen Erkenntnissen vordringt, eng und verschlungen und vielfach nur von Einzelnen begehbar sind, daß aber alle gewonnenen Einzelerkenntnisse erst ihren Sinn erhalten, wenn sie als Bausteine in das Gesamtgebäude der Wissenschaft eingefügt werden, daß also die notwendige „S p e z i a l i s i e r u n g" nicht zu einem schädlichen „S p e z i a l i s t e n t u m" führen darf. Seidl hatte frühzeitig erkannt, daß die Gefahr einer gegenseitigen geistigen Entfremdung der Forschenden bei den auf die technische Anwendung ausgerichteten Forschungsgebieten tatsächlich bestand. Die Spezialisten der verschiedenen Fachrichtungen einander näher zu bringen und an das gemeinsam zu errichtende wissenschaftliche Gebäude heranzuführen, betrachtete Seidl als eine wichtige Aufgabe.

Dieser Gedanke leitete ihn auch bei seiner eigenen Forschungstätigkeit. Seine Arbeiten behandelten Grenzgebiete, und er versuchte darin mit Erfolg, jeweils irgendein Fachgebiet durch eine neuartige Anwendung der auf einem anderen Fachgebiet bereits vorliegenden Erkenntnisse zu fördern. So ergaben sich überraschende Berührungspunkte zwischen Forschungsgebieten, die nach Art und Größe der von ihnen behandelten Körper scheinbar wenig miteinander zu tun hatten, wie etwa zwischen Bergbau und Werkstoff-Untersuchung.

Seidl suchte aber nicht nur an einzelnen Punkten geistige Brücken zu schlagen, sondern strebte weiterhin danach, die den verschiedenen in Frage kommenden technischen Wissenschaften gemeinsamen Gedankengänge — zunächst, soweit sie mechanische Fragen betrafen — herauszuarbeiten und sie zur Anwendung auf irgendeinem beliebigen Gebiete bereitzustellen. Dazu war es vielfach notwendig, auf die Grundbegriffe und ihre Definitionen zurückzugehen, was nur unter Heranziehung der reinen Wissenschaften, der Chemie, Physik und Biologie, möglich war.

Einer solchen Sichtung unterzog er u. a. die verschiedenen Zweige der Werkstoff-Wissenschaft und legte die Ergebnisse nieder in den „Leitgedanken einer neuzeitlichen Werkstoff-Forschung"[1], die somit gewissermaßen einen Ausdruck für den theoretischen Inhalt des Vierjahresplans darstellen. Solche gemeinsamen Grundlagen sollten aber auch geschaffen werden und waren zum großen Teil schon ausgearbeitet für andere große Gebiete des technischen Wissens. So wurde vor allem auch die Bergbaukunde und im Zusammenhang damit die Geologie in diese Betrachtungen einbezogen. Es eröffneten sich dadurch neue Wege zum Verständnis mancher bergbaulich-geologischen Vorgänge, die sich bis dahin nicht einwandfrei hatten deuten lassen. Als Zusammenstellung aller dieser Überlegungen und ihrer Erläuterung an den verschiedensten Beispielen war das siebenbändige Werk „Bruch- und Fließformen der Technischen Mechanik und ihre Anwendung auf Geologie und Bergbau"[2] vorgesehen. Das Endziel, das Seidl vorschwebte, war gewissermaßen die Schaffung einer einheitlichen „Spurweite" für die immer weiter auseinanderstrebenden Bahnen der Forschung auf den unzähligen technischen Gebieten, wodurch es ermöglicht werden sollte, die Güter neuer Erkenntnisse von dem Gebiete ihrer Gewinnung u n m i t t e l b a r den anderen Forschungsgebieten zuzuführen und nutzbar zu machen. Wie sehr solche Bestrebungen gerade den heutigen Erfordernissen entsprechen, bedarf wohl keiner weiteren Erörterung.

Die innere Begründung für seine Bemühungen um ein fruchtbares Zusammenarbeiten der Vertreter der verschiedenen Wissensgebiete fand Seidl in dem Satz „Das Ganze ist etwas anderes als nur die Summe seiner Teile". Er hatte erkannt, daß diesem Satz eine universelle Bedeutung zukommt und legte ihn seinen Überlegungen als wesentliche

---

[1] Mitt. deutsch. Mat.-Prüf.-Anst., Sonderh. 33 (1937).
[2] Berlin, VDI-Verlag; bereits erschienen sind Band II (Scher-Form), Band III (Zerreiß-Form) und Band V (Krümmungs-Formen).

Arbeitshypothese zugrunde. Jeder Körper, der belebte sowohl wie der leblose, war demnach, wenn man seine Eigenschaften studieren wollte, als ein Ganzes, als Individuum, anzusehen. Seidl nannte deshalb diese Arbeitshypothese kurz „Individualprinzip". Es ist interessant, daß z. B. in der Werkstoff-Forschung dieser Satz mehr und mehr Berücksichtigung findet. Man glaubte früher, ein vollständiges Bild der Festigkeitseigenschaften eines Körpers gewonnen zu haben, wenn man aus Versuchen, die man mit ihm vornahm, Größen, wie die Druckfestigkeit, Zugfestigkeit usw., errechnete, die auf einen Körper von bestimmten Einheitsausmaßen bezogen und außerdem voneinander unabhängig definiert waren. Widersprüche mit der Erfahrung, die sich daraus ergaben, führten dazu, daß heute die „Werkstoff-Mechanik" mit Erfolg daran arbeitet, die Begriffsbestimmungen der an einem Körper zu messenden Einzelgrößen auf einer einheitlichen theoretischen Grundauffassung aufzubauen, die den Körper stets als ein Ganzes betrachtet. Man sucht also die zusammenhanglosen, selbständigen, „phänomenologischen" Größen durch „atomistisch" begründete Größen zu ersetzen und sie damit dem Gesamtbilde des Körpers einzuordnen.

Diese Auffassung von der Bedeutung der „Ganzheit" übertrug Seidl, wie er in seinen Gesprächen immer wieder durchblicken ließ, von den materiellen „Körpern" auf geistige „Körperschaften", und daraus erklärt sich seine feste Überzeugung von der Notwendigkeit der Zusammenarbeit der Forscher auch der technischen Wissensgebiete, einer Zusammenarbeit, die für die r e i n e n Naturwissenschaften längst selbstverständlich ist. Möge denn das Streben nach der Harmonie des Denkens, das ein Grundzug von Seidls Wesen war, seinem Wunsche entsprechend auch über die Zeit seines Lebens hinaus zum Fortschritt des geistigen Schaffens auf technischem Gebiet beitragen.

Durch zahlreiche Veröffentlichungen und Vorträge versuchte Seidl an Hand der von ihm erarbeiteten Unterlagen den Vertretern der ihm besonders nahestehenden Fachgebiete, den Geologen und Bergleuten, seine Arbeitsmethode verständlich zu machen und ihre Bedeutung für die wissenschaftliche Auffassung und für die praktisch-betriebliche Ausnutzung klarzulegen. Seine Ausführungen wurden stets insbesondere in Kreisen der Bergleute und Markscheider Gegenstand lebhafter Aussprachen, und für das Gebiet der Gebirgsdruckforschung und der Bergschädenverhütung sind die Seidlschen Arbeiten äußerst fruchtbringend gewesen.

Es war unter diesen Umständen nur natürlich, daß Seidl bei seiner Übernahme des Staatlichen Materialprüfungsamts Berlin-Dahlem die Arbeiten, die naturstein-technische Probleme betrafen, besonders pflegte und die Möglichkeit gab, diese Probleme nach der technisch-geologischen und bergmännischen Seite hin zu entwickeln. Darüber hinaus faßte er alle eigentlichen Fragen der Materialprüfung, die den Bergbau betrafen, gesondert zusammen. In dem vorliegenden Bergbauheft wollte er, wie er auch in dem noch von ihm entworfenen Vorwort sagt, einen Querschnitt durch die diesbezüglichen Arbeiten geben.

VORWORT

Von E. Seidl †

Das vorliegende Heft der Wissenschaftlichen Abhandlungen gibt einen Überblick über die Einsetzung des Staatlichen Materialprüfungsamtes Berlin-Dahlem für den deutschen Bergbau.

Dadurch, daß neben den Angehörigen des Staatlichen Materialprüfungsamtes auch Angehörige anderer deutscher Materialprüfungsanstalten Beiträge zur Verfügung stellten, ist auch für den Bereich des Bergbaus der auf andern Gebieten mit Erfolg beschrittene Weg der Gemeinschaftsarbeit eingeschlagen worden.

Bei Bergbaufragen sind zwei Gruppen von Aufgabestellungen zu unterscheiden:

1. Aufgabestellungen der Werkstoffprüfung und Werkstofforschung, die sich für den Bergbau in derselben Weise ergeben und mit denselben Mitteln zu lösen sind, wie für andere Zweige der Technik und Wirtschaft (Kapitel A, B, C und E).

Diese Fragen betreffen die in dauerhaftem Ausbau gesetzten Grubenbauten, also Schächte, Querschläge, unterirdische Maschinenräume usw., ferner den hölzernen, Stahl- oder Steingrubenausbau und verschiedene andere Betriebseinrichtungen.

2. Besondere Aufgabestellungen, die der Sicherung solcher Grubenausbaue dienen, die den Bergbauwirkungen nur solange Widerstand zu leisten brauchen, wie es der fortgeschrittene Abbau erfordert.

Hier handelt es sich um die schwierige Frage, in den Grubenbauen nach Möglichkeit die Spannungsverhältnisse voraus zu beurteilen und das Abbauverfahren so zu gestalten, daß Stein- und Kohlenfall eingeschränkt und die Zahl der Unfälle geringer werden.

In diesen Fragen der Grubensicherheit, die seitens der deutschen Bergbehörden zu wahren sind, ist die betreffende Fachabteilung des Amtes im laufenden Benehmen mit dem Grubensicherheitsamt vorgegangen. Als Staatsbehörde und aus den sich daraus ergebenden Obliegenheiten der inneren Staatsverwaltung ist das Staatliche Materialprüfungsamt bestrebt, mit seinen Fachkräften an der Verbesserung der Grubensicherheit seinen Anteil herzugeben und Grubensicherheitsamt und die oberste Bergbehörde, letzthin das Reichswirtschaftsministerium zu unterstützen. Nach dieser Hinsicht müssen besonders die in Kapitel D wiedergegebenen Arbeiten des Amtes gewertet werden.

INHALT

	Seite
Erich Seidl †	III
Vorwort	VI

A. Allgemeine Werkstoff-Untersuchung.

E. Klemke: Allgemeine Werkstoffprüfung im Bergbau	1

B. Grubenausbau.

A. Schulze: Herabsetzung der Brandgefahr in Gruben	6
B. Schulze: Schutz gegen Holzzerstörung; Pilzschutz	10
M. Herrmann: Mauerwerk im Grubenbetrieb und seine Prüfung	13
A. Hummel: Der Beton im Streckenbau	16
R. Grün: Verhalten von Frisch-Beton in Gefrierschächten	19
W. Döderlein: Prüfung von gußeisernen Schachtringen (Tübbingen)	21

C. Betriebseinrichtungen.

W. Heilmann: Die Bedeutung der Seilprüfstellen für das Seilprüfwesen	23
W. Heilmann: Dauerversuche an Drähten und Seilen	27
W. Döderlein: Prüfung von Zwischengeschirren	31
H. Herbst: Über die Prüfung von Förderseil-Flechtungen	36
W. Knepper: Auftragschweißungen an Maschinenteilen für Fördereinrichtungen	40
R. Meebold: Prüfung und Überwachung der Bergwerksseile im Betrieb	44
R. Meebold: Werkstoff-Fragen in der Gezähewirtschaft	47
H. Sommer und H. Mendrzyk: Textilien im Bergbau	49

D. Fragen des Gebirgsdrucks und der Abbauwirkungen.

E. Seidl: Grundlagen für eine Beurteilung von Fragen der Festigkeit und der Formänderungen unter Bergbauwirkungen, die durch Strecken und Abbauräume hervorgerufen werden	55
K. Stöcke: Erklärung von Druckwirkungen im Gebirge durch plattenstatische Erörterungen	59
K. H. Bußmann und K. Stöcke: Modellversuche zur Klärung der Spannungsverteilung in der Umgebung von Strecken im Gebirge	62

E. Erz- und Gesteinsuntersuchung.

H. Blumenthal: Über Fehlerquellen bei der maßanalytischen Eisenbestimmung nach Keßler-Reinhardt	75
F. Schlosser: Erdölgehalt und Porosität verschiedener Sedimentgesteine	79

A. ALLGEMEINE WERKSTOFF-UNTERSUCHUNG

ALLGEMEINE WERKSTOFFPRÜFUNG IM BERGBAU

Von Dipl.-Ing. **E. Klemke**, Seilprüfstelle der Saargruben-Aktiengesellschaft, Saarbrücken

Den heutigen Ansprüchen an die Förderleistung kann nur durch den Einsatz aller technischen Möglichkeiten genügt werden. Aus wirtschaftlichen und sicherheitlichen Gründen sind dabei an die Werkstoffe der Maschinen, Geräte und Bauteile besonders hohe Güteanforderungen zu stellen. Die Entwicklung zwang also den Bergbau, sich in erheblich stärkerem Maße als früher mit Werkstoff-Fragen und -Prüfungen zu befassen.

Für die Bearbeitung dieses Gebietes wurden einmal die Seilprüfstellen eingesetzt, die durch ihre Einrichtungen an sich schon dafür geeignet waren. Sie entwickelten sich dadurch in wenigen Jahren zu wissenschaftlich arbeitenden Werkstoffprüfstellen für das gesamte Interessengebiet des Bergbaues. Ihre diesbezügliche Tätigkeit erstreckt sich auf Werkstoffprüfung, Beratung in Werkstoff-Fragen, Untersuchung von Unfällen und Sachschäden sowie auf Prüfung und Begutachtung technischer Neuerungen für den Bergbau. Der Vorzug, den sie vor anderen Materialprüfungsanstalten haben, liegt vor allem darin, daß ihre Ingenieure besonders eng mit dem praktischen Betrieb in Fühlung bleiben. Sie bilden so mit ihrer ganz auf den praktischen Betrieb ausgerichteten Arbeit eine wertvolle Ergänzung zu den übrigen Materialprüfungsanstalten, die durch ihre wissenschaftliche Forschungsarbeit in erster Linie die Erweiterung der allgemeinen Werkstofferkenntnis anstreben.

Neben den Seilprüfstellen richteten die größeren Bergwerksgesellschaften vielfach Warenprüfstellen ein, denen die laufende Güteüberwachung der Materialien und in gewissem Umfang auch die Prüfung technischer Neuerungen auf ihre Eignung zukommt.

Eine Sonderstellung nimmt die Seilprüfstelle der Saargruben ein, die außer der umfassenden Tätigkeit einer Seilprüfstelle auch die einer Warenprüfstelle ausübt. Dies ergibt sich daraus, daß alle Gruben des Bergbaubetriebes einer Gesellschaft angehören. Die Fühlung mit den Betrieben ist dadurch besonders eng. Außerdem wird durch die laufenden Prüfungen umfangreiches Material für statistische Erhebungen gewonnen, die sich stets als förderlich für neue Erkenntnisse gezeigt haben. An Hand der Einrichtung dieser Stelle und einiger Beispiele aus ihrer Arbeit soll der heutige Stand des Werkstoffprüfwesens im Bergbau kurz beleuchtet werden.

Bild 1 zeigt den Grundriß des Laboratoriums mit den wesentlichsten Prüfmaschinen und Apparaten. Die zugehörige Werkstatt sowie die Einrichtungen für das normgerechte Prüfen von Zement sind in einem andern Gebäude untergebracht. Die für die Untersuchungen vielfach notwendigen chemischen Analysen werden von dem Hauptlaboratorium der Saargruben-Aktiengesellschaft ausgeführt.

Die auftretenden Werkstoff-Fragen sind so vielgestaltig wie der Bedarf der Gruben an technischen Hilfsmitteln bei Abbau, Förderung und Aufbereitung.

Als Beispiel für die Abnahmeprüfung des laufenden Bedarfs sei die Prüfung von Gummiförderbändern angeführt,

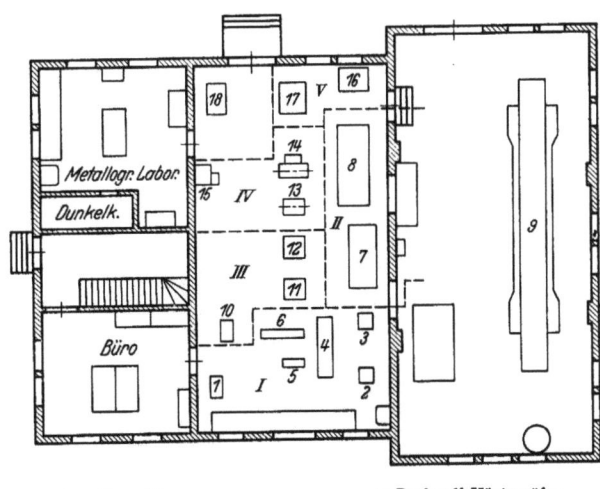

I. Drahtprüfmaschinen
  1 250 kg-Maschine
  2 2000 kg-Maschine
  3 2000 kg-Maschine
  4 Biegeapparate
  5 u. 6 Verwindeapparate

II. Universalprüfmaschinen
  7 10 t-Maschine
  8 50 t-Maschine
  9 250 t-Maschine

III. Härteprüfmaschinen
  10 Brinell-Presse

11 Rockwell-Härteprüfer
12 Vickers-Härteprüfer

IV. Schlagprüfmaschinen
  13 15 mkg-Pendelschlagwerk
  14 75 mkg-Pendelschlagwerk
  15 36 mkg-Fallhammer

V. Baustoffprüfmaschinen
  16 30 t-Presse
  17 300 t-Presse
  18 Manometerprüfstand

Bild 1. Laboratorium der Seilprüfstelle der Saargruben-Aktienges.

zumal sich gerade hier mit zunehmender Verwendung von Austauschstoffen der Wert solcher Prüfungen erwiesen hat. Naturgemäß mußte bei den Austauschstoffen mit einer Güteverminderung gerechnet werden, auffallend waren jedoch die Unterschiede im Absinken der Gütewerte bei den verschiedenen Firmen. Durch den Vergleich konnte man den Lieferanten der Bänder mit den ausgesprochen niedrigen Gütewerten beweisen, daß die Einhaltung besserer Werte trotzdem möglich war. Die Abnahmeprüfung hat hier wesentlich dazu beigetragen, daß ein zu starker Güteverlust unter dem Deckmantel von Rohstoffschwierigkeiten verhindert wurde. Die Abnahme allein bietet jedoch nicht in allen Fällen eine Gewähr für eine befriedigende Bewährung. Mitunter kann die Prüfung im Laboratorium gewisse Fehler, die sich erst im praktischen Betrieb zeigen, nicht aufdecken. Zum andern können auch im Betrieb selber Ursachen zu Störungen liegen, die häufig in einem schlechten Ausrichten der Bänder zu suchen sind. Im Falle eines Versagens müssen also alle Faktoren bei der Beurteilung berücksichtigt werden.

Auch bei Förderketten spielen neben der Werkstoffgüte, die durch eine entsprechende Abnahmeprüfung weitgehend gesichert wird, die Betriebsbedingungen eine erhebliche Rolle und können zu einem frühzeitigen Unbrauchbar-

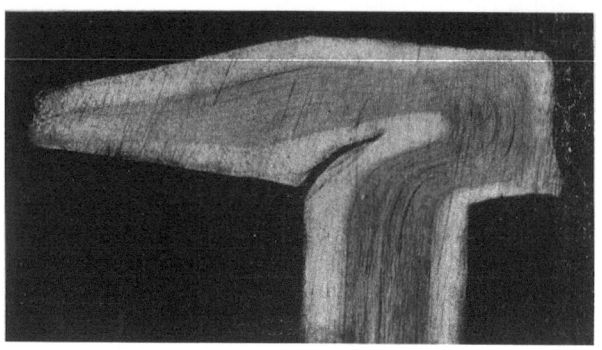

Bild 2. Schnitt durch eine Hammerkopfschraube bei falscher Herstellungsweise

werden führen. Die Ursachen liegen häufig in einer ungenügenden Wartung der Anlage. Hier kann durch entsprechende Aufklärung der Betriebsbeamten und in Sonderfällen durch Beratung in der Werkstoffauswahl Abhilfe geschaffen werden.

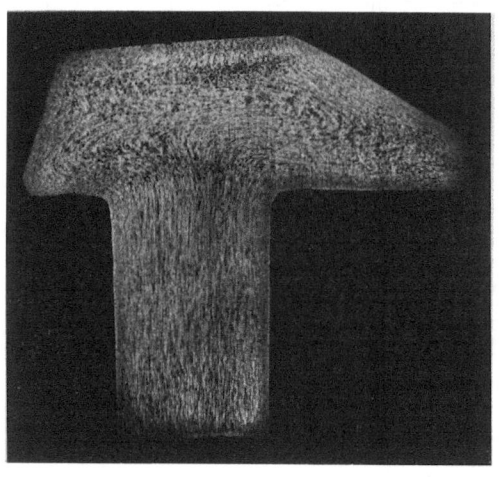

Bild 3. Schnitt durch eine Hammerkopfschraube bei richtiger Herstellungsweise

Die früher häufigen Brüche von Hammerkopfschrauben konnten einwandfrei auf Herstellungsfehler zurückgeführt werden. Bild 2 gibt einen Schliff durch den Kopf einer solchen Schraube wieder. Der Verlauf der Seigerungszone zeigt, daß der Kopf durch Umbiegen des Schaftendes hergestellt ist. Die häufig nicht verschweißte Faltung am Übergang vom Schaft zum Kopf kann infolge ihrer Kerbwirkung zu einem Abreißen des Kopfes oder durch Nachgeben des Kopfes zu einer Lockerung der Schrauben und damit zu Dauerbrüchen im Gewinde führen. Für eine einwandfreie Bewährung der Schrauben ist es notwendig, den Kopf durch Anstauchen herzustellen, wobei der Faserverlauf dem Bild 3 entspricht, das eine Tiefätzung einer

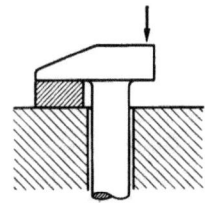

Bild 4. Technologische Prüfung von Hammerkopfschrauben.

richtig hergestellten Schraube wiedergibt. Durch entsprechende Hinweise bei den Lieferfirmen wurde erreicht, daß diese Brüche heute fast nicht mehr beobachtet werden. Bei der Prüfung von Hammerkopfschrauben hat sich ein

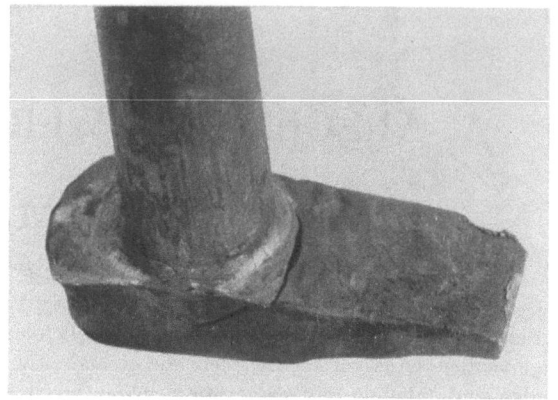

Bild 5. Falsch hergestellte Hammerkopfschraube nach der technologischen Prüfung

technologischer Versuch als sehr brauchbar und aufschlußreich erwiesen. Die Schraube wird nach Bild 4 gelagert, mit einem schweren Hammer werden dann auf die in dem Bild mit einem Pfeil gekennzeichnete Stelle einige Schläge ausgeführt. Einwandfreie Schrauben zeigen hier-

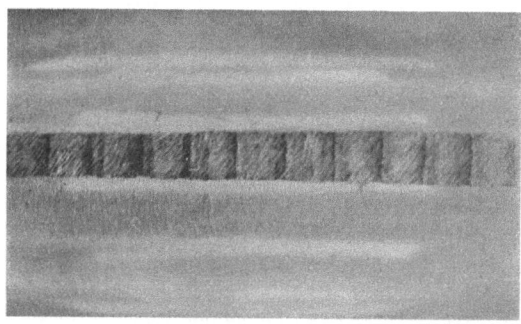

Bild 6. Angefeilte Fläche einer gehärteten Achse mit Härtefehlern

bei nur eine Verformung, während nicht richtig ausgeführte nach Art des Bildes 5 einreißen oder brechen. Solche technologische Prüfungen geben auch in andern Fällen vielfach gute Aufschlüsse für die praktische Bewährung.

Bild 7. Schnitt durch die Härteschicht einer fehlerhaft gehärteten Achse V = 3

Gute Erfolge einer wissenschaftlichen Zusammenarbeit mit der Lieferfirma konnten bei der Herstellung von Achsen für die Förderwagen der Saargruben erzielt werden. Die Lagerstellen dieser Achsen sind gehärtet. Es handelt sich

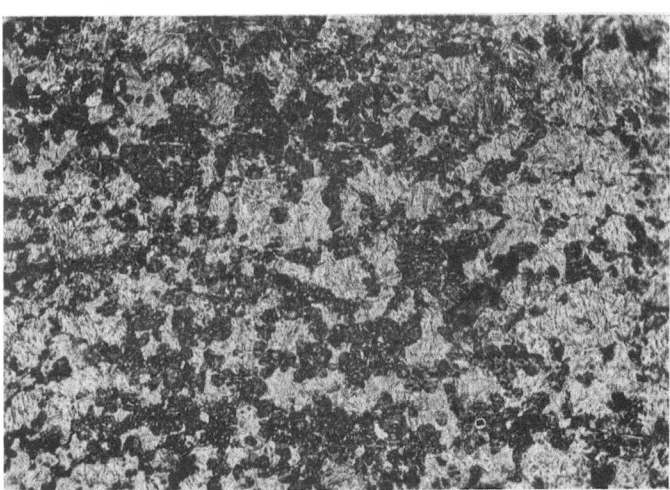

Bild 8. Vergütungsgefüge aus Bild 7, V = 120

dabei um eine Oberflächenhärtung, wie sie von verschiedenen Firmen nach eigenem Verfahren ausgeführt wird.

Bild 9. Vergütungsgefüge aus Bild 7, V = 120

Der große Bedarf, der sich bei dem Wiederaufbau der Gruben ergab, konnte von diesen Firmen nicht gedeckt werden.

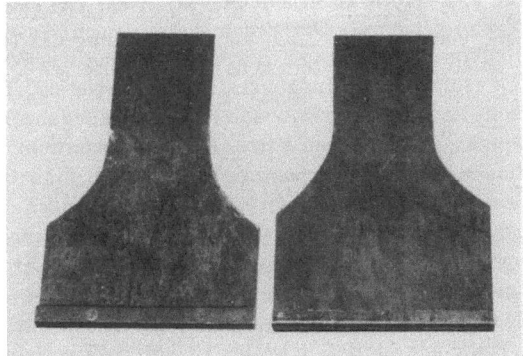

Bild 10. Proben für die Untersuchung von Bundausführungen bei Lutten

Eine Firma des Saargebietes übernahm darauf die Herstellung unter Anwendung eines bekannten Oberflächenhärteverfahrens. Bei den ersten Versuchen war die Härtung sehr ungleichmäßig, und zwar lief eine Zone größter Härte spiralig über die Lagerstelle. Die Härteunterschiede waren, wie Bild 6 erkennen läßt, schon beim Anfeilen ohne weiteres sichtbar und konnten auch metallographisch nachgewiesen werden. Bild 7 zeigt eine Übersichtsaufnahme eines Längsschliffes durch die gehärtete Oberfläche der Lagerstelle nach Ätzung mit alkoholischer Salpetersäure in 3facher Vergrößerung. In Bild 8 ist das rein martensitische Gefüge aus der Zone größter Härte in 120facher Vergrößerung wiedergegeben. Bild 9 zeigt das Gefüge der Zone geringerer Härte in gleicher Vergrößerung, das aus Martensit und Troostit besteht. Aus dem Verlauf der Ungleichmäßigkeiten konnte die Ursache erkannt und der Fehler abgestellt werden.

Veranlaßt durch Lieferschwierigkeiten trat die Frage auf, ob die Bunde von Wetterlutten, die bisher aus angenieteten Vierkanteisen-Ringen hergestellt werden, durch Winkeleisen-Ringe ersetzt werden können, die mittels Punktschweißung befestigt werden sollten. Es wurden vergleichende Zugversuche vorgenommen. Da es nicht möglich war, eine ganze Luttenverbindung einzuspannen, wurden besondere Probestücke nach Art des Bildes 10 hergestellt, das links die Ausführung mit dem Vierkanteisen, rechts die mit dem Winkeleisen zeigt. Die Anzahl der Schweißpunkte bei den Winkeleisen wurde doppelt so groß gewählt wie die der Niete bei den Vierkanteisen. Je 4 gleiche Proben wurden mit Vierkantflanschen zusammengeschraubt, wie Bild 11 erkennen läßt. Die Passung der Flansche entsprach derjenigen der Lutten. Die Versuche an den Proben mit den Winkeleisen ergaben höhere Werte, wobei sich allerdings die Winkeleisen etwas durchbogen. Bei den geringen im Betrieb vorkommenden Beanspruchungen kann dies aber nicht von Belang sein, so daß die leichtere Bauweise zulässig ist.

Bild 11. Zusammenbau der Proben zur Untersuchung von Bundausführungen bei Lutten für den Zugversuch

Eignungsprüfungen werden vor allem auch an Teilen des Grubenausbaues, beispielsweise eisernen Grubenstempeln, Kappschuhen und Auslösevorrichtungen vorgenommen, wobei die Versuchsbedingungen möglichst genau der Art der Betriebsbeanspruchungen angepaßt werden. Häufig ist erst durch solche Versuche die Möglichkeit gegeben, eine Neuerung reif für die Praxis zu gestalten.

Verschiedene in sicherheitlicher Hinsicht wichtige Untersuchungen an Rohren von Hochdruckluftleitungen wurden auf Grund einiger Unfälle und Betriebsstörungen auf Gruben des Saargebietes durchgeführt. Die Ursachen der Rohrbrüche lagen durchweg in Fehlern der Herstellung oder des Werkstoffes, die allerdings erst nach längerer Betriebszeit zum Bruch führten. Dabei fällt auf, wie wenig klar man sich früher offensichtlich über die hier auftretenden Beanspruchungen und Gefahren gewesen ist. Dies zeigt sich einmal in der besonders in Anbetracht der Korrosionsgefahren im Bergbau zu geringen Wanddicke, zum andern in der vielfach geradezu leichtfertigen Art der Verbindung

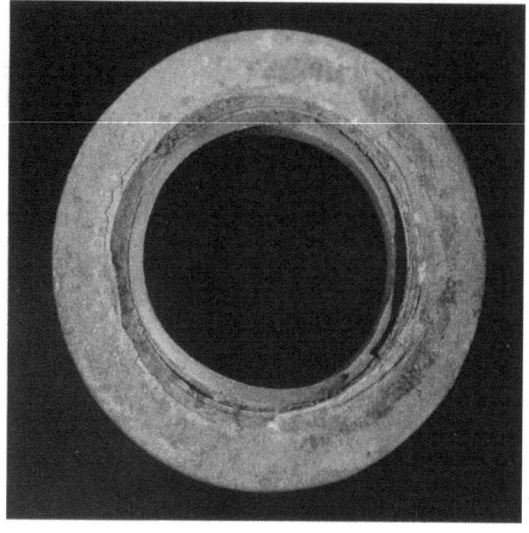

Bild 12. Dauerbruch eines Hochdruckrohres am Bundansatz

der Rohre mit den Bunden. So hat man in die an sich schon schwachen Rohre Gewinde geschnitten und die Bunde aufgeschraubt. Tritt nun in einem solchen Fall zu

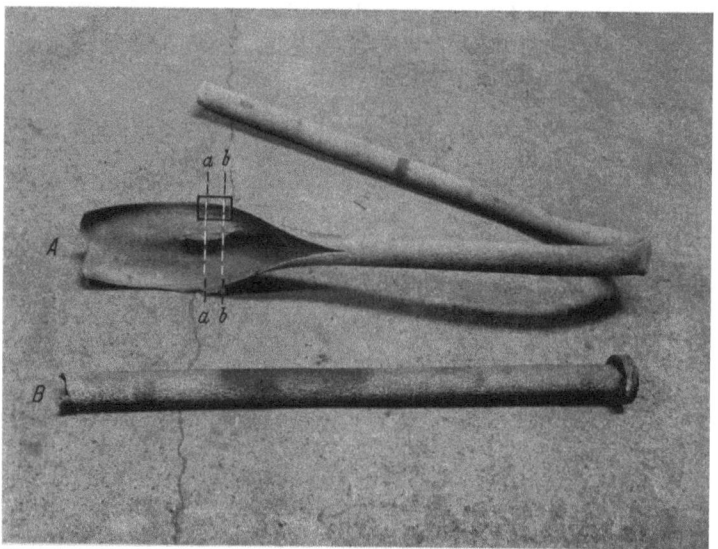

Bild 13. In Längsrichtung geplatztes und gebrochenes Hochdruckrohr

der hohen statischen Belastung der Rohre noch eine dynamische durch Schwingungen, was häufig beobachtet wird, so kann unterstützt durch die Kerbwirkung im Ge-

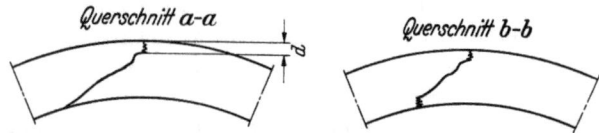

Bild 14. Bruchverlauf in einem geplatzten Hochdruckrohr   Bild 15. Bruchverlauf in einem geplatzten Hochdruckrohr

windegrund sehr leicht ein Dauerbruch eintreten. Bild 12 zeigt einen derartigen Bruch am Bundansatz. Bei der heute gebräuchlichen Ausführung von Hochdruckrohren sind Brüche dieser Art nicht mehr zu befürchten.

In einem andern Fall war ein Rohr in Längsrichtung geplatzt. Der Zustand ist in Bild 13 dargestellt. Die zusammengehörigen Bruchstellen sind in der Abbildung mit

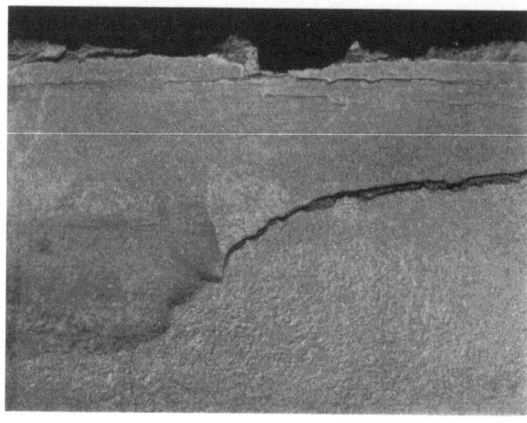

Bild 16. Bruchfläche eines geplatzten Hochdruckrohres, $V = 2$

A und B gekennzeichnet. Die Ausbildung der Bruchflächen des Längsrisses wird durch die beiden Skizzen Bild 14 und 15 erläutert, in denen die aufgeplatzte Stelle in die ursprüngliche Rohrform zurückgebogen gedacht und der Verlauf der Bruchfläche eingezeichnet ist. Bild 14 entspricht dem Querschnitt a—a, Bild 15 dem Querschnitt b—b in Bild 13. An der im Querschnitt glatt gezeichneten Linie war die Fläche vollkommen glatt und nur schwach oxydiert, an der gezackten Linie dagegen körnig. Auf einer etwa 90 mm langen Rohrstrecke, durch die der Querschnitt a—a gelegt ist, ging die glatte Fläche bis zur Innenwandung des Rohres durch. Die ganze übrige Länge des Risses entsprach grundsätzlich dem Schnitt b—b. Bild 16 gibt die in Bild 13 eingerahmte und mit einem Pfeil gekennzeichnete Stelle der Innenwandung nochmals deutlicher in zweifacher Vergrößerung wieder. Im linken Teil ist der Auslauf der glatten Fläche, im rechten der scharfe Bruchansatz zu erkennen. Das Platzen des Rohres war offenbar auf eine Fehlstelle im Werkstoff, vermutlich auf eine ausgewalzte Gasblase zurückzuführen. Der Werkstoff war in dem glatten Teil der Bruchfläche des Längsrisses, in dem kein noch so feines Bruchkorn zu erkennen war, schon von Anfang an getrennt. Der Bruch nahm seinen Ausgang von der Stelle, an der die Trennung des Werkstoffes bis ins Innere des Rohres durchging. Hier entsprach die Dicke der Rohrwandung, die die ganze Beanspruchung aufzunehmen hatte, nur der Entfernung der Trennfläche von der Außenwand, also dem Maß d in Bild 14. Bei dem neuen Rohr war dieses Maß noch hinreichend groß. Durch den von außen her einsetzenden Rostangriff wurde aber der kritische Querschnitt im Laufe der Betriebszeit immer mehr geschwächt, so daß schließlich auch bei normalem Betrieb der Bruch eintrat.

Zu erwähnen ist, daß in beiden Fällen die Schwächung durch die normalen Prüfverfahren nicht nachweisbar ist. Selbst sehr weitgehende örtliche Wanddickenschwächungen führen beim Abpressen mit dem 1,5fachen Betriebsdruck, also mit etwa 300 atü nicht zu einem Platzen des Rohres, was offensichtlich auf Fließbehinderung zurückzuführen ist. Es sollte daher im Interesse der Sicherheit auf ein rechtzeitiges Auswechseln stark korrodierter Rohre gesehen werden.

Schließlich sei noch kurz auf einige Fragen des Korrosionsschutzes eingegangen, dem im Bergbau eine besondere Bedeutung zukommt. Zur Ersparnis devisengebundener Rohstoffe war beabsichtigt, bei Lutten und Förderwagenkästen die Verzinkung durch andere Rostschutzverfahren zu ersetzen. Insbesondere die Förderwagenkästen sind aber stets mechanischen Verletzungen ausgesetzt. Es erschien also von vornherein zweifelhaft, ob sich ein brauchbarer Ersatz für die Verzinkung finden lassen würde, da alle nichtmetallischen Schutzmittel nur einen passiven Rostschutz bilden, Zink dagegen aber auf Grund seiner Stellung in der Spannungsreihe einen aktiven. Zahlreiche Versuche mit den verschiedensten Schutzmitteln erwiesen die Richtigkeit dieser Bedenken. Manche Mittel, besonders Kunstharzlacke, die nach einer vorhergegangenen chemischen Oberflächenbehandlung des Bleches, dem sogenannten Parkerisieren oder Bonderisieren aufgebracht wurden, zeigten bei unverletzter Schicht sehr gute Ergebnisse. Sie versagten jedoch, sobald die Proben vor den Korrosionsversuchen verformt wurden, wie dies etwa bei einer Ausbeulung an Förderwagenkästen der Fall ist. Bei allen untersuchten Überzügen, außer bei Zink, trat dann ein Unterrosten ein. Für die Förderwagenkästen darf daher die Verzinkung beibehalten werden, während bei Lutten, die nicht in demselben Maße mechanischen Verletzungen ausgesetzt sind, andere Schutzmittel anzuwenden sind. Die Entwicklung ist hier sicherlich noch nicht abgeschlossen. Unter anderem erscheint es theoretisch möglich, metallische Schutzüberzüge auf der Basis von Aluminium oder Magnesium herzustellen, die ebenso wie das Zink in der Spannungsreihe unter dem Eisen stehen.

Zusammenfassung

Das große Gebiet der bergbaulichen Werkstoffprüfung wurde kurz umrissen und an Hand einiger Beispiele die Arbeit der Seilprüfstellen etwas näher erläutert.

B. GRUBENAUSBAU

HERABSETZUNG DER BRANDGEFAHR IN GRUBEN

Von Professor Dipl.-Ing. **A. Schulze,**
Abteilung Baukonstruktionen des Staatlichen Materialprüfungsamts Berlin-Dahlem

I. Möglichkeiten der Beschränkung von Grubenbränden

Die im Bergbau vorkommenden Brandgefahren sind mannigfaltiger Art; sie werden trotz sorgfältigster Vorbeugungsmaßnahmen immer wieder die größte Aufmerksamkeit der Grubenverwaltungen notwendig machen. Trotz aller Vorsicht wird es aber nicht möglich sein, Brände ganz zu verhüten, wohl aber Brände im Entstehen zu ersticken und sie nicht zu Großbränden sich auswirken zu lassen.

Für den Ausbau der Strecken und Schächte wird von altersher Holz verwandt, das als brennbarer Baustoff die Gefahr leichter Entflammbarkeit in sich trägt und je nach Abmessungen und Form der Hölzer zur Minderung der Brennbarkeit einer besonderen Schutzbehandlung bedarf. Wenn auch in neuerer Zeit Grubenausbauten vielfach aus Stahl, Beton oder auch durch Mauerung hergestellt werden, so bleibt doch insbesondere für Abbaustrecken noch ein großer Prozentsatz dem brennbaren Baustoff Holz vorbehalten.

Es besteht also nach wie vor die Aufgabe, die zahlreichen Holzausbauten gegen Feuersgefahr zu sichern, wie auch allgemein die Feuerschutztechnik immer wieder betont, daß Feuer verhüten besser ist als Feuer löschen.

Bei neuzeitlichen Anlagen jeder Art ist dem vorbeugenden Brandschutz meist weitgehend Rechnung getragen; trotzdem konnte bisher eine Brandgefahr nicht als ausgeschlossen gelten, wie es leider Brände größeren Ausmaßes in neuerer Zeit im In- und Auslande gezeigt haben.

II. Brandursachen

Die Ursache des Entstehens von Bränden im Bergbau kann, wie bereits angedeutet, recht vielfältiger Art sein. Neben Selbstentzündung von Kohle, Nachwirkungen von Kohlenstaubexplosionen und Schlagwettern können Fahrlässigkeit, Kurzschluß, Haspelentzündungen und sonstige Vorkommnisse ähnlicher Art in Haupt- und Abbaustrecken sowie in Maschinenkammern Anlaß zur Feuersgefahr geben. Ganz besonders bilden aber im Kohlenbergbau Kohlen- oder Holzstaubablagerungen gefährliche, meist versteckte Brandnester, die, durch unvorhergesehene Umstände zum Glimmen gebracht, große Gefahrenquellen darstellen. Durch Wetterzug angefacht, können sich solche Brandnester schlagartig zu Großbränden entwickeln.

III. Maßnahmen zum Schutz von Grubenhölzern

Es ist also ohne Zweifel Grund genug vorhanden, alles daranzusetzen, um die durch die leichtere Brennbarkeit des Holzes erhöhte Feuersgefahr durch geeignete Maßnahmen einzuschränken.

Zu solchen Vorbeugungsmaßnahmen gehört auch die Schutzbehandlung der Grubenhölzer durch geeignete Feuerschutzmittel.

Man hat schon seit altersher versucht, die Brennbarkeit des Holzes durch behelfsmäßiges Anstreichen mit Lehm, Gips, Kalk usw. herabzusetzen, ohne aber nennenswerte Erfolge in der Wirksamkeit solcher Mittel, besonders in der Dauerwirkung zu erzielen. Auch von den z. Zt. auf dem Markt befindlichen, zahlreichen chemischen Feuerschutzmitteln für Holz, die, bedingt durch die notwendigen Luftschutzmaßnahmen zur Verhütung bzw. Verzögerung in der Entwicklung begriffener Brände in Dachstühlen,

Aufnahme: Versuchsgrube Gelsenkirchen.
Bild 1. Stark zersplitterter Stempel

mehr und mehr an Bedeutung gewonnen haben, wird nur eine geringe Anzahl für die Imprägnierung von Grubenhölzern als zweckmäßig und brauchbar angesehen werden können.

Die überwiegende Mehrzahl solcher Mittel, die meist durch Streichen oder Spritzen aufgebracht werden, bieten infolge ihres verhältnismäßig geringen Eindringungsvermögens bei dieser Behandlungsart nur dann einen Schutz, wenn nicht die Oberfläche der geschützten Hölzer aus irgendwelchen Gründen beschädigt oder zerstört wird. Für die Hölzer im Bergbaubetrieb und insbesondere im Stollenbau ist es jedoch erforderlich, daß der Schutzstoff möglichst tief in das Holz eindringt, da Grubenhölzer nach dem Einbau vielfach durch Gebirgsdruck geknickt oder sonstwie verformt werden, wobei die geschützte Oberflächenschicht solcher Hölzer meistens soweit zerstört wird, daß nicht geschützte Holzteile mehr oder weniger zersplittert freiliegen. Derartige Hölzer bieten aber dem Feuer kaum einen größeren Widerstand als gänzlich ungeschützte Holzteile. Solche durch den Gebirgsdruck geknickten oder gequetschten Stellen sind, bedingt durch das feingliedrige Splitterholz (s. Bilder 1 und 2), sogar besondere Gefahren-

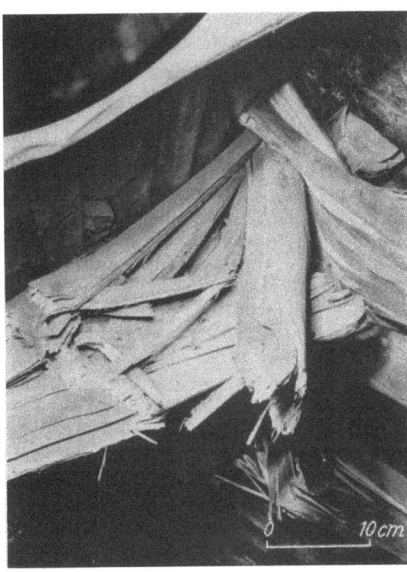

Aufnahme: Versuchsgrube Gelsenkirchen.
Bild 2. Quastenförmig zerquetschter Stempel

punkte, da hier die gesamte Oberfläche des Holzes stark vergrößert ist und infolgedessen im Brandfall durch den erhöhten Zutritt des Luftsauerstoffes die Verbrennung des Holzes erheblich beschleunigt wird.

Da häufig nicht die Möglichkeit sofortigen Ausbauens solcher Hölzer besteht, müssen deshalb solche Mittel und Imprägnierungsverfahren angewandt werden, die eine Gewähr für möglichst günstige Tiefenwirkung bieten.

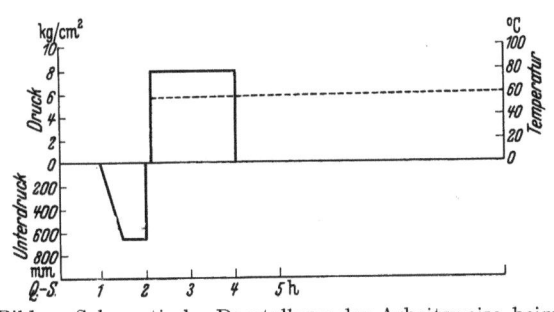

Bild 3. Schematische Darstellung der Arbeitsweise beim Vakuum-Druckverfahren

Um ein möglichst tiefes Eindringen in das Holz zu erreichen, wird es sich für die Schutzbehandlung von Grubenhölzern immer empfehlen, das Vakuumdruckverfahren[1] anzuwenden. Bei diesem Verfahren werden die Hölzer in besonderen Imprägnieranstalten, wie sie für die Imprägnierung von Schwellen und Telegraphenstangen bestehen, getränkt. Der Vorgang bei der Imprägnierung ist durch das in Bild 3 dargestellte Schema erläutert.

---

[1] Auch das Osmose-Holzschutzverfahren erzielt Eindringtiefen bis in den Kern von Nadelhölzern, kommt aber z. Zt. fast nur bei der Imprägnierung mit Pilz- und Schwammschutzmitteln in Anwendung. Vgl. K. Alberti: Untersuchungen über das Osmose-Holzschutzverfahren. Z. Holz als Roh- und Werkstoff", Heft 11, 1938.

Durch Evakuieren der Hölzer und darauffolgendes Eindrücken von geeigneten, meist vorgewärmten Salzlösungen wird vor allem bei wiederholtem Imprägnierungsvorgang eine meist bis zum Kern eindringende Tränkung erreicht, die einen wirksamen Feuerschutz auch dann bieten kann, wenn spätere Splitterungen der Hölzer eintreten.

IV. Prüfverfahren zur Ermittlung der Widerstandsfähigkeit von Grubenhölzern gegen Feuereinwirkung

Da zersplitterte oder zerquetschte Stellen im Grubenbauholz, wie bereits erläutert wurde, besondere Gefahrenquellen bedeuten, ist bei Auswahl eines Prüfverfahrens in erster Linie eine Untersuchungsmethode heranzuziehen, die die Prüfung derart kleiner Holzquerschnitte gestattet.

Zu diesem Zwecke könnten an sich zwei der in den letzten Jahren ausgearbeiteten Laboratoriumsprüfmethoden, das Feuerrohrverfahren von Truax und Harrison oder die Lattenverschlagmethode der I. G. Farbenindustrie, in Anwendung kommen. Bei beiden Verfahren werden bei bestimmten, nach Zeit und Temperatur festgelegten Beanspruchungen Holzquerschnitte von 1×2 cm² bzw. 2×5 cm² dem Brandversuch unterworfen.

Die Schutzwirkung der verwendeten Feuerschutzmittel wird bei diesen Prüfverfahren im Vergleich zu dem Verhalten unbehandelten Holzes in bezug auf Brenngeschwindigkeit, Abbrand und andere Brenneigenschaften zahlenmäßig festgelegt.

Für die Prüfung von Grubenhölzern können diese Laboratoriumsverfahren, obwohl die eingangs gestellte Forderung nach kleinen Holzquerschnitten erfüllt ist, aus folgenden Gründen nicht in Anwendung kommen: Bei Anwendung des Vakuum-Druck-Imprägnierungsverfahrens werden Holzproben kleinerer Querschnitte mit Sicherheit durchgehend imprägniert, so daß bei Knickungen und Verformungen derartiger Proben die Bruchflächen stets mit dem Schutzstoff durchsetzt sind. Diese Proben werden sich also im Feuer verhältnismäßig günstig verhalten.

Anders liegen jedoch die Verhältnisse bei den Bruchflächen gewachsener Rundhölzer, wie sie als Stempel hauptsächlich verwendet werden. Da sich die Imprägnierungslösung im allgemeinen nur bis in die äußeren Schichten des Kernholzes einbringen läßt, werden bei Bruchverformungen und besonders Splitterungen fast immer größere Anteile des nicht durchtränkten Kernholzes freigelegt. Bei Einwirkung von Feuer ist demnach die Zerstörung von dem Verhalten der geschützten äußeren Schichten eines Rundholzes und gleichzeitig von der bedeutend geringeren Widerstandsfähigkeit der ungeschützten inneren Holzteile abhängig. Das Zusammenwirken beider Einflüsse ergibt also erst den Maßstab für die Beurteilung der Wirksamkeit einer Schutzbehandlung bei Grubenhölzern.

Es hat also keinen praktischen Wert, wenn zur Untersuchung der Widerstandsfähigkeit von geschützten Grubenhölzern Versuche mit laboratoriumsmäßig behandelten und nicht durch Druck verformten Holzproben regelmäßiger Abmessungen angestellt werden, die wohl zur Ermittlung der Schutzwirkung eines Feuerschutzmittels geeignet sind, nicht aber Rückschlüsse auf das Verhalten geschützter Grubenhölzer in der Praxis zulassen.

Aus diesen Gründen wurde bei den im Staatlichen Materialprüfungsamt Berlin-Dahlem auf Veranlassung der Versuchsgrubengesellschaft m. b. H., Berlin — Verwaltung der Versuchsgrube Gelsenkirchen — im Jahre 1935 durchgeführten Brandversuchen das in den „Baupolizeilichen Bestimmungen über Feuerschutz" nach

DIN 4102 festgelegte Prüfverfahren für feuergeschützte hölzerne Bauteile angewendet, das die Prüfung von unbeschädigten und durch Druckbeanspruchung verformten Stempeln in praktischen Abmessungen zuläßt.

Da Stempel bei künstlicher Stauchung auf der Werdermaschine Bruchformen aufweisen, die mit denen über-

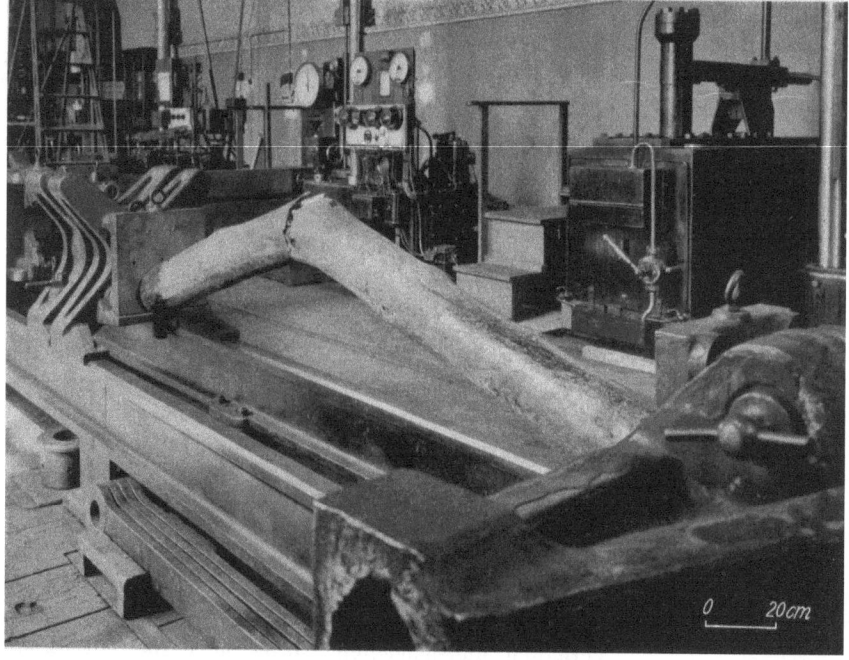

Aufnahme: Staatliches Materialprüfungsamt Berlin-Dahlem.
Bild 4. Geknickter Stempel in der Druckpresse

Hölzern durchgeführt (vgl. Bild 4). Die Abmessungen der Versuchshölzer wurden so gewählt, daß sie den im Bergbau üblichen entsprachen.

V. Brandversuche mit Grubenhölzern
a) Versuchsanordnung und Durchführung

Die Prüfungen wurden in Anlehnung an den Erlaß des Preußischen Finanzministers vom 30. August 1934, betreffend Baupolizeiliche Bestimmungen über Feuerschutz, durchgeführt, und zwar wurde das Prüfverfahren zum Nachweis der „Schwerbrennbarkeit" angewandt[1].

Das Grubenholz — Stempel, Spitzen und Bretter — wurde in dem Brandraum eines Versuchshauses aus Ziegelmauerwerk (s. Bilder 5 und 6) etwa der praktischen Verwendung entsprechend angeordnet und die Türöffnung durch Gipsplatten verschlossen.

Der Versuchsraum wurde durch zwei Ölgebläsebrenner beheizt (Temperatursteigerung im Brandraum innerhalb von 15 Minuten bis 750°), die unter dem Boden des Versuchshauses angeordnet waren und in der in Bild 5 angegebenen Pfeilrichtungen wirkten. Der Verlauf der Temperaturen innerhalb des Brandraumes wurde an drei Stellen (T_1 bis T_3, s. Bild 5) festgestellt.

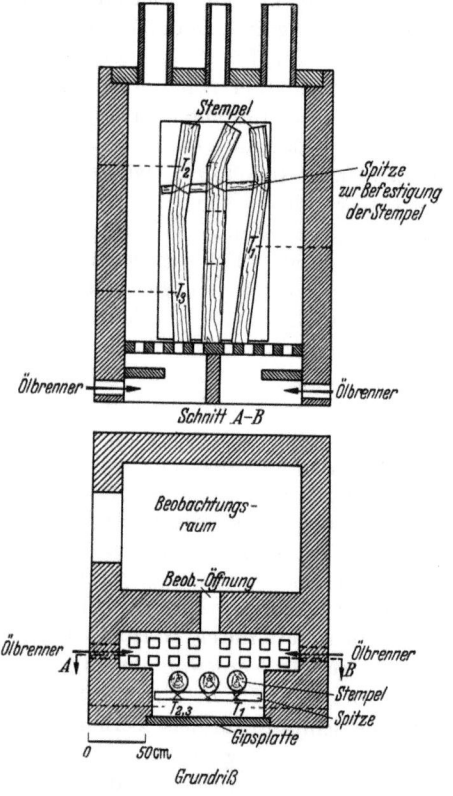

Aufnahme: Staatliches Materialprüfungsamt Berlin-Dahlem.
Bild 5. Brandversuchshaus

einstimmen, die durch den Gebirgsdruck erzeugt werden, wurden die Brandversuche nur mit künstlich gestauchten

Aufnahme: Staatliches Materialprüfungsamt Berlin-Dahlem.
Bild 6. Brandkammer mit eingebauten Stempeln

[1] Siehe Belastungsbestimmungen, 17. Auflage. Berlin: Wilhelm Ernst & Sohn; b) Prüfung von Holz. S. 168.

Nach 5 und 10 Minuten Brenndauer wurde das Feuer für die Zeit von je 30 Sekunden unterbrochen und nach 15 Minuten Brenndauer ganz entfernt. Nach weiteren 5 Minuten wurden die Hölzer aus dem Brandhaus herausgenommen.

Die Einwirkung des Feuers auf die Hölzer wurde während der Feuerbeanspruchung beobachtet und der Befund nach dem Brande festgestellt.

Maßgebend für die Zuerkennung des Begriffs „Schwerbrennbar" ist die Erfüllung zweier Bedingungen:

1. Erlöschen der Flammen an den Hölzern innerhalb von 5 Minuten nach Abstellen der Ölfeuerung.
2. Aufhören jeglichen Glimmens innerhalb von 20 Minuten nach Abstellen der Ölfeuerung.

und 20 Bohlen von 1,25 m Länge und 5 cm Dicke ausgeführt. Von den Versuchsstücken wurde jeweils der vierte Teil mit 4%iger, 6%iger und 8%iger Minolithlösung imprägniert und ebenfalls ein Viertel unbehandelt zum Vergleich geprüft.

Die beim Imprägnieren der Stempel erreichten mittleren Aufnahmen an festem Schutzsalz betrugen, bezogen auf 1 kg Holz:

Bei Verwendung von 4%iger Minolithlösung rund 30 g
„   „   „ 6%iger   „   „ 40 g
„   „   „ 8%iger   „   „ 70 g

 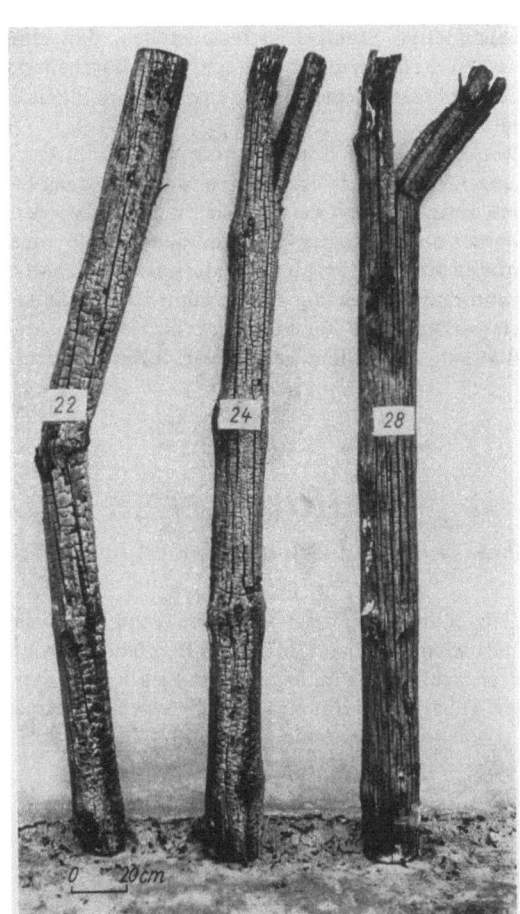

Aufnahme: Staatliches Materialprüfungsamt Berlin-Dahlem.

Bild 7   Bild 8

Mit 8%iger Minolithlösung behandelte Stempel
vor dem Brandversuch   nach dem Brandversuch

Die feingliedrigen, zersplitterten Holzteile der Stempel 24 und 28 sind völlig ausgebrannt. Nur Teile größeren Querschnittes sind stark verkohlt erhalten

Bei Erfüllung nur einer Bedingung gilt die Prüfung auf Schwerbrennbarkeit als nicht bestanden.

Für die unterscheidende Bewertung ist das gesamte äußere Verhalten der Versuchsstücke, insbesondere während der Unterbrechungen der Ölfeuerung nach 5 und 10 Minuten hinsichtlich des Erlöschens der Flammen an den Hölzern mit in Ansatz zu bringen.

b) Versuchsergebnisse

Die Versuche wurden mit insgesamt 40 Stempeln aus Kiefernholz von 2 m Länge und 15—20 cm Durchmesser, 20 Schalhölzern von 1,25 m Länge und 8—10 cm Breite

Die Brandversuche ergaben allgemein mit steigender Aufnahme an Schutzmittel eine ebenfalls steigende Widerstandsfähigkeit der Hölzer gegen die Einwirkung des Feuers, die nicht nur im äußeren Versuchsverlauf (Verhalten bei den Unterbrechungen der Ölfeuerung, Zeiten bis zum Erlöschen der Flammen und des Glimmens) zum Ausdruck kommt, sondern auch in dem Gewichtsverlust der Versuchsstücke nach Beendigung des Glimmens bzw. nach dem Ablöschen noch glimmender Stellen. Die mittleren Endgewichtsverluste der Stempel, die als relatives Maß für die Zerstörung der Hölzer angesehen werden können, sind in der nachstehenden Zahlentafel zusammengestellt.

Zahlentafel

Unbeschädigte Stempel		Vor dem Brandversuch geknickte Stempel	
Konzentration der Minolithlösung in %	Endgewichtsverlust in %	Konzentration der Minolithlösung in %	Endgewichtsverlust in %
4	22	4	25
6	nicht geprüft	6	26
8	22	8	23
Unbehandelte Stempel	33	Unbehandelte Stempel	41

c) Zusammenfassung und Schlußfolgerungen

Bei Vergleich der Ergebnisse der unbehandelten und behandelten Stempel ist festzustellen, daß eine den praktischen Erfordernissen angepaßte Schutzbehandlung von Grubenhölzern eine Minderung der Brandgefahr bedeutet.

Die Abnahme des Endgewichtsverlustes mit Ansteigen der Konzentration der verwendeten Minolithlösung bei den vor dem Brandversuch geknickten Stempeln beweist, daß mit höherer Aufnahme der Hölzer an Schutzstoff von einem bestimmten Mindestwert ab die Widerstandsfähigkeit gegen Feuer zunimmt. Diese an sich bekannte Tatsache kommt bei den vorliegenden Versuchen im Vergleich zu anderen Untersuchungen aus dem Feuerschutzgebiet von Holz nur wenig zum Ausdruck, da die Ergebnisse infolge Verwendung gewachsener und damit in ihren natürlichen Eigenschaften und Abmessungen sehr verschiedener Hölzer durch diese Einflüsse weitgehend beeinträchtigt werden.

Schließlich ist der Einfluß der bei der Druckbelastung entstehenden verschiedenartigen Verformungen und Zersplitterungen wohl qualitativ zu erfassen, zahlenmäßig aber nur an Hand sehr umfassenden Versuchsmaterials genauer festzulegen.

Aus den vorliegenden Versuchen geht jedoch ohne weiteres hervor, daß zerquetschtes oder zersplittertes Grubenholz — auch im imprägnierten Zustand — wegen seiner leichteren Entflammbarkeit eine Erhöhung der Brandgefahr bedeutet (vgl. Bilder 7 und 8).

Die Ergebnisse dieser Versuche, die nur im Hinblick auf praktische Belange durchgeführt wurden, sind durch Großversuche in eigens zu diesem Zweck hergerichteten Versuchsstrecken in vollem Umfange bestätigt worden [1]. Hieraus geht hervor, daß das ausgewählte Prüfverfahren, das sonst als amtliche Prüfmethode [2] für Holz, das mit Feuerschutzmitteln behandelt ist, angewendet wird, den praktischen Belangen gerecht wird.

[1] Schultze-Rhonhof: Versuche über die Brennbarkeit von Grubenholz: Glückauf, Berg- und Hüttenmännische Zeitschr., 1936 Nr. 27 S. 649 ff.
[2] Siehe Fußnote auf S. 8.

SCHUTZ GEGEN HOLZZERSTÖRUNG; PILZSCHUTZ

Von Prof. Dr. **Bruno Schulze**, Institut für Werkstoff-Biologie des Staatlichen Materialprüfungsamts Berlin-Dahlem

Grubenholz

Viele Millionen Festmeter Holz (1936 beispielsweise fast 5 Millionen) werden jährlich im Bergbau benötigt, wobei unter Grubenholz im engeren Sinne alles für den Ausbau der Abbau- und Hauptstrecken verwendete Holz, einschließlich der meist feucht liegenden Schwellen für die Grubenbahn zu verstehen ist.

An Holzarten kommen meist Nadelhölzer, also Kiefer und Fichte in Betracht. Auch Eiche und Buche findet Verwendung. Aus wirtschaftlichen Gründen handelt es sich beim Grubenholz um Holz geringeren Wertes, das, weil jung, sehr splintreich und wenig sorgfältig vorbehandelt, oft schon „angegangen" (von Holzzerstörern befallen) angeliefert und vielfach noch vor dem Einbau in die Grube ungeschützt gelagert wird (Bild 1).

Aufnahme: Allgemeine Holzimprägnierung G. m. b. H. Berlin.
Bild 1. Holzlagerplatz auf einer Zeche

Frühzeitige Zerstörung durch Pilze

Derartiges Holz ist naturgemäß in den feucht-warmen Strecken unter Tag im höchsten Maße gefährdet, so daß ungeschütztes Holz schon nach 1- bis 2 jähriger, ja bisweilen auch $1/2$ jähriger Einbauzeit durch Fäulnis zerstört

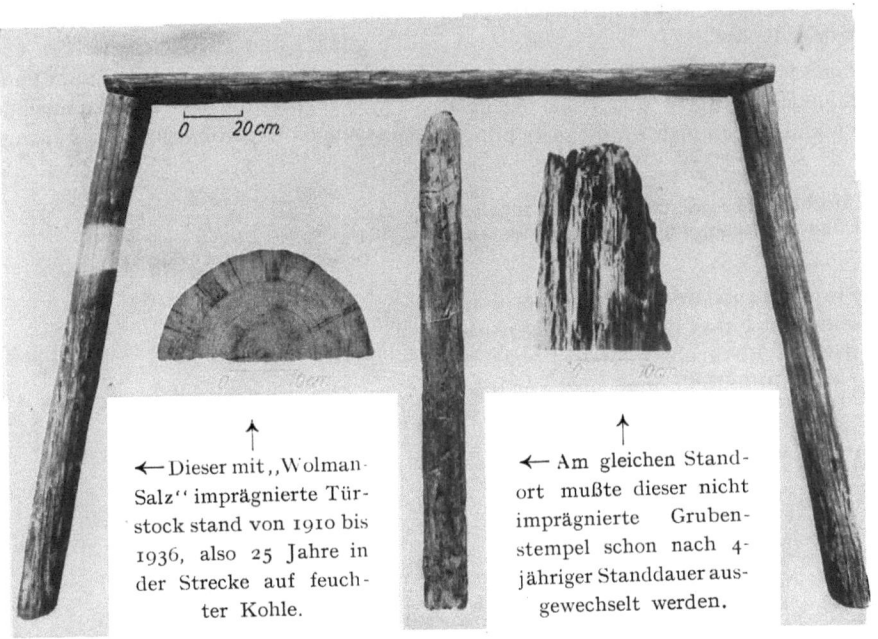

Bild 2. Imprägnierter Türstock nach 25jähriger Standdauer

Bild 3. Muschel-Krempling, Paxillus acheruntius, Fruchtkörper a und Strangbildung b zeigendes Myzel

wird. Splintreiche Eiche fault unter Umständen noch schneller als Kiefer oder Fichte.

Demgegenüber besitzen Hölzer, die mit wirksamen Schutzmitteln imprägniert worden sind, eine vielfach längere Lebensdauer und stellen sich somit auch billiger (Bild 2 und 4).

— Der für den Hochbau zu fordernde und auch mögliche „Trockenschutz" zur Fäulnis-Bekämpfung scheidet im Bergbau von vornherein aus. —

Der Befall des in der Grube verbauten Holzes durch holzzerstörende Insekten ist bisher mit sehr wenigen Ausnahmen (Grubenholzkäfer, Rhyncolus culinaris) ohne Bedeutung geblieben; das Grubenholz muß also vor allem gegen den Angriff holzzerstörender Pilze geschützt werden (Bild 3 und 5).

Holzschutz

In Anpassung an die besonderen im Bergbau vorliegenden Verhältnisse hat sich die Imprägniertechnik dabei so entwickelt, daß nur Verfahren mit großer Tiefenwirkung zur Anwendung kommen. Die zu imprägnierende Holzmenge entscheidet darüber, ob das Holz in Tränk-Bottichen (Bild 6) oder im Kesseldruckverfahren (Bild 7) imprägniert wird.

Schon die Behandlung im Tauchverfahren zeitigt bei Kiefer eine beachtliche Verlängerung der Lebensdauer. Die günstigsten Ergebnisse werden aber naturgemäß bei der Imprägnierung unter Vakuum und Druck erzielt.

Bezüglich der in Frage kommenden Schutzstoffe ist zu sagen, daß Teeröl wegen seines unangenehmen Geruches, ferner wegen der Brennbarkeitserhöhung des behandelten Holzes, der dabei entstehenden beizenden Rauchentwicklung und anderer Eigenschaften praktisch nicht mehr benutzt wird. Es kommen wasserlösliche Salze und Salzgemische zur Anwendung. Die Gemische bestehen vor allem aus Fluornatrium und Dinitrophenol-Verbindungen und sind durch Bichromatzusatz relativ schwer auslaugbar gemacht.

Die vielfältigen Anforderungen, die an wirksame Holzschutzmittel gestellt werden müssen [1], gelten nach dem

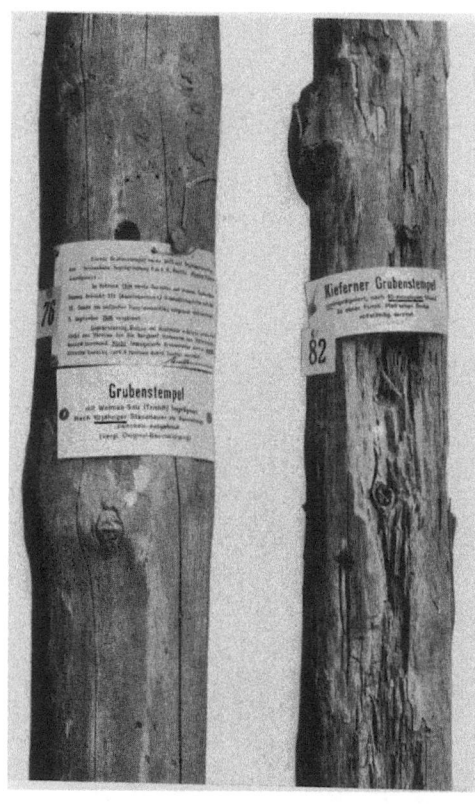

Aufnahme: Allgemeine Holzimprägnierung G. m. b. H. Berlin

Bild 4. Wiedergabe eines imprägnierten und nichtimprägnierten Grubenstempels

Nr. 76 imprägniert mit „Wolman-Salz" nach 10jähriger Standdauer

Nr. 82 nichtimprägniert nach 10monatlicher Standdauer in der Grube

Aufnahme: Allgemeine Holzimprägnierung G. m. b. H. Berlin.

Bild 5. Verbildeter Fruchtkörper des Säge-Blättlings Lentinus lepideus auf einer Schwelle gefunden auf Zeche Brassert in Marl (Westf.), auf der 3. Sohle, 826 m tief

Aufnahme: Allgemeine Holzimprägnierung G. m. b. H. Berlin.

Bild 6. Trogtränkanlage auf einer Zeche

---

[1] B. Schulze: Umfassende Prüfung von Holzschutzmitteln. Z. Holz als Roh- und Werkstoff 2, 1939. S. 99.

Aufnahme: Allgemeine Holzimprägnierung G. m. b. H. Berlin.
Bild 7. Imprägnierkessel mit neuzeitlichem Schnellverschluß

Gesagten naturgemäß für die zum Schutze des Grubenholzes dienenden Chemikalien im erhöhten Maße.

Zur sicheren Abtötung des schon bei der Anlieferung eingetretenen und zur Abwehr des drohenden zukünftigen Befalls muß eine hohe pilzwidrige Wirkung (Bild 8) und ein gutes Eindringvermögen vorhanden sein. Hinsichtlich der Frage der Dauerwirkung ist vor allem die Auslaugbarkeit durch Gebirgswässer zu berücksichtigen. Zumindest eine Erhöhung der Brennbarkeit des behandelten Holzes ist nicht tragbar, erwünscht wäre sogar eine Herabsetzung, wie sie beim Minolith erzielt wird. Holz und Eisen (Tränkkessel und Holzversteifungen) dürfen nicht angegriffen werden. Eine Beeinträchtigung der Gesundheit der Bergarbeiter darf nicht stattfinden.

Da die Herabsetzung der jährlich benötigten Ersatzmenge an Grubenholz eine beträchtliche Holzeinsparung bedingen würde und zudem der Einbau geschützten Holzes zweifellos auch wirtschaftliche Vorteile bringt, muß der Holzschutz im Bergbau mit allen Mitteln gefördert und allgemein eingeführt werden.

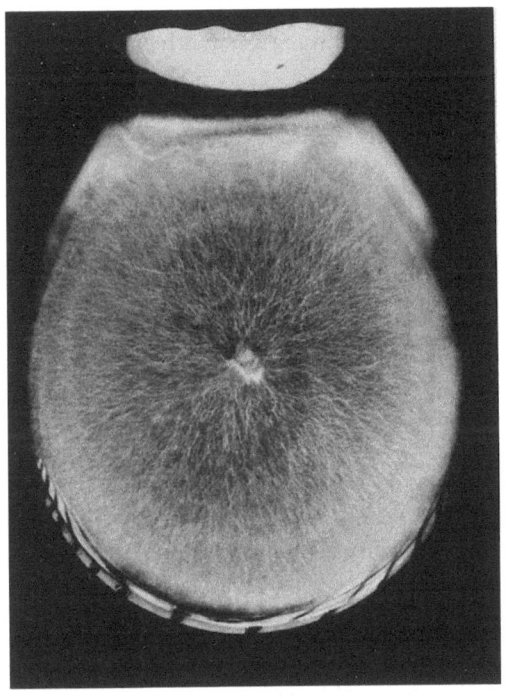
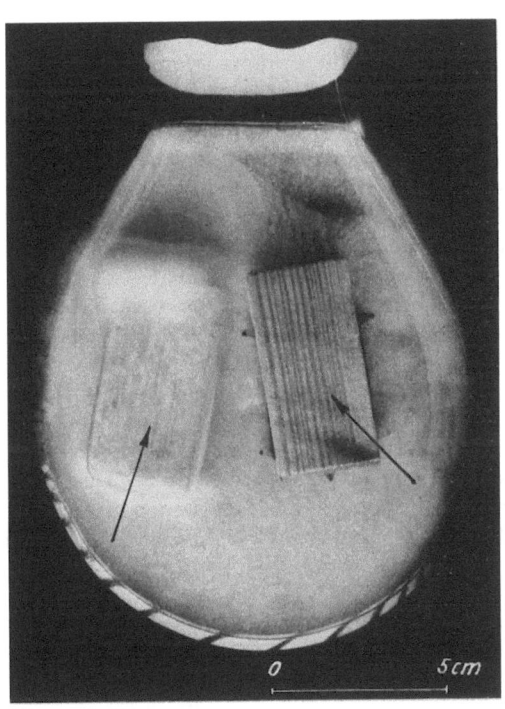

a   b

Aufnahme: Staatliches Materialprüfungsamt Berlin-Dahlem.

Bild 8. Prüfung der pilzwidrigen Wirkung von Holzschutz-Mitteln. Klötzchen-Verfahren
a) Versuchspilz in Reinkultur (Coniophora cerebella), 14 Tage nach der Beimpfung
b) Holzklotz unbehandelt getränkt mit Schutzmittel (Poria vaporaria), Versuchsdauer 3½ Monate

---

MAUERWERK IM GRUBENBETRIEB UND SEINE PRÜFUNG
Von Prof. Dr.-Ing. **M. Herrmann**,
Abteilung Baukonstruktionen des Staatlichen Materialprüfungsamts Berlin-Dahlem

Allgemeines

Mauerwerk zum Ausbau von Strecken muß entsprechend den besonderen Verhältnissen des Gebirges so hergestellt werden, daß es den Belastungsansprüchen und den Anforderungen an die Wasserdämmung genügt. Die Erfüllung dieser Anforderungen ist nicht nur von der konstruktiven Ausbildung der Ausbauart, sondern auch von der stofflichen Beschaffenheit der für das Mauerwerk verwendeten Bauelemente abhängig.

Konstruktiv wird dem Gebirgsdruck durch bestimmte Formgebung des Querschnittes Rechnung getragen.

Die Baustoffe

Die Bauelemente sind die Steine und der Mörtel. Ihre richtige Auswahl bildet die Voraussetzung für ein dauerhaftes Mauerwerk. Zur Verwendung können Mauerziegel und Betonsteine im Reichs-, Ring- und Keilformat und Sonderformen gelangen. Bei den Mauerziegeln werden je nach ihrer Druckfestigkeit unterschieden: Wasserbauklinker, Mauerklinker, Hartbrandziegel, Mauerziegel 1. Klasse und Mauerziegel 2. Klasse. Ein weiteres Kriterium für die Zugehörigkeit zu einer der genannten Sorten liegt in der Wasseraufnahmefähigkeit. Die Güteeigenschaften der Mauerziegel sind in den Deutschen Normen festgelegt, und zwar

Mauerziegel in DIN 105,
Radialsteine in DIN 1056.

Die Prüfung der Baustoffe

Um sie gemäß ihren Druckfestigkeiten in diese Skala einzuordnen, oder um den Nachweis der Zugehörigkeit zu einer bestimmten Skalenstufe zu erbringen, ist ihre Prüfung erforderlich. Äußerliche Merkmale für die Güte sind oft schon im Gefüge zu erkennen. Ton- und Kalkknollen sind ein Zeichen von schlechter Vermengung des Rohmaterials. Schichtungen und Verwerfungen entstehen bei ungleichmäßigem Gang durch das Mundstück. Beides kann sich ungünstig auf die Festigkeit auswirken. Gleichmäßige Farbe ist das Ergebnis guter Durchmischung des Tongutes und richtigen Brandes. Eine gründliche Güteklassifizierung ist jedoch allein durch Inaugenscheinnahme nicht möglich, hierfür ist unbedingt die Prüfung erforderlich.

Druckfestigkeit

Als Bindeglied zwischen den einzelnen Steinschichten dient der Mörtel. In bezug auf die Festigkeit muß er den Steinen angepaßt sein. Es wäre abwegig, für Mauerwerk aus Hartbrandziegeln Kalkmörtel zu verwenden, da die Mauerwerksfestigkeit trotz hoher Druckfestigkeit des Steines durch die sehr geringe Festigkeit des Mörtels herabgemindert wird. Je nach der Festigkeit des Mörtels schwankt die Mauerwerksfestigkeit zwischen etwa 25% und 75% der Steinfestigkeit[1]. Es kann angenommen werden, daß sich die Mauerwerksfestigkeit um so mehr ihrem Höchstwert nähert, je mehr sich die Mörtelfestigkeit der Steinfestigkeit angleicht. Über die Art der Durchführung von Festigkeitsprüfungen an Mauerwerkskörpern und die Auswertung der Ergebnisse bestimmen die Normen DIN 4110 und DIN 1056.

Bild 1. Wandförmiger Mauerwerkskörper gem. DIN 4110 bis zum Bruch belastet

Bild 2. Würfelförmiger Mauerwerkskörper gem. DIN 1056 bis zum Bruch belastet

Die dort vorgesehenen Einheitsmörtel bedeuten nicht etwa eine Vorschrift für den in der Praxis zu verwendenden Mörtel, sondern sie geben nur die Möglichkeit zum Vergleich der einzelnen Mauerarten untereinander. Über die Höhe der zulässigen Druckspannungen für Mauerwerk sind

---

[1] Herrmann, M.: Über die Vorausbestimmung der Druckfestigkeit von Mauerwerk, Deutsche Bauzeitung, Jahrgang 73, 1939, Heft 43.

in den Normen DIN 1053 ausführliche Angaben gemacht. Die Wahl des Mörtels in der Praxis richtet sich ganz nach den dort vorhandenen Verhältnissen. Im allgemeinen wird — schon wegen des Feuchtigkeitsandranges — Kalkzementmörtel dem Kalkmörtel der Vorzug zu geben sein. Für die Güte des Mörtels ist, abgesehen von den Bindemitteln und dem Mischungsverhältnis, die Beschaffenheit des Zuschlages von Bedeutung. Nach den Normen DIN 1053 darf der Mauersand keine Stoffe enthalten, die das Erhärten oder die Festigkeit des Mörtels schädigen können, wobei die als schädlich bekannten Stoffe aufgezählt werden. Gleichfalls ist Wert zu legen auf eine geeignete Kornzusammensetzung des Zuschlagstoffes. Erfahrungsgemäß gibt gemischtkörniger Sand mit mindestens 40% Teilen zwischen 1 und 3 mm Korngröße unter sonst gleichen Verhältnissen einen besseren Mörtel als gleichkörniger Sand. Wenngleich in vielen Fällen die Inaugenscheinnahme und das Betasten für eine grobe Begutachtung des Materials ausreichend sein kann, so ist für die Erlangung einer bestimmten Mörtelfestigkeit die Durchführung einer Siebanalyse und gegebenenfalls der Aufbau eines geeigneten Korngerippes unbedingt erforderlich. In dieser Richtung gibt die von der Deutschen Reichsbahn herausgegebene Anweisung für Mörtel und Beton (AMB) wertvolle Hinweise.

Die im allgemeinen verwendeten Bindemittel, wie z. B. Zement, Kalk, Traß, bedürfen einer besonderen Prüfung nicht, wenn durch das entsprechende Überwachungszeichen auf der Verpackung der Nachweis eines bestimmten Gütestandes erbracht wurde. Das Normenüberwachungszeichen zu führen, sind alle diejenigen Hersteller von Portlandzement, Eisenportlandzement oder Hochofenzement berechtigt, die ihre Erzeugnisse einer laufenden Überwachung durch die Vereinslaboratorien oder durch staatliche Materialprüfungsämter unterziehen. Die in diesem Zusammenhange vorgesehenen Prüfungen richten sich in ihrer Durchführung nach den Normen DIN 1164.

Wasseraufnahme

Werden bei der Auswahl der Bauglieder die oben genannten Vorkehrungen beachtet, so ist bei geeigneter Formgebung des Querschnittes (oval, kreisrund, gewölbeartig, rechteckig) die wesentliche Voraussetzung für die gewünschte Festigkeit des Mauerwerks erfüllt. Soll der Fernhaltung der Feuchtigkeit besondere Beachtung geschenkt werden, so ist auch in dieser Richtung Vorsorge zu treffen. Bausteine aus gebranntem Ton sind mehr oder weniger sämtlich wassersaugend und wasserdurchlässig. Der größte Widerstand gegen eindringendes Wasser wird bei dem sehr dichten Klinker, der höchstens 6% Wasseraufnahme haben darf, zu erwarten sein. Ein wichtiges Kriterium für die Eignung bringen daher schon die Ergebnisse der Prüfung auf Wasseraufnahme, die gemäß den Normen DIN 105 ausgeführt wird. Sie können ergänzt werden durch Prüfung der Wasserundurchlässigkeit in Anlehnung an die Vornorm 456 für Dachziegel.

Wasserdurchlässigkeit

Dort, wo die Eignung des Materials auf seine tatsächliche Wasserundurchlässigkeit gegebenenfalls bei höherem Wasserdruck nachgewiesen werden muß, ist zweckmäßig die Prüfung an einem Mauerausschnitt durchzuführen. Hierfür wird in dem vorgesehenen Verband ein Mauerstück aus den für den Ausbau ausgewählten Steinen und Mörtel hergestellt und nach DIN Vornorm 4029 geprüft. Stellt sich hierbei eine nicht genügende Wasserdämmung heraus, so werben Abänderungen an den Baustoffen solange getroffen, bis die gewünschte Wasserhaltung erreicht ist.

Hilfsmittel zur Erhöhung der Wasserdämmung

Dieses kann durch Verbesserung des Mischungsverhältnisses für den Mörtel, durch Beigabe von wasserabweisenden Zusätzen beim Mörtelmischen oder durch einen isolierenden Außenanstrich des Mauerwerks geschehen. Wichtig ist, daß die bei der Herstellung der Versuchsproben angewandte Sorgfalt beim Vermörteln oder Anstreichen auch bei der praktischen Herstellung beobachtet wird. Denn von der vollen Ausfüllung der Fugen und dem lückenlosen Anstrich ist bei Verwendung von Dichtungsmitteln die wasserabweisende Eigenschaft des Mauerwerks abhängig.

Nachgiebige Mauerweisen

Außer der Forderung, daß die gelockerten Gesteinsmassen bei ausreichender Wasserdämmung von dem Mauerwerk getragen werden, muß der Ausbau in der Lage sein, seine Gestalt ohne besondere Querschnittsverminderung so zu verändern, daß er sich der Drucklinie der Gebirgslast anpaßt. Diese Beweglichkeit muß solange andauern, bis die lockeren Gebirgsmassen sich so gelegt haben, daß sie ein selbsttragendes Gewölbe bilden. Die Tragfähigkeit wird durch eine geeignete Formgebung des Querschnittes, die Beweglichkeit durch eingelegte Holzkeile oder durch Anordnung von Gelenken oder durch andere besondere Maßnahmen

Bild 3. Novadom-Bauweise. Mörtelloses Mauerwerk (Lagerfugen mit Holzwollplatten)

Bild 4. Novadom-Bauweise. Mörtelloses Mauerwerk, (Lagerfugen mit Holzwollplatten)

erreicht. Beachtlich dürfte in diesem Zusammenhange der Hinweis auf eine neue Bauweise — die Novadom-Bauweise — sein. Diese für den Siedlungsbau auserschene Bauweise weist neben anderen im Wohnbau erwünschten Vorzügen die im Wohnbau störende Eigenschaft eines starken Formänderungsvermögens auf. Die Tragfähigkeit entspricht etwa der eines in Kalkzementmörtel hergestellten Mauerwerks. Die Eigentümlichkeit dieser von Dr. Honigmann und Ing. Bruckmeyer, Wien erdachten Bauweise besteht darin, daß statt des Mörtels Heraklithplatten (Holzwolleplatten) in die Lagerfugen gelegt werden.

In den einzelnen Schichten werden die Steine dicht nebeneinander ohne Fugenmaterial verlegt. Bei Anwendung von möglichst ebenen Keilsteinen oder Radialsteinen wäre eine Anwendung der Novadombauweise im Bergbau möglich. Allerdings müßten, da praktische Erfahrungen noch nicht vorliegen, vorerst die bisher durchgeführten Untersuchungen [1] nach dieser Richtung hin weiter ausgedehnt werden.

Mauerwerk in Bergschädengebieten

Untersuchungen von Mauerwerk wurden auch im Hinblick auf die im Bergbaugebiet entstehenden Bergschäden

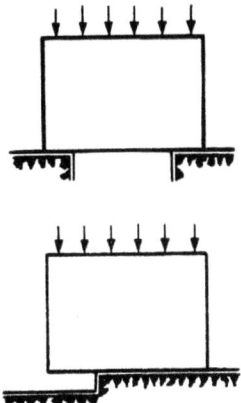

Bild 5. Belastungsarten von Mauerwerkskörpern

Bild 6. Ziegelmauer in Kalkzementmörtel bei zweiseitiger Auflagerung bis zum Bruch belastet

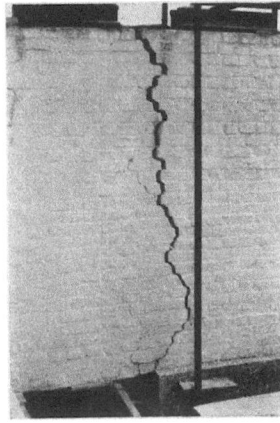

Bild 7. Mauer-Ziegel in Kalkmörtel bei einseitiger Auflagerung bis zum Bruch belastet

---

[1] Kristen-Herrmann: Tonind.-Ztg Heft 79, 80, 82, 1938.

durchgeführt[2]. Hierbei wurden etwa 3,40 m breite und 2,30 m hohe Wandstücke bei solchen Auflagerungen durch senkrechte Kräfte belastet, die infolge Geländesenkungen bei Außenwänden von Häusern entstehen können. Bild 5 zeigt einige Belastungsfälle.

Zum Vergleich auf ihr Verhalten wurden verschiedene Bauweisen gegenübergestellt: Ziegelmauerwerk, Mauerwerk aus Zementschwemmsteinen — und zwar beide in Kalkmörtel und Kalkzementmörtel — und Mauerwerk aus monolithem Hüttenbimsbeton. Wie aus den Bildern 6, 7 und 8 ersichtlich ist, wird der Verlauf der Risse außer von der Art der Auflagerung bestimmt durch das Verhältnis der Steinfestigkeit zur Mörtelfestigkeit. Die Risse nehmen in allen Fällen den Weg der größten Beanspruchung und des kleinsten Widerstandes.

---

[2] Im Auftrage der Gesellschaft zur Erforschung von Leichtbeton.

Bild 8. Zementschwemmsteinmauer in Kalkzementmörtel bei zweiseitiger Auflagerung bis zum Bruch belastet

---

DER BETON IM STRECKENBAU

Von Prof. Dr.-Ing. **A. Hummel,** Abteilung Baustoffe des Staatlichen Materialprüfungsamts Berlin-Dahlem

Der Einsatz des Betons im Bergbau ist wesentlich durch vier Umstände gekennzeichnet:

1. die Einstellbarkeit der Betonmischungen auf beliebige Festigkeiten innerhalb gewisser Grenzen (Verwendung von Beton zweckbedingter Güte),

1. Verwendung von Beton zweckbedingter Güte [1]

Zielsichere Betonbildung

Der Bergbau bildet ein reiches Feld für die Anwendung von Baustoffen zweckbedingter Güte, insbesondere aber jenes Baustoffes, der durch seine Einstellbarkeit auf beliebige Forderungen die Anwendungspraxis zweckbedingter

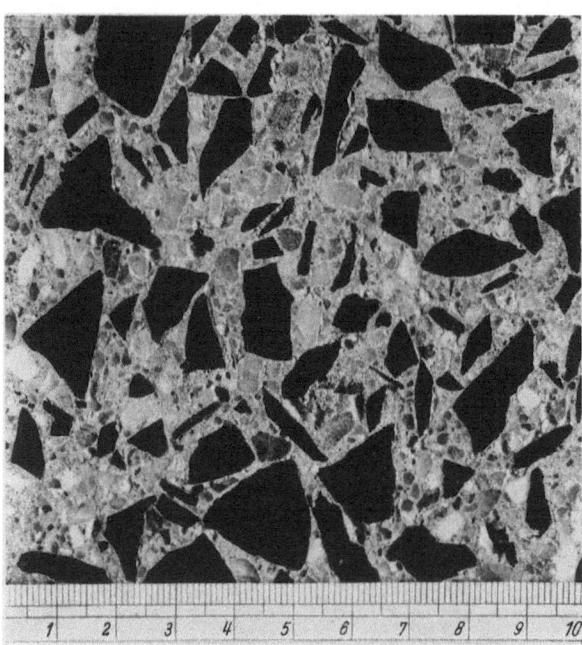

Bild 1. Beton mit idealer Kornzusammensetzung des Zuschlagstoffes

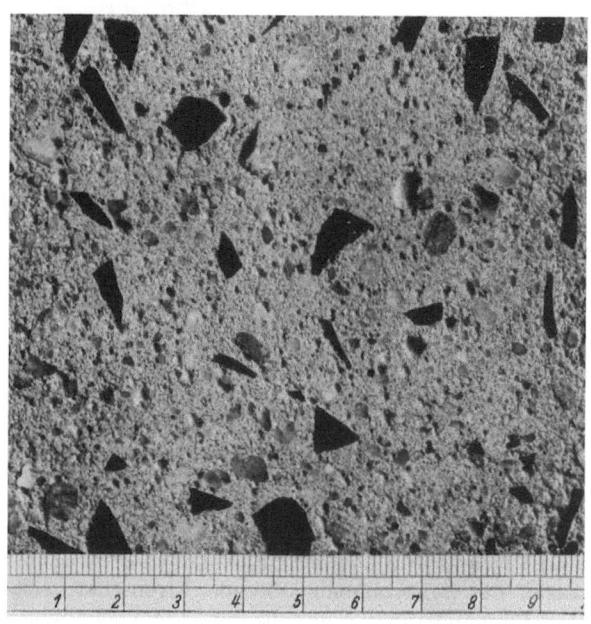

Bild 2. Beton mit gerade noch brauchbarer Kornzusammensetzung des Zuschlagstoffes

2. die mit einfachen Mitteln zu erreichende Wasserdämmfähigkeit bei gleichzeitig statischer Nutzbarkeit dieses Baustoffes,

3. die Verwendbarkeit des Betons zu monolithischen Konstruktionen bei verschiedenen Arbeitsweisen wie auch zu Mauerwerk,

4. seine Beschränkung auf eine beton-unschädliche Umwelt (Korrosionsverhütung).

Baustoffe erst einleiten half, eben des Betons. Die seit rund einem Jahrzehnt entwickelte sog. zielsichere Betonbildung[2] gibt die Mittel an die Hand, auf dem Wege

---

[1] Siehe auch E. S e i d l: Güte-Grundsätze Werkstoff-Prüfung(-Forschung) und -Abnahme zur Durchsetzung der Güte deutscher Erzeugnisse. Mellionds Textilberichte 1936, Heft 5.
[2] Vgl. u. a. A. H u m m e l: Das Beton-ABC. Ein Leitfaden für die zielsichere Herstellung und wirksame Überwachung von Beton. 2. Aufl. Berlin: Verlag Tonindustrie.

über die geeignete Kornzusammensetzung des Zuschlagstoffes, über das Wasserzementverhältnis, die Frischbetonsteife und die Verdichtungsart innerhalb gewisser Grenzen jede beliebige Druckfestigkeit zwischen 20 und 800 kg/cm² zu erzielen. Diese Tatsache bildet die Grundlage für einen planmäßig wirtschaftlichen Einsatz des Betons gerade im Bergbau. Je nach den Erfordernissen der jeweiligen Aufgabe, ob zeitweiliger oder dauernder Ausbau, je nach den Eigenschaften des Gebirges, ob standfestes oder drückendes Gebirge, kann bewußt der hochwertige Beton oder auch der Beton von mittleren bis niederen Festigkeiten gewählt werden. Diese bergbaulich nützlichen Eigenschaften werden vermehrt durch die Möglichkeit einer Bewehrung des Betons mit Eisen, d. h. die Ausbildung von Eisenbetonkonstruktionen. Wenn auch die Bergbauwirkungen in den seltensten Fällen statisch einfach erfaßbare Größen darstellen, so haben sich doch die Vorzüge des Eisenbetons, wo nötig, die Konstruktionen der Druckliniengewölbe durch biegesichere Eisenbetonkonstruktionen ersetzen zu können, vorteilhaft bemerkbar gemacht. Gern nutzt der Bergbauer diese Möglichkeit in solchen Fällen, wo z. B. vom lichten Querschnitt des Stollens tunlichst viel erhalten bleiben muß.

Die Praxis der zielsicheren Betonbildung steckt noch ziemlich in den Anfängen. Ihre volle Wirkung kann sich erst zeigen, wenn das bisher vorherrschende reine Probieren auf dem Wege über die Eignungsprüfung ersetzt oder zum mindesten ergänzt wird durch den theoretischen oder halbtheoretischen Mischungsentwurf, d. h. die Voraussage der Betonfestigkeiten an Hand der bewußt gewählten Mischungsdaten des Spezialisten. Im allgemeinen dürfte dieses Zeit und Kosten sparende Verfahren nicht ohne Mitwirkung erfahrener Prüfungsanstalten zu verwirklichen sein. Bild 1 und 2 zeigen Beispiele bewußt entworfener Betone, die sich durch die Wahl der Kornzusammensetzung unterscheiden.

2. Wasserdichtigkeit

Neben der bewußten Regelbarkeit der Betonfestigkeiten ist für den Schacht- und Stollenbau in wasserführenden Gebirgen die Einstellbarkeit des Betons auf Wasserundurchlässigkeit wichtig. Bei sachgemäßem Entwurf der Betonmischung, abgesehen von den Mitteln bestimmter Verdichtungs- und Verarbeitungsverfahren, kann der Beton ohne fremde Zusätze wasserdicht hergestellt werden. Vermieden werden hierdurch Auswaschungen und Stalaktitenbildungen, wie sie bei Mauerwerk auftreten können (Bild 3). Voraussetzung bei der Wasserdichtigkeit von Beton ist die Einhaltung bestimmter Körnungsgrenzen des Zuschlagstoffes, die nicht zu knappe Bemessung des Zementgehaltes, schließlich die richtige Wahl der Frischbetonsteife. Stand der Forschung ist zur Zeit der, daß vom Gußbeton eine Wasserundurchlässigkeit nicht erwartet werden darf. Auch der erdfeuchte Stampfbeton kann nach Gefüge und häufig auftretenden Stampffugen keine Gewähr für praktisch hinreichende Wasserundurchlässigkeit bieten. Das Optimum der Wasserundurchlässigkeit ist praktisch bei schwach plastischer Verarbeitung des Betons gegeben, sofern nur gewöhnliche Verdichtungsverfahren vorgesehen sind. Wo immer also auf hohe Wasserundurchlässigkeit des Betons Wert gelegt wird, lasse man sich die Mischungen durch erfahrene Betontechnologen bei zweckmäßiger Körnung auf schwach plastische Betonsteife einstellen.

Selbstverständlich wird ein noch so wasserundurchlässiger Beton seine Aufgabe nur teilweise erfüllen, wenn Risse oder Anschlußfugen nicht vermieden werden können.

Die Gefahr der Bildung von Rissen durch Schwindwirkungen ist in Stollen allerdings gering, da der Beton — abgesehen von besonderen Luftschächten — meist wenig Gelegenheit hat, schnell auszutrocknen und daher besonders stark zu schwinden. Das ganz langsame Schwinden aber wird bekanntlich durch Kriechwirkungen [3] des Betons selbst so aufgehoben oder in seiner Wirkung verringert, daß Risse wenig wahrscheinlich sind. Gleichwohl wird die Vorsicht geübt, in besonders wichtigen Fällen zur Wahl wenig schwindender Zemente zu greifen, zu der auf Schwindmessungen eingerichtete Prüfungsanstalten die Unterlagen zu liefern haben.

Bild 3. Auswaschung der Kalkkomponente des Bindemittels unter Stalaktitenbildung infolge großer Wasserdurchlässigkeit der Konstruktion

Gewisse Schwierigkeiten machen im allgemeinen die Arbeitsfugen, d. h. die Anschlüsse von frischem an ganz oder teilweise erhärteten Beton. Wo die Forderung unbedingter Wasserundurchlässigkeit solcher Fugen erhoben werden muß, sind besondere Vorkehrungen zu treffen. Bewährt haben sich Vorstriche mit zementreichem Feinbeton, besser noch Anträge von Spritzbeton, an welchen frisch auf frisch der neue Beton aufzubringen ist. Auch besondere Dichtungsmittel sind erfolgreich in Gebrauch. Sie werden übrigens als zusätzliche Sicherung gern dem gesamten Beton beigegeben. Die Wirkung solcher zusätzlichen Mittel wird um so mehr gesichert, je mehr der irrige Glaube verschwindet, daß von Haus aus undichte Betonmischungen in jedem Falle durch Zusatz von Dichtungsmitteln undurchlässig werden. Extrem undichte Betonmischungen lassen sich durch Zusätze nicht dicht machen; die Kornzusammensetzung der Masse muß in jedem Falle mindestens im Bereich der Brauchbarkeit (vgl. Bild 1 u. 2 DIN 1045) liegen.

Zusätze zur Erhöhung der Wasserundurchlässigkeit

Bei der Anwendung von Zusatzmitteln zum Beton muß allgemein im Auge behalten werden, daß für die Mehrzahl der Zusätze kritische Grenzen gegeben sind, über die hinaus der Zusatz nicht ohne Schädigung des Betons erfolgen kann. Leider sind diese kritischen Grenzen nicht durch allgemeine Zahlen festzulegen, da sie sich nicht allein von Zusatzstoff zu Zusatzstoff, sondern auch von Bindemittel zu Bindemittel verändern können. Es ist daher empfehlenswert, den in Aussicht genommenen Zusatzstoff

---

[3] Vgl. Baustoffe und ihre Prüfung. Herausgegeben vom Präsidenten des Staatlichen Materialprüfungsamtes Berlin-Dahlem. S. 153. Berlin: Julius Springer 1938.

von Fall zu Fall in Verbindung mit den vorgesehenen Baustoffen (Zement und Zuschlagstoff) einer Eignungsprüfung am Beton unter den übrigen Baubedingungen zu unterziehen. Da indessen manche Zusatzstoffe in Abhängigkeit von der Zusatzmenge die Betonfestigkeit zu vermindern pflegen, so ist es bei dieser Eignungsprüfung anzuempfehlen, das Augenmerk nicht nur auf die wasserabdichtende Wirkung, sondern auch auf ihren Einfluß auf die Festigkeit zu richten.

3. Monolithische Konstruktionen und Mauerwerk

Der Schacht- und Stollenbau im festen Gestein bedient sich, soweit Auskleidungen überhaupt möglich sind, des Spritzbetonverfahrens, lediglich für die Sohlenauskleidungen des gewöhnlichen Betons. Bei Sohlenarbeiten in wasserführenden Gebirgen gelten die Gesichtspunkte des Abschnittes 2.

Torkretieren

Das Verfahren des Torkretspritzbetons und das Moser-Kraftbauverfahren sind bekannt. Sie gestatten die Ausführung besonders fester und unbedingt dichter Schichten von dünnen Häuten an bis zu größeren Dicken. Die Schichtdicke ist für druckwasserführende Zonen eine Frage des Wasserdruckes und wird meist empirisch an Ort und Stelle ermittelt. Die Haltbarkeit dünnerer Schichten ist von der vorübergehenden Abhaltung des Wasserdruckes abhängig, die zweckmäßig mit wasserhaltenden Schnelldichtungsmitteln vorgenommen wird. Die Materialprüfung bei solchen Arbeiten beschränkt sich meist auf die Auswahl guten Spritzbeton-Sandes. In den Sonderfällen des bewehrten Spritzbetons hat häufig der Ingenieur in Zusammenarbeit mit dem Bergbauer zu entscheiden, ob es zweckmäßig ist, den eisenbewehrten Spritzbeton durch zuvor eingesetzte Haken noch mehr zu einer Einheit mit dem Fels zu verbinden, als es die Spritztechnik unter Druck an sich schon bewirkt, oder bewußt gerade eine klare Trennung zwischen beiden vorzusehen, damit jeder Teil für sich „arbeiten" kann.

Die Vorteile der monolithischen Wand im Sinne einer sicheren Wasserhaltung sind bekannt, ebenso die Nachteile einer im plastischen Gebirge unzweckmäßigen Steifigkeit wie auch der erschwerten Veränderungen besonders bei Eisenbeton-Auskleidungen. Die hohe Steifigkeit der monolithischen Konstruktion führt bei Langstrecken unter den Gebirgsverformungen meist zu Großrissen, wie sie im gleichen Umfange die gemauerte Wand nicht zu bringen braucht. Die zahlreichen Fugen der gemauerten Wand bilden natürliche Gelenke, an denen sich stark verteilt die Bewegungen der Gesamtformänderungen abspielen können, ohne daß die Häufung der Formänderungen auf einen Großriß einzutreten braucht.

Bei den dickeren Auskleidungen wird der früher vorherrschende erdfeuchte Stampfbeton langsam durch die etwas weicheren Betone verdrängt und die Verdichtung durch Rütteln bevorzugt. Der Schalungsrüttler beim Stollenbau ist im Vordringen.

Unter den neueren Förderungsarten ist als für den Bergbau wichtig die Pumpenförderung zu nennen. Das gute Gelingen bei Anwendung des Pumpenbetons ist wiederum eine Frage der geeigneten Betonzusammensetzung und Betonsteife. Der richtige Entwurf von Betonmischungen, die sich zum Pumpen eignen, unter Berücksichtigung der örtlich vorkommenden Zuschlagstoffe ist ein weites Feld für die Mithilfe der Prüfungsanstalten, wenn auch die Pumpenfirmen bereits allgemeine Richtlinien für die Zusammensetzung solcher Betone bekanntgegeben haben.

Die Zementmörtel-Injektionen bei teilweise zerklüftetem bzw. gelockertem Gestein bilden ein weiteres wichtiges Hilfsmittel des Bergbaues, bei dem der Stoffprüfer allerdings bestenfalls zur Ermittlung ideal-geschmeidiger Bindemittel herangezogen zu werden pflegt.

Die Vorteile der gemauerten Wand sind im anderen Zusammenhang weiter oben schon berührt worden. Gerade die Verringerung der Steifigkeit durch die Vermehrung der Fugenzahl gibt dem Kleinformat-Stein, wenigstens soweit künstliche Steine verwendet werden, den Vorrang. In wichtigen Fällen ist die Überwachung der zur Anwendung kommenden Steine auf ihre Normengerechtheit zu empfehlen.

Wieweit in Zeiten besonderer Holzverknappung beim zeitweiligen Streckenausbau an Stelle des Holzes Eisenbeton-Fertigteile verwendet werden können, bedarf des Versuches. Jedenfalls ist die Möglichkeit ernstlich ins Auge zu fassen, auch für den Dauerausbau. Allerdings dürfte der Erfolg wesentlich davon abhängen, wieweit es gelingt, die Unsitte zu beseitigen, Eisenbeton-Fertigteile aus Gründen sofortiger Entschalbarkeit aus so trockenem Beton herzustellen, daß ein hinreichender Rostschutz der Eisenbewehrung nicht mehr gegeben ist.

4. Korrosionsverhütung

Wie alle anderen Baustoffe hat auch der Beton seine Feinde. Schädlich sind anorganische und organische Säuren, die Salzlösungen der Sulfate und einiger Chloride, wie auch alle zusammengesetzten Flüssigkeiten, in denen diese Stoffe auftreten oder entstehen können. Aber auch schon weiche Wässer vermögen in ihrem Bestreben, sich mit Salzen und Gasen zu sättigen, einen auslaugenden Einfluß auf Beton auszuüben, und zwar um so mehr, je poröser der Beton ist und ein Hindurchströmen des Angriffswassers gestattet.

In der Natur kommen insbesondere vor: die Kohlensäure, in Moorwässern neben dieser auch Huminsäure und freie Schwefelsäure, welche dem Moorwasser besonders korrosionsfördernde Eigenschaften verleihen; ferner Sulfate und Chloride, bei welch letzteren zum Glück die Alkalichloride, wie z. B. Kochsalz, für den erhärteten Beton unschädlich sind.

Voraussetzung für den Angriff der genannten Stoffe auf einen erhärteten Beton ist das Auftreten in Form wäßriger Lösungen. Selbstverständlich ist die Größe der Gefahr von der Konzentration der Lösungen abhängig. Die Entscheidung, welche Wässer und übrigens auch nasse Böden mehr oder weniger gefährlich sind, muß von Fall zu Fall solchen Prüfungsanstalten überlassen bleiben, die nicht nur die Aggressivstoffe selbst zu beurteilen in der Lage sind, sondern auch das chemische, physikalische und mechanische Verhalten des Betons bzw. der Betonbestandteile überschauen.

Daß die Gefahr der chemischen Angriffe auf Baukonstruktionsteile noch immer nicht genügend eingeschätzt wird, ist durch die Tatsache erwiesen, daß immer wieder Betonbauten ohne weitere Vorkehrungen in Mooren u. dgl. errichtet werden und daß die Zahl der zu untersuchenden Schadensfälle an Grundbauwerken nicht abnimmt. Auch für den Bergbau ist die Frage des vorsorglichen Betonschutzes von größter Wichtigkeit. Besonders bei dem Bau von Strecken durch Gips- bzw. Anhydritflöze oder schwefelreiche Kohle sind umfassende Voruntersuchungen und Vorkehrungen erforderlich.

VERHALTEN VON FRISCH-BETON IN GEFRIERSCHÄCHTEN

Von Prof. Dr. **R. Grün,** Forschungsinstitut der Hüttenzement-Industrie, Düsseldorf

Beim Bau von Gefrierschächten ist Frischbeton, also Beton, der noch nicht abgebunden hat, ganz besonderen physikalischen Beanspruchungen ausgesetzt. Der Beton wird nämlich bekanntlich gegen eine Frostwand betoniert und es wird ihm auf diese Weise von einer Seite her in zunächst nicht übersehbarer Weise Wärme entzogen. Beton, der stark abgekühlt wird, bindet aber weder ab noch erhärtet er, er neigt im Gegenteil zu Entmischungen, wenn das Anmachwasser, welches zum Erhärten des Zementes notwendig ist, ausfriert und hierbei Kristalle bildet. Die Art der Erhärtung eines derartigen ganz ungewöhnlich beanspruchten Betons, der in dem Augenblick, wo er beginnen soll, abzubinden, von einer Seite abgeschreckt wird, war von besonderem Interesse und es mußte geklärt werden, wie sich ein derartiger Beton bei der genannten Beanspruchung verhielt. Bisher nahm man an, daß derartige gegen eine Frostwand betonierte Betone von der Frostwand her so stark geschädigt werden, daß die der Frostwand anliegende Zone überhaupt nicht abbindet, sondern zunächst gefriert. Erst weiter im Innern wurde Erhärtung angenommen. Wie stark die nicht erhärtende Schicht, die man im Sprachgebrauch „verlorene Schicht" nannte, ist, wußte man nicht; ebensowenig wußte man, wie bei längerer Dauer, also beim Auftauen der Frostmauer, sich dieser zunächst als gefroren angenommene Beton verhielt. Man erhoffte spätere Erhärtung, ohne Genaueres zu wissen.

Anläßlich der Abteufung eines Schachtes im Schwemmsand in einem Gefrierschacht im Industriegebiet, bei welcher nicht wie oft üblich eine doppelte Tübbingssäule, sondern nur eine einfache Tübbingssäule verwendet wurde, war die Klärung der aufgeworfenen Fragen notwendig. Bei der Abteufung sollte in der Weise gearbeitet werden, daß zwischen Gebirge und Tübbingssäule ein 50 cm bis 1 m starker Eisenbetonring errichtet wurde. Beabsichtigt war zunächst die Heranziehung von Tonerdezement, da bekannt ist, daß dieser Zement eine ganz besonders hohe Abbindewärme hat. Weiter wurde wegen seiner hohen Widerstandsfähigkeit gegen Salzwasser die Verwendung von Hochofenzement erwogen. Zur Heranziehung dieses Zementes konnte man sich zunächst nicht entschließen, da bekannt ist, daß Hochofenzement besonders wenig Abbindewärme entwickelt. Eine solche geringe Abbindewärme erschien aber in Anbetracht der besonderen Verhältnisse zunächst nicht erwünscht.

Die Klärung der Verhältnisse in solchen Fällen kann nur 1. durch Laboratoriumsversuche, 2. durch Großversuche und 3. durch die Beobachtung des Betons in der Praxis erreicht werden. Theoretische Erörterungen und Überlegungen führen nicht zum Ziel. Aus diesem Grunde wurden zunächst durch Versuche im Laboratorium die einzelnen Verhältnisse geklärt und dann die Erfahrungen in die Praxis übertragen. Wir begnügten uns aber nicht mit dieser Übertragung allein, sondern beobachteten durch eingebaute Thermometer in der Praxis selbst unsere Laboratoriumsergebnisse, wobei vorausgeschickt sei, daß diese Beobachtung die Richtigkeit der Laboratoriumsergebnisse ergab.

1. Laboratoriumsversuche

a) Abbindewärme

Die Abbindewärme der zu prüfenden Zemente wurde zunächst an den Pur-Zementen ermittelt. Es stellte sich heraus, daß weitaus die höchste Abbindewärme der Tonerdezement entwickelte, dem mit einer geringeren Abbindewärme der gleichzeitig untersuchte Portlandzement folgte, worauf sich die Hüttenzemente, ein Eisenportlandzement und ein Hochofenzement, anschlossen. Während sich beispielsweise der Portlandzement auf 50° erhitzte, ergab der Hochofenzement eine Erwärmung von nur 25°, während der Tonerdezement auf über 80° stieg. Aus diesen Ergebnissen war zu schließen, daß, wenn man möglichst viel Wärme in den Schacht einbringen will, tatsächlich Tonerdezementverwendung erwünscht ist. Bei entsprechenden Betonversuchen ergab sich das gleiche Verhältnis, obgleich naturgemäß die erreichte Temperatur wesentlich niedriger

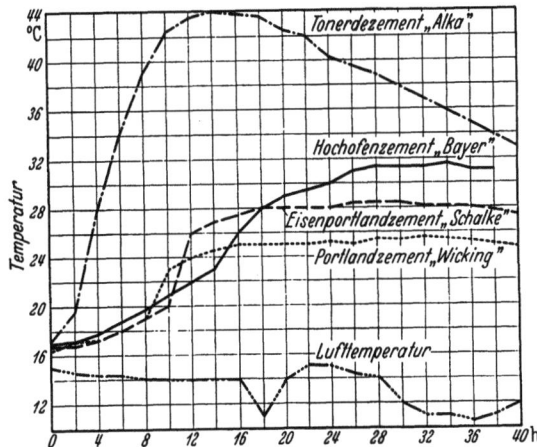

Bild 1. Vergleich der Abbindewärme verschiedener Zemente

war. Bild 1 zeigt die gefundenen Ergebnisse und beweist neben der Tatsache, daß der Tonerdezement sich am meisten erhitzt, daß die freiwerdende Wärme beim Tonerdezement viel explosionsartiger auftritt. Schon nach 14 Std. sind hier 44° erreicht, während der Hochofenzement erst bei 23° angekommen ist. Die gesamte Abbindewärme ist zu dieser Zeit beim Tonerdezement schon freigeworden; beim Hochofenzement tritt langsam weitere Erwärmung ein, ein Zeichen für den sehr viel langsameren Ablauf der Reaktion.

b) Verhalten des gefrorenen Betons beim Wiederauftauen

Da zunächst angenommen werden mußte, daß tatsächlich der Beton an der Frostwand gefror, war es zunächst erwünscht, einmal zu sehen, wie ein derartiger Beton sich verhält, wenn er nachträglich wieder erwärmt wird. Aus diesem Grunde wurden 30 cm-Körper einerseits aus einer Mischung Zement-Kies 1 : 3, andererseits aus einer Mischung Traß-Kies 1 : 3 in den Gefrierschrank gebracht und die entsprechende Temperatur mit eingebauten Fernschreibthermometern abgelesen. Der Traß wurde verwendet an Stelle des Zementes, um das gleiche Kies-Wasser-Gefüge zu erhalten, obwohl ja bekannt ist, daß Traß allein nicht erhärtet; er diente lediglich als Füllmaterial. Der Kurvenverlauf von Bild 2 zeigt, daß am ersten Tag der Traßkörper sich sehr viel schneller abkühlte als die Zementkörper, da die Abkühlung de letzteren zurückgehalten wurde durch die schon auftretende Abbindewärme. Am zweiten Tag blieb die Temperatur bei ungefähr 0°, da jetzt in beiden Körpern das Wasser gefror. Dann fällt sie ungefähr gleichmäßig ab. Nach 36 Std. wurden Körper bei 12° an die Luft gebracht und es zeigte sich nun, daß schon 12 Std. nach dem an die Luft bringen der Nullpunkt nach oben überschritten wird. Von hier ab steigt die Temperatur des Zementkörpers sehr viel schneller an als die

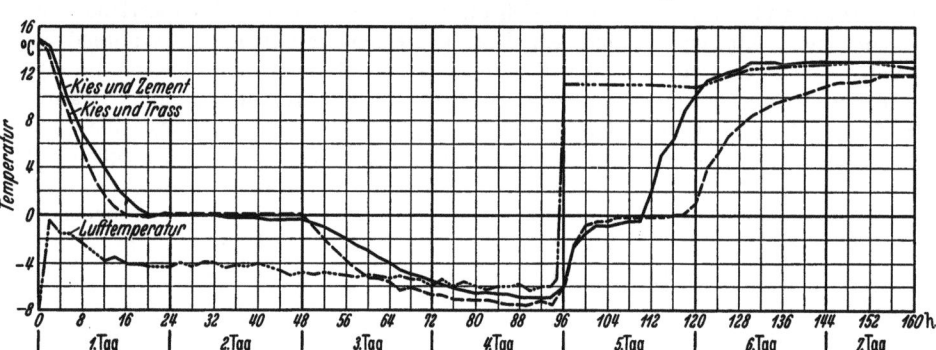

Bild 2. Temperaturverlauf im Zement-Kieskörper im Vergleich zu Steinmehl-Kieskörpern

des Traßkörpers, ein Zeichen, daß tatsächlich jetzt der Zement zu erhärten beginnt und Abbindewärme freisetzt, während ein derartiges Freisetzen durch den Traßkörper nicht in Frage kommt. Letzterer blieb deshalb in der Temperatur stark zurück. Es war also bewiesen, daß in einem gefroren gewesenen Beton nach dem Auftauen die Reaktion wieder beginnt und der Zement anfängt zu erhärten.

c) Verhalten des an die Frostwand angebrachten Betons

Dieses Verhalten wurde ermittelt an einer künstlich gefrorenen und gegen eine Eisschrankwand angebrachte Wand von Schwemmsand, die eine Untertemperatur von ungefähr —10° hatte. Die Wand wurde ganz entsprechend der Praxis errichtet und der 16° warme Beton gegen diese Wand angeworfen, der durch eine Kältemaschine dauernd Wärme entzogen wurde. Gearbeitet wurde mit sehr großen Körpern (60 cm³). Der Kurvenverlauf von Bild 3 zeigt folgendes:

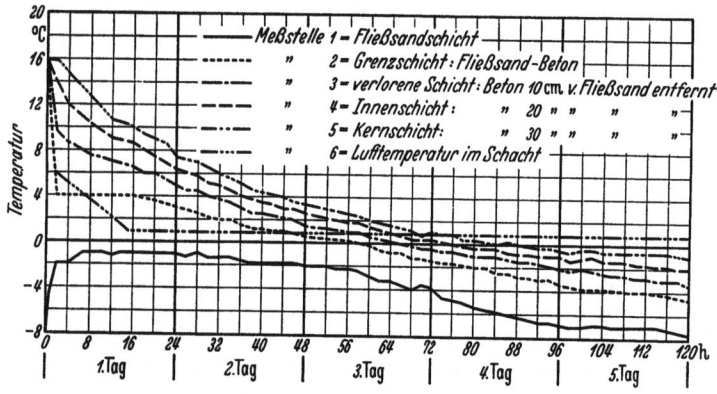

Bild 3. Temperaturverlauf in einer gegen eine gefrorene Fließsandschicht anbetonierte Betonwand

Der 16° warme Beton wurde durch das Anbringen gegen die Frostwand nach 4 Std. von 16° auf 9° heruntergekühlt, während in der Grenze Fließsand-Beton +4° herrschten. Die letztere Temperatur blieb 16 Std. erhalten, dann erst kühlte sich die Grenzschicht allmählich auf 0° ab und erst nach 56 Std. tritt hier Frost ein. Die sog. „verlorene Schicht" blieb während 36 Std. über 4°, das ist eine Zeit, die durchaus genügte um einem normalen Zement Zeit zum Abbinden zu lassen. Umgekehrt wird die Fließsandschicht selbst in ihrem Innern schon nach 6 Std. auf —1° erwärmt und bleibt bei dieser Temperatur zwei Tage lang, um sich dann erst durch die Tätigkeit der Kältemaschine wieder abzukühlen. Die Ausgangstemperatur von —8° ist erst nach 120 Std. erreicht, da abbindender Beton dauernd weiter „heizt". Der Kern des Betons blieb über drei Tage über 0°, konnte also vollkommen normal erhärten. Daraus ist zu schließen:

Es gibt keine „verlorene Schicht", sondern der Beton hat infolge der ihm innewohnenden Wärme Zeit genug, zu erhärten, bis seine Temperatur unter 0° ankommt. Ja er bleibt so lang über 4°, also stark reaktionsfähig, daß hier Gelegenheit genug zum Abbinden gegeben ist. Umgekehrt wird aber die Fließsandschicht verblüffend stark durch den Beton erwärmt, so daß die ihr für den Beton innewohnenden Gefahren herabgemindert werden.

Die Festigkeiten, welche der Beton bei den verschiedenen Temperaturen erreichte, wurden in der Weise ermittelt, daß Normenprüfkörper bei denjenigen Temperaturen gehalten wurden, die für die einzelnen Lagen aus der Temperaturmessung ermittelt worden waren. Dabei zeigte sich, daß sogar für die „verlorene Schicht" Festigkeiten erreicht wurden, welche über 100 kg/cm² betrugen, also durchaus befriedigend waren. Es kann also auch für den Schacht vorausgesetzt werden, daß der Beton vor dem Gefrieren über 100 kg hatte. Einem derartigen Beton vermag Frost nichts mehr zu schaden, er erhärtet nach dem Auftauen normal weiter. Aus den Laboratoriumsversuchen (I) war demgemäß folgender Schluß zu ziehen:

1. Es ist nicht notwendig, einen Zement mit allzu hoher Abbindewärme zu nehmen, da die Erhitzung durch einen Zement mit geringer Abbindewärme schon auffallend hoch ist.

2. Ein nicht zu früh gefrorener Beton erhärtet auch nach dem Auftauen weiter und setzt die Temperaturen stärker herauf als sie in einem Gemisch ansteigen, das keinen Zement enthält.

3. Die Wirkung zwischen Gebirge und Beton ist wechselseitig, und zwar in dem Sinne, daß der Beton das Gebirge sehr viel stärker erwärmt, als bisher angenommen wurde. Das sich erwärmende Gebirge kühlt dabei zwar den Beton ab, aber so langsam, daß der Beton Zeit genug hat, zu erhärten. Die Temperatur, bei welcher die Reaktion aufzuhören beginnt, kann mit +3° bis +4° angenommen werden.

II. Verhalten in der Praxis

Bei der Abteufung des Schachtes wurde gemäß den Lehren, die aus den Laboratoriumsversuchen gezogen werden konnten, Hochofenzement, also ein Zement mit geringer Abbindewärme, verwendet und genügend warm in den Schacht eingebracht. Das Anmachwasser wurde durch Einblasen von Dampf auf 20 bis 25° erhitzt. (Es wurde im Winter betoniert.) Gleichzeitig wurden, eine Maßnahme, die sehr viel wichtiger ist, die Zuschlagstoffe auf durch offene Feuer geheizten Schüttelrinnen erwärmt und weiter 500 kg Zement je m³

Beton herangezogen, um für weitere Erhitzung beim Abbinden zu sorgen. Ein Teil des Zementes diente also nur zur Wärmeentwicklung, denn für die verlangten Festigkeiten hätten 350 kg je m³ Beton genügt. Die Durchschnittstemperatur des Frischbetons betrug 20°. Das Setzmaß 15 cm. Das Korngrößenverhältnis entsprach den Normen. Gearbeitet wurde im Schacht selbst in folgender Weise:

Zunächst wurde ein Tübbingring eingebracht, darauf je 20 m³ Beton hinter dem verschraubten Tübbingring eingefüllt und, nachdem die Eisenbewehrung verflochten war,

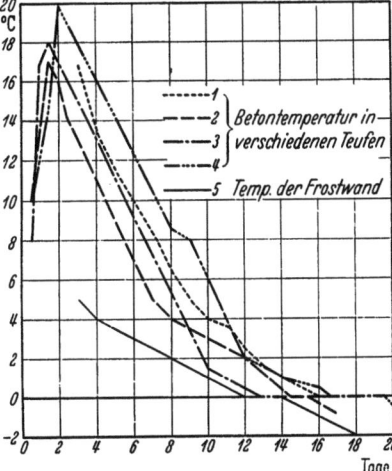

Bild 4. Temperaturverlauf im Schacht

der nächste Ring aufgesetzt. Die Zeit für das Betonieren eines Ringes betrug 2 Std., für Anbringung der Bewehrungseisen und der Tübbings selbst 6 Std. Durch dieses schnelle Arbeiten wurde erreicht, daß die entstehenden Arbeitsfugen gut verwuchsen. Sicherheitshalber wurden sie nicht mit den Tübbingsfugen zusammengelegt, sondern um 20 cm versetzt. Durch Entnahme von Beton und Verarbeitung zu 20 cm-Würfeln wurde die übliche Baukontrolle durchgeführt. Der Temperaturverlauf im Schacht wurde mit einbetonierten Fernschreibthermometern verfolgt. Bereits während des Betonierens konnte man eine verhältnismäßig starke Temperaturerhöhung im Schacht selbst von ursprünglich −6° auf +20° feststellen. Nach 8 Arbeitstagen betrug die Temperatur unter der Arbeitsbühne +17°. Der Verlauf der Betontemperaturen geht aus Bild 4 hervor. Es zeigt sich hier folgendes:

Nach 2 Tagen hatte der Beton infolge der entwickelten Abbindewärme eine Höchsttemperatur von +17°. 0° wurden erst nach 16 Tagen erreicht. Die innere Schale der Frostwand selbst (Kurve 5) erwärmte sich auf +5° und war erst nach 9 Tagen wieder auf 0° abgekühlt. Diese starke Erwärmung zeigt, daß es zweckmäßig war, keinen Tonerdezement zu verwenden, sonst würde vielleicht die Frostwand durchgebrochen sein; andererseits genügte die in den Schacht eingebrachte Wärme durchaus, um dem Beton reichlich Zeit zu gewähren zum Abbinden und Erhärten.

Zusammenfassung

Die früher für Massenbeton, der gegen Frostwände betoniert wurde, angenommene Verhinderung der Abbindung durch diese Frostwände findet nicht statt. Bei zweckmäßiger Arbeitsweise, also genügender Erwärmung der Zuschlagstoffe und des Anmachwassers wird im Gegenteil durch die Wechselwirkung „Frostwand—Beton" die Frostwand so stark erwärmt und die Abkühlung des Betons so sehr zurückgehalten, daß der Zement reichlich Zeit hat zum Erhärten. Die Tübbingssäule steht im wieder aufgetauten Gebirge nicht etwa in einem teilweise schlechten oder ungenügend erhärteten Beton oder gar in einer Kiesschicht, die überhaupt nicht erhärtet ist, sondern sie hängt fest mit dem Gebirge zusammen.

Literatur

1. Graf, O.: Über das Verhalten von Mörtel und Beton bei niederen Temperaturen. Beton und Eisen 1927. S. 244.
2. Grün, R.: Untersuchungen über den Abbindeverlauf und die Erhärtung von Beton in Gefrierschächten Zement. 1928. Nr. 37 ff.
3. Schmid, G.: Der Neubau des eingestürzten Schachtes Auguste Victoria 3. Glückauf 1935, Nr. 45. S. 1069—1078.

PRÜFUNG VON GUSSEISERNEN SCHACHTRINGEN (TÜBBINGEN)

Von Dr.-Ing. W. Döderlein, Bergbauliche Werkstoff- und Seilprüfstelle Berlin

Für die Lieferung des eisernen Ausbaus von Schächten (Schachtringausbau) sind im Jahre 1936 in Ermangelung entsprechender Norm- oder anderer Vorschriften besondere Lieferbedingungen ausgearbeitet worden, auf Grund deren dann auch die erforderlichen Werkstoffprüfungen vorgenommen wurden.

Für den Werkstoff der gußeisernen Schachtringteile (Tübbing-Ringe, Verstärkungsringe, Keilkränze) mit Wandstärken von 42—73 mm war folgende chemische Zusammensetzung vorgesehen:

$3{,}2 - 3{,}6 \%$ C, $1{,}5 - 2{,}0 \%$ Si, $0{,}5 - 0{,}8 \%$ Mn, $\leq 0{,}7 \%$ P, $\leq 0{,}12 \%$ S.

In seinen Festigkeitseigenschaften sollte der Werkstoff dem genormten Gußeisen Ge 18.91 entsprechen, jedoch mit der Abänderung, daß beim Biegeversuch, ausgeführt nach DIN DVM A 110, die Durchbiegung mindestens 8 mm (statt 7 mm) betragen mußte. Der Werkstoff sollte feinkörnig, dicht, gleichmäßig, ohne Blasen, frei von Schülpen, Spritzkugeln, Kaltschweißstellen und anderen Fehlern sein.

Für die Zubehörteile waren durchweg Norm-Werkstoffe vorgesehen: für den Stahlguß der Anschlußstücke, z. B. an einen Wetterkanal, Stg 45.81, für Schrauben St 38.13, für Stahlkeile St 60.11, für Bolzen St 50.11, für Klammern Stg 45.81. Das Dichtungsblei sollte Weichblei mit mindestens 99% Pb sein.

Der inzwischen erschienene 1. Entwurf[1] des Normblattes DIN BERG 1501 „Gußeiserner Schachtringausbau — Lieferbedingungen" enthält im wesentlichen die gleichen Bestimmungen.

Aus den oben angegebenen C- und Si-Gehalten des Werkstoffes der Schachtringteile errechnet sich der „Sättigungsgrad" nach E. Heyn[2] zu 0,85 — 1,0. Da der Sättigungsgrad 1 anzeigt, daß die Legierung „gesättigt" ist, d. h. daß das betreffende Gußeisen eutektische Zusammensetzung hat, ergibt sich aus den errechneten Werten, daß

---

[1] Faberg-Mitteilungen Nr. 29 (vom 10. 11. 1937) S. 27/28.
[2] E. Heyn: Eisenhütte (S. 620), Verlag W. Ernst & Sohn, 1910.

für die Schachtringteile so gut wie ausschließlich untereutektisches Gußeisen vorgesehen war. Weiter geht aus dem Gußeisendiagramm von E. Maurer[3] hervor, daß bei den angegebenen C- und Si-Gehalten die metallische Grundmasse des Gußeisens entweder rein perlitisch ist oder aus Perlit mit mehr oder weniger Ferrit besteht.

Die Untersuchungen zur Nachprüfung der Werkstoffeigenschaften der gelieferten Schachtringteile wurden an getrennt gegossenen Probestäben von 30 mm $\varnothing$ vorgenommen. Die behandelten Anforderungen der vereinbarten Lieferbedingungen waren im ganzen gut eingehalten. Der Befund bei den metallographischen Untersuchungen entsprach den Schlußfolgerungen aus der vorgesehenen chemischen Zusammensetzung. Die Biegeversuche am unbearbeiteten Probestab bei einer Stützweite von 600 mm ergaben, daß die verlangten Mindestwerte

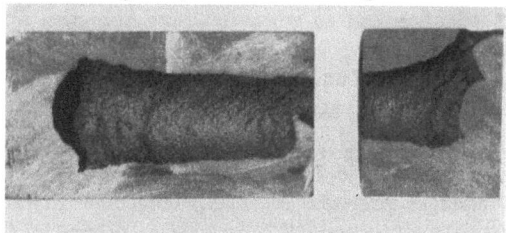

Bild 1. Längsschnitt durch eine Fehlstelle in einem Probestab
(Die wiedergegebenen beiden Teile sind um das dazwischen herausgeschnittene Stück auseinandergerückt)

(34 kg/mm² Biegefestigkeit und 8 mm Durchbiegung) stets eingehalten waren. Als Höchstwerte wurden 47,5 kg/mm² Biegefestigkeit und 12,6 mm Durchbiegung festgestellt. Die Zugversuche an Probestäben gemäß dem Normblatt DIN DVM A 109 Form B ergaben Zugfestigkeiten bis 28 kg/mm². Der vorgeschriebene Mindestwert (18 kg/mm²) war nur in einzelnen Fällen ein wenig unterschritten, und zwar offenbar wegen des Vorhandenseins von kleinen Blasenhohlräumen oder dergleichen Mängeln. Zusätzlich wurde noch die Brinellhärte (H 5/750/30) bestimmt. Sie schwankte in der Mitte der Probestäbe zwischen 180 und 230 kg/mm², in der Nähe des Probenrandes zwischen 200 und 240 kg/mm².

In einem Falle wurde am Ende eines Probestabes ein größerer Hohlraum, von etwa 15 mm Durchmesser und 70 mm Länge, aufgefunden. In Bild 1 ist ein Längsschnitt durch das betreffende Stück wiedergegeben.

---

[3] E. Maurer u. P. Holtzhausen: St. u. E. 47 (1927), S. 1809.

Um etwaige Lunker oder sonstige Hohlräume in Schachtgußringen selbst festzustellen, ist bei einer der in Rede stehenden Lieferungen eine Anzahl Tübbinge mittels Röntgenstrahlen untersucht worden[4]. Da innere Fehlstellen besonders an den Übergängen zu den Flanschen und Verstärkungsrippen auftreten, wurden die Filme für die Röntgenaufnahmen nur an solchen Übergängen angelegt.

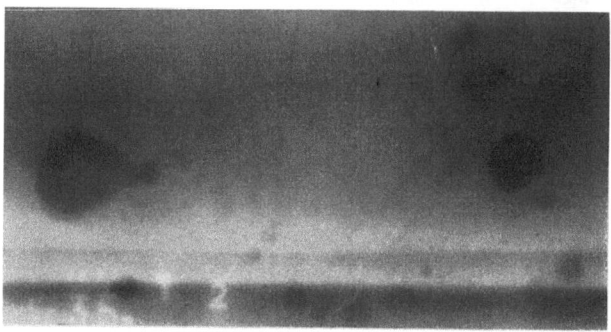

Bild 2. Größere Lunker in einem Tübbing
(Röntgenaufnahme, in $^2/_3$ der nat. Größe wiedergegeben)

Die Materialstärke in der Durchstrahlungsrichtung betrug dadurch bis zu 100 mm. Die auf solche Weise untersuchten 7 Tübbinge wiesen durchweg kleine oder mittlere Lunker auf, von denen aber angenommen wurde, daß sie die

Bild 3. Poröse Stelle in einem Tübbing
(Röntgenaufnahme, in $^2/_3$ der nat. Größe wiedergegeben)

Brauchbarkeit nicht beeinträchtigen. In einem Falle waren allerdings grobe Lunkernester und große vereinzelte Lunker von 10—15 mm $\varnothing$ (Bild 2) vorhanden, weshalb der betreffende Tübbing verworfen werden mußte.

---

[4] Die betreffenden Angaben und Lichtbilder sind freundlicherweise von der „Reichsröntgenstelle beim Staatl. Materialprüfungsamt Berlin-Dahlem" zur Verfügung gestellt worden.

C. BETRIEBSEINRICHTUNGEN

DIE BEDEUTUNG DER SEILPRÜFSTELLEN FÜR DAS SEILPRÜFWESEN

Von Dr.-Ing. **W. Heilmann**, Leiter der Bergbaulichen Werkstoff- und Seilprüfstelle Berlin
(Seilprüfstelle des Deutschen Kalivereins E. V.)

Die Schachtförderseile (Drahtseile) stellen ein so eigenartiges und für den im heutigen deutschen Bergbau überwiegenden Tiefbau so unentbehrliches Maschinenelement dar, daß sich an ihnen ein ausgesprochener Sonderzweig des Werkstoffprüfwesens entwickelt hat.

Verglichen mit anderen Maschinenelementen hat das Schachtförderseil trotz vorzüglichster statischer Festigkeitseigenschaften und bester Eignung für seine Zwecke eine auffallend geringe Haltbarkeit. Von Beginn der Benutzung an verändert es sich ständig in nachteiliger Weise und bedarf selbst unter günstigen Betriebsbedingungen dauernder sorgfältiger Beobachtung und richtiger Abschätzung seiner jeweiligen Betriebssicherheit. Stets muß es dann zum richtigen Zeitpunkt durch ein neues ersetzt werden, wenn anders nicht Menschenleben geschädigt oder vernichtet werden oder großer wirtschaftlicher Schaden für das Bergwerk entstehen soll.

Vor allem erleiden im Betrieb die Seildrähte durch Anrosten und Verschleiß deutliche Beschädigungen der Oberfläche und Verminderungen des Querschnitts, die sowohl die Tragfähigkeit als auch die Widerstandsfähigkeit gegen die Dauerbeanspruchungen des Betriebes ständig vermindern.

Die mit der zunehmenden Teufe der Schächte eintretende Notwendigkeit der Fahrung am Seil (Menschenbeförderung) zusammen mit der staatlichen Beaufsichtigung des Bergbaus hinsichtlich der Sicherung des Lebens und der Gesundheit der Bergleute (Preuß. Berggesetz von 1865) brachte es mit sich, daß die überwachenden Bergbehörden Sicherheitsvorschriften für die Förderseile erließen. So sollte nach einer Instruktion des Oberbergamtes Dortmund vom 11. 9. 1870 die Seilfahrt bei Eisenseilen nur unter der Bedingung gestattet werden, daß bei der gewöhnlichen Kohlenförderung eine 6fache Sicherheit vorhanden war, wobei die Tragfähigkeit nach einer Grenzformel errechnet wurde[1].

In den 1870er Jahren wurden von mehreren Drahtseil-Herstellern planmäßige vergleichende Zugversuche an Eisen- und Stahldrähten durchgeführt, welche die Bergbehörden von der höheren Tragfähigkeit der Stahldrähte überzeugten.

Die steigenden Anforderungen an die Seile brachten schließlich mit der Dortmunder Bergpolizeiverordnung von 1887/88 die völlige Abkehr von Tragfähigkeits-Grenzformeln; die Bergbehörde erhob jetzt zum ersten Male die Forderung des Nachweises der Tragfähigkeit der Seile durch Zug- und Hin- und Herbiegeversuche an sämtlichen Einzeldrähten jedes Seiles. Bei dieser, auch dem neuzeitlichen technischen Denken entsprechenden, Regelung ist es dann auch geblieben. Sie hat sich, unter immer weiterer Verfeinerung gemäß den fortschreitenden wissenschaftlichen Erkenntnissen, denn auch gut bewährt.

Beim Aufkommen der Drahtseile übernahmen die Seilhersteller den auf Grund einer bereits jahrhundertealten Handwerkskunst längst vorhandenen gezogenen Eisendraht in einer Güte, die ermöglichte, das Hauptaugenmerk auf die Ausbildung zweckmäßiger Seile hinsichtlich Herstellungsweise, Aufbau und Machart zu richten. Die stille Entwicklungsarbeit führte bald zu der noch heute üblichen Grundform des 6litzigen Rundlitzenseiles mit Haupthanfseele, zunächst in Albert-Schlag (Längsschlag oder Gleichschlag, d. h. mit gleichem Flechtsinn der Drähte in den Litzen und der Litzen im Seil) und — bald nach 1840 — in Kreuzschlag (entgegengesetzter Flechtsinn der Litzen im Seil und der Drähte in den Litzen).

Die Ansprüche an die Förderseile und die Verbreitung ihrer Benutzung stiegen, besonders seit 1870 bei der stürmischen Entwicklung des Steinkohlenbergbaus im Ruhrbezirk, allerdings bald noch schneller an, als Seilhersteller, Bergwerke und aufsichtführende Bergbehörden an Dauerhaltbarkeit und Betriebssicherheit der Seile gewährleisten konnten.

So rissen im Ruhrbezirk im Jahre 1872 von 114 abgelegten Förderseilen allein 22, das sind nicht weniger als 19% aller. 1873 waren es noch 22 von 156 Seilen, also 14% und nur allmählich, aber recht stetig, nahm bis zur Jahrhundertwende die Zahl der Seilbrüche im Betriebe bis auf 2 von 388 oder 0,5% ab.

Diese Entwicklung ist dann, nicht zuletzt dank dem Aufkommen des wissenschaftlichen Seilprüfwesens, bis heute in günstigem Sinne weitergeschritten, so daß gegenwärtig Förderseilbrüche im Betriebe in Deutschland kaum noch vorkommen.

Lag zunächst die wissenschaftliche Drahtseilprüfung vorzugsweise in Händen der Technischen Versuchsanstalten an den Technischen Hochschulen Berlin (Vorgängerin des Staatlichen Materialprüfungsamts Berlin-Dahlem), Stuttgart u. a., wobei insbesondere die Prüfverfahren weiter entwickelt und Schadensfälle beurteilt wurden, so führte die Forderung nach einer ständigen Überwachung der Förderanlagen und Beratung der verantwortlichen Betriebsleitungen zur Schaffung von Seilprüfstellen.

Einen Markstein in dieser Entwicklung bildet das Jahr 1904 mit der Einrichtung der Seilprüfstelle der Westfälischen Berggewerkschaftskasse in Bochum, der Seilprüfstelle für den Ruhrkohlenbergbau. 1922 schritt die deutsche Kaliindustrie zur Gründung ihrer Seilprüfstelle Berlin (beim Deutschen Kaliverein) und der Saarbergbau (nach Rückkehr unter deutsche Reichshoheit) 1935 zur Einrichtung der Seilprüfstelle Saarbrücken der Saargruben A.-G.

Das Arbeitsverfahren der Seilprüfstellen, das den der-

---

[1] Westfälisches Sammelwerk 1902 Bd. 5 S. 255.

zeitigen Höchststand des Seilprüfwesens verkörpert, läßt sich folgendermaßen gliedern:

1. Untersuchung von Seilen auf ihre Festigkeits- und Haltbarkeitseigenschaften: Zugversuche an Seilen im ganzen Strange, Einzeldrahtprüfungen mit den üblichen technologischen Prüfverfahren (Zug-, Hin- und Herbiege- und Verwindeversuche), Dauerversuche an Drähten und Seilen, metallographische Gefügeuntersuchungen, Prüfung der metallischen Schutzüberzüge auf den Drähten, der Hanfeinlage der Seile und der Seilschmiermittel, chemische Untersuchungen des Drahtwerkstoffes usw.; Nachprüfung der auf den Bergwerken vorhandenen Drahtprüfeinrichtungen: Drahtzerreißmaschinen, Drahtbiegegeräte.

2. Ständige Sammlung und kritische Sichtung aller im in- und ausländischen Fachschrifttum niedergelegten Erfahrungen und Erkenntnisse hinsichtlich aller das Seil- und Seilprüfwesen betreffenden Fragen.

3. Eigene und Anregung fremder wissenschaftlicher Weiterarbeit auf diesen Gebieten.

4. Sammlung und kritische Auswertung aller in ihrem Arbeitsbereich gemachten praktischen Erfahrungen mit Seilen und Seilprüfeinrichtungen unter besonderer Berücksichtigung der Einflüsse der Betriebseinrichtungen auf die Seile.

5. Auswertung der wissenschaftlichen Erkenntnisse und praktischen Erfahrungen bei der Beratung der Seilverbraucher, angefangen mit der Auswahl der für den einzelnen Betrieb zweckmäßigen Seile, Ausarbeiten von Gütevorschriften für Förderseillieferungen, Abnahmeuntersuchungen an Probestücken neu gelieferter Seile.

6. Ständige Fortbildung der im Betriebe für die Seile Verantwortlichen hinsichtlich zweckmäßiger Behandlung und zureichender Beobachtung der Seile im Betriebe (Seilmerkblätter, Rundschreiben, Aufsätze, persönliche Unterweisung usw.).

7. Beratung der Betriebe in allen Zweifelsfällen.

8. Untersuchung von Seilen im Betriebe, notfalls unter Anwendung besonderer wissenschaftlicher Hilfsmittel.

Im gegenwärtigen Zeitpunkt der mehr als hundertjährigen Entwicklung sowohl der Seile selbst wie des damit parallel entwickelten Seilprüfwesens verfügen wir nunmehr über folgende Verfahren, deren Stufung durchaus dem Gange der Entwicklung vom vorwissenschaftlichen zum wissenschaftlichen Denken und Erkennen in allen Naturwissenschaften und deren Anwendungsgebieten, besonders in der Technik, entspricht.

1. Beobachtung des Verhaltens im Betriebe

a) Das grundlegendste Verfahren ist immer noch die zureichende Beobachtung des Verhaltens der Förderseile in den konkreten Einzelfällen im praktischen Betriebe, wobei besonders das Auftreten pathologischer Erscheinungen (deutlicher Abweichungen vom Normalen) wichtige Ansatzpunkte zu einer richtigen Analyse der Ursachzusammenhänge bei dem beobachteten Verhalten gibt. Diese „Versuche" im Betriebe haben den großen Vorteil, daß tatsächlich alle Draht- und Seileigenschaften sowie alle Eigenschaften der Betriebseinrichtungen, die von Einfluß auf die Bewährung des betreffenden Seiles — und zwar gerade eben im Hinblick auf diese im Einzelfalle so beschaffenen Betriebseigenheiten — sind, in natürlicher Größe darin eingehen.

b) Die Zahl der sich vielfach überschneidenden und gegenseitig beeinflussenden „Versuchs"bedingungen, die auch heute noch längst nicht alle (auch nicht mit Hilfe der weiter unten angeführten wissenschaftlichen Hilfsverfahren) erkannt und analysiert sind, bilden die Hauptschwierigkeit und damit den großen Nachteil derartiger Betriebsversuche.

Daß derartige Versuche im praktischen Betriebe bei Förderseilen immer noch einen so großen Raum einnehmen, hat seinen Grund einmal darin, daß trotz umfangreichster wissenschaftlicher Forschungsarbeit gerade in den letzten Jahrzehnten, infolge der großen Schwierigkeit der vorliegenden Fragen vieles dabei noch keineswegs wissenschaftlich gelöst ist, andererseits aber die praktischen Ansprüche an die Förderseile ständig wachsen und der Bergbau sie unbedingt benutzen muß, also nicht auf wissenschaftliche Klärung warten kann. Bei der großen Zahl der Förderschächte und der geringen Gebrauchsdauer der Förderseile kann im Laufe verhältnismäßig kurzer Zeit durch zahlreiche wohldurchdachte und -vorbereitete sowie zureichend überwachte und beobachtete Betriebsversuche wertvolles Erkenntnismaterial gesammelt werden.

Bei der Auswertung dieser „Versuche" im praktischen Betriebe (letzten Endes ist schließlich jede, auch nicht in der eben dargelegten Weise im Einzelfalle besonders vorbereitete, Benutzung eines Förderseiles ein „Versuch im praktischen Betriebe") ist man nun in Anbetracht der Tatsache, daß es sich bei den Schachtförderseilen um eine typische Massenerscheinung handelt, bald darauf gekommen, die so gewonnenen Versuchsergebnisse statistisch zu erfassen. Dies geschah bereits im Anfang der Drahtseilherstellung und -anwendung in kleinem Maße im Rahmen des Oberharzer Bergbaus, nachher auch in der seilherstellenden Industrie hinsichtlich der von ihr gelieferten Seile. So versandte schon in den 60er Jahren die Firma Felten & Guilleaume ein Rundschreiben an ihre Kundschaft, in welchem sie um Mitteilungen über die Bewährung ihrer Seile auf einem beigefügten Formblatt bat; in dem Formblatt waren Fragen über die Eigenschaften der Seile und die Betriebseinrichtungen enthalten. Derartige private statistische Erhebungen über die Bewährung von Förderseilen durch seilherstellende Firmen, die über einen örtlich verhältnismäßig geschlossenen Abnehmerkreis verfügen, haben sich bis in die jüngste Zeit erhalten. Seit 1931 geschieht es einheitlich für ganz Preußen durch die Bergbehörden in Gemeinschaft mit den Seilprüfstellen bzw. Seilfahrtüberwachungsstellen. Auch das — ja auch sonst auf vielen Gebieten angewandte — statistische Verfahren hat in seiner Anwendung auf die Schachtförderseile seinen Entwicklungsweg von der vorwissenschaftlichen Benutzung zum wissenschaftlich gesicherten Forschungsverfahren durchgemacht. Die grundlegende wissenschaftlich-methodische Besinnung über „Möglichkeiten und Wert statistischer Untersuchungen an Schachtförderseilen" brachte 1935 die gleichnamige Arbeit von Dr. Döderlein von der Seilprüfstelle Berlin, welche das seilstatistische Urmaterial des deutschen Salzbergbaus für den 10jährigen Erhebungszeitraum von 1923 bis 1932 auswertete[2]. Innerhalb der durch die Art der „Massenerscheinung Schachtförderseile" und die Methode selbst gegebenen Grenzen ist erwiesen, daß das richtig angewandte statistische Forschungsverfahren gerade auf dem Gebiete der Schachtförderseile wertvolle Einblicke in die Ursachzusammenhänge der Bewährung der Seile gibt und daher auch in der Weiterentwicklung des Seilprüfwesens immer einen wichtigen Platz behalten wird.

2. Mechanisch-technologische Versuche

Gerade in Anbetracht der Schwierigkeit, aus der Vielfalt der Draht- und Seileigenschaften im Zusammenwirken

---

[2] Dissertation T. H. Berlin 1935.

mit den praktischen Betriebsbedingungen die Ursachzusammenhänge für etwaige, die **Dauerhaltbarkeit** der Seile kennzeichnende Gesetzmäßigkeiten rein gedanklich zu isolieren, lag es im Zuge der neuzeitlichen Entwicklung der Technik, daß natürlich auch das wissenschaftliche Experiment in das Seilprüfwesen eindrang. Soweit es sich um rein physikalische und chemische Experimental-Untersuchungsverfahren handelte, konnten diese natürlich ohne weiteres für die Prüfung der Drähte, Seile und Betriebseinrichtungen übernommen werden.

Auch der größte Teil der — ja meist nur technologischen — Werkstoffprüfverfahren bedurfte nur geringer Anpassung an die besonderen Erfordernisse der Draht- und Seilprüfungen, wenigstens soweit es sich um statische Kurzprüfverfahren handelt: so besonders der **Zugversuch** an Drähten (Bild 1) und Seilen (Bild 2 und 3) mit gleichzeitiger Bestimmung der elastischen und der bleibenden Formänderungen usw. Als besonders eigenartiger, altüberlieferter technologischer Versuch an Drähten sei der Hin- und Herbiegeversuch (Bild 4) erwähnt; ähnlich geartet (ebenfalls mit Beanspruchung des Probedrahtes von vornherein im Gebiet starker plastischer Verformung) ist der Verwindeversuch (Bild 5), dessen wissenschaftliche Bedeutung ähnlich wenig erforscht ist.

Die Erfahrung hat zwar erwiesen, daß diese technologischen Drahtprüfverfahren geeignet sind, mangelhaftes Drahtmaterial von vornherein zu erkennen. Der Zusammenhang zwischen der guten Erfüllung der technologischen Anforderungen, gemessen an dem Ausfall dieser Art Prüfungen, und der Bewährung der Drähte und Seile im Betriebe ist aber nach wie vor ähnlich problematisch wie auf anderen Gebieten des Werkstoffprüfwesens bei der Anwendung anderer Kurzprüfverfahren. Bei den Seilen kommt als besondere Schwierigkeit folgendes hinzu. Erstens ist die tatsächliche Beanspruchung der Drähte im Seil nicht einwandfrei geklärt, ferner aber steht unzweifelhaft fest, daß — im Gegensatz zu allen übrigen technischen Anwendungsgebieten der Werkstoffe — die Betriebsbeanspruchungen auf die Drähte wirken, nachdem diese bereits bei der Seilherstellung, wenigstens in gewissen Schichten, **bleibend verformt** worden sind. Nun handelt es sich bei den Förderseil-Stahldrähten zwar überhaupt um schon bei der Drahtherstellung kaltgereckten Werkstoff, bei welchem offenbar eine teilweise zusätzliche Kaltreckung nicht die verhängnisvollen Wirkungen hat wie bei den warmverarbeiteten Baustählen. Die zusätzliche schichtenweise Kaltverformung der Drähte bei der Seilherstellung macht aber eine theoretische Berechnung der Spannungen in den Drähten so gut wie unmöglich, da die klassische Elastizitäts- und Festigkeitslehre von der Voraussetzung nur elastischer Verformungen ausgeht. Aber auch die messende Spannungsermittlung steht vor den gleichen bisher unüberwindbaren Schwierigkeiten.

Entsprechend der Entwicklung des übrigen Werkstoffprüfwesens lag es daher nahe, auch auf dem Seilprüfgebiet sich zur wissenschaftlichen Erforschung der Haltbarkeit der Drähte und Seile der neuzeitlichen **Dauerprüfverfahren** zu bedienen bzw. geeignete Sonderprüfverfahren auszubilden. Während auf dem Gebiet der Dauer-

Bild 1. Prüfraum der Seilprüfstelle der Westfälischen Berggewerkschaftskasse zu Bochum

prüfung von Drähten das Ausland voranging, errang sich Deutschland sehr schnell die Führung auf dem Gebiet der Dauerprüfung von Seilen, zunächst an Kran- und Aufzugs-

Bild 2. Stehende Universalprüfmaschine, Bauart Dr. Wazau, mit Preßöl-Kraftantrieb, der Bergbaulichen Werkstoff- und Seilprüfstelle Berlin (Seilprüfstelle des Deutschen Kalivereins E. V.); 30 t Höchstzugkraft und 45 t Höchstdruckkraft

seilen (Benoit und Woernle), bald aber auch der deutsche Bergbau an Förderseilen (H. Herbst, Seilprüfstelle Bochum). Diese langwierigen und kostspieligen Versuche, über welche Näheres in einem besonderen Abschnitt dieses Heftes gebracht wird, haben trotz der auch bei ihnen vorliegenden erheblichen Schwierigkeiten hinsichtlich einer einwandfreien Deutung und Auswertung der Versuchsergebnisse schon in verhältnismäßig kurzer Zeit eine Fülle wertvoller Erkenntnisse gezeigt, die auf anderen Wegen vielfach gar nicht, oder nur mit einem erheblich größeren Aufwand an Zeit und Kosten hätten erzielt werden können. Auch der

Dauerversuch an Seilprobestücken ist mehr den technologischen Versuchen als den wissenschaftlichen Experimenten zuzurechnen, was sich häufig durch allzu große Streuung der zahlenmäßigen Versuchsergebnisse am „glei-

feinert und vervollkommnet. Wenn sich die Überwachung der Seile im Betriebe auch im allgemeinen nur auf die Beobachtung äußerlich erkennbarer Merkmale beschränken muß, so ist die Beobachtungsfähigkeit doch durch die Fülle der

Bild 3. Liegende hydraulische Universalprüfmaschine, Bauart Hoppe, des Staatlichen Materialprüfungsamts Berlin-Dahlem, benutzbar für Zugversuche im ganzen Strange an Seilen bis zu 500 t Bruchlast

bis heute gewonnenen Erkenntnisse über die Seile gegen früher zweifellos erheblich gesteigert. Gerade in dieser Hinsicht leisten die Seilprüfstellen durch ständige Belehrung des Überwachungspersonals auf den Bergwerken wertvolle mittelbare Hilfe bei der Aufrechterhaltung der Betriebssicherheit der Seile.

Im allgemeinen reicht auch die äußere Beobachtung der Seile durch den erfahrenen Prüfer unter richtiger Einschätzung der Eigenarten der betreffenden Seilmachart und der Einflüsse der Betriebsbedingungen aus, um richtige Schlüsse auf die Betriebssicherheit der Seile zu ziehen.

Für schwierige Sonderfälle stehen aber in jüngster Zeit auch besondere Untersuchungsverfahren, vor allem solche

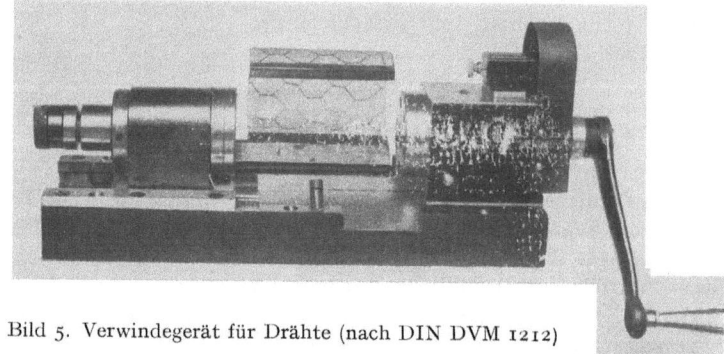

Bild 4. Hin- und Herbiegegerät für Drähte (nach DIN DVM 1211)

Bild 5. Verwindegerät für Drähte (nach DIN DVM 1212)

chen" Versuchsobjekt oder gar durch widersprechende Versuchsergebnisse unter den „gleichen" Versuchsbedingungen bemerkbar macht.

3. Überwachung im Betriebe

Aber auch die Untersuchung der Seile im Betriebe hat sich mit der gesamten Entwicklung des Seilprüfwesens ver-

auf elektromagnetischer Grundlage, zur Verfügung. Auch das Durchleuchten von Seilabschnitten mittels Röntgenstrahlen hat sich als möglich erwiesen, wenn es praktisch auch wohl keine Bedeutung erlangen wird, da es bei weitem nicht so schnell (nicht kontinuierlich) und so billig wie die elektro-magnetischen Verfahren arbeiten kann.

Die Anwendung dieser z. T. kostspieligen Sonderprüfverfahren wird aber immer nur besonders schwierig gelagerten Fällen vorbehalten bleiben, da die Handhabung der Geräte und die Auswertung ihrer Anzeigen erhebliches Fachwissen und -können erfordert.

Bild 6. Vertikalbeschleunigungsmesser (Schachtprüfer), Bauart Jahnke-Keinath

Endlich erstreckt sich das moderne Seilprüfwesen auch auf die messende Untersuchung der auf die Förderseile einwirkenden Betriebsbedingungen. Wo die einfache Beobachtung nicht ausreicht, bedienen sich die Seilprüfstellen auch hier besonderer Hilfsmittel, die entweder für ähnliche Zwecke auf anderen technischen Gebieten bereits benutzt werden, oder aber für die besonderen Zwecke des Schachtförderwesens neu geschaffen wurden. So stellt der Vertikalbeschleunigungsmesser Bauart Jahnke-Keinath (Bild 6) ein sehr wertvolles — ausschließlich für diesen Zweck geschaffenes — wissenschaftliches Hilfsmittel dar, die dynamische Beanspruchung der Förderseile im Betriebe, besonders hinsichtlich kritischer Schwingungserscheinungen, messend zu verfolgen.

Schließlich aber verfügt gerade die deutsche Seilprüftechnik über eine Forschungseinrichtung, die in dieser großzügigen Art in der Welt einzig dasteht: durch Zusammenarbeit von Bergbau und Staat verfügen wir seit dem Jahre 1927 über eine Versuchsgrube (Bild 7) mit Hauptschacht- und Blindschachtfördereinrichtungen in natürlicher Größe, also mit allen im praktischen Betriebe tat-

Bild 7. Die Deutsche Versuchsgrube (ehemalige stillgelegte Steinkohlenzeche Hibernia I—III zu Gelsenkirchen/Westf.)

sächlich vorliegenden „Versuchs"bedingungen. Aus ihr sind schon eine Reihe wertvoller wissenschaftlicher Forschungsarbeiten hervorgegangen.

Mit allen diesen Methoden, Einrichtungen und Hilfsmitteln verfügt das neuzeitliche Seilprüfwesen über methodisch so erschöpfende Mittel zur Lösung aller bei der Benutzung von Förderseilen auftretenden Fragen, daß kaum noch nennenswerte Lücken zu erkennen sind. Eine wichtige Aufgabe aller auf diesem Gebiete Tätigen aber ist es, die gewonnenen Erkenntnisse und Erfahrungen ständig schnell der Praxis zur Benutzung und Beachtung zur Verfügung zu stellen.

DAUERVERSUCHE AN DRÄHTEN UND SEILEN
Von Dr.-Ing. W. Heilmann, Bergbauliche Werkstoff- und Seilprüfstelle Berlin

Wie auf anderen Gebieten der Technik, so wurde auch in den Anwendungsbereichen der Drahtseile, besonders der Förderseile im Bergbau, schon früh erkannt, daß allein auf Grund der Ergebnisse der üblichen statischen (Kurz-) Prüfverfahren an Drähten und Seilen (Zugversuche an Seilen, Zug-, Hin- und Herbiege- und Verwindeversuche an Drähten) sowie sonstiger physikalischer, chemischer oder mehr technologischer Kurzprüfungen keine sicheren Voraussagen für die Bewährung der Drähte und Seile im Betriebe möglich sind. Es lag daher nahe, durch „Dauerversuche" die Widerstandsfähigkeit der Drähte und Seile gegen Wechselbeanspruchung experimentell zu erforschen, zumal die im Betriebe an den Seilen auftretenden Drahtbrüche zweifellos ganz ähnliche „Dauerbrüche" darstellen, wie sie auch in den übrigen Bereichen der Technik an Maschinenteilen beobachtet werden konnten.

Verhältnismäßig leicht möglich schien die Dauerprüfung von Drähten. Vor allem mußten auch die Kosten für Drahtdauerprüfungen wesentlich geringer sein als für Seildauerversuche. Aus dem ständigen Biegen der Seile im Betriebe um die Seilscheiben und -rollen wurde auf entsprechend hohe Biegebeanspruchung der Drähte geschlossen und als wissenschaftliche Aufgabe die Erforschung der Widerstandsfähigkeit der Drähte gegen Wechselbiegebeanspruchung gestellt. Schon früh wurden daher in verschiedenen Forschungsstellen Versuchseinrichtungen für Biegewechselbeanspruchung an Einzeldrähten geschaffen (Martens, Rudeloff, Speer, Benoit, Woernle, Sieglerschmidt

u. a.). Als leitende Gesichtspunkte wurden dabei meist zwei Gedanken ins Feld geführt: Erstens entspricht die Beanspruchung des Drahtes beim üblichen technologischen Hin- und Herbiegeversuch über die sehr kleinen Krümmungsdurchmesser von 10—15 mm nicht derjenigen, welche die Drähte im praktischen Betriebe beim Biegen des Seiles um Scheiben von sehr viel größerem Krümmungsdurchmesser erleiden. Zweitens würde sich die experimentelle Beanspruchung der Drähte beim Krümmen um wesentlich größere Krümmungsdurchmesser von über 100 mm möglichst weitgehend den Beanspruchungsverhältnissen der Drähte im praktischen Betriebe nähern.

Nun ist der erste Gedanke (Vergleich der Beanspruchung des Drahtes beim technologischen Hin- und Herbiegeversuch mit der Beanspruchung der Drähte im Betriebe) völlig abwegig. Ferner hat die bisherige — allerdings nur teilweise gelungene — Analyse der Beanspruchung der Drähte im Seil als zweifelsfrei erwiesen, daß auch Wechselbiegungen an Einzeldrähten um größere Durchmesser keinen hinreichenden Vergleich mit der praktischen Beanspruchung der Drähte im Betriebe zulassen. Die wenn auch sonst dankenswerten und in mancher Hinsicht durchaus aufschlußreichen Dauerbiegeversuche an Drähten in dieser Anfangsform haben denn auch ihre Aufgabe nicht lösen können.

Parallel zu diesen tastenden Bemühungen auf dem Sondergebiet der Drähte entwickelte sich in der übrigen Werkstoffprüfung gleichzeitig das eigentliche Dauerprüfwesen, und zwar hier in wissenschaftlich vertiefterer Form, als es auf dem engen Gebiet der Drähte und Seile überhaupt möglich war. Hierbei wurden Erkenntnisse gewonnen, die für viele Zweige des Werkstoffprüfwesens von grundlegender Bedeutung sind. Diese Erkenntnisse haben sich bereits in einer wissenschaftlich einwandfreien Begriffsnomenklatur [1] niedergeschlagen, die nunmehr auch auf das Dauerprüfen von Drähten und Seilen zurückwirkt und damit in vieler Hinsicht erfreuliche Klärung bringt. Folgende Ergebnisse sind dabei grundlegend:

Viele in der Technik verwendete Stahllegierungen, besonders die üblichen Kohlenstoffstähle, besitzen als Werkstoff eine dem Werkstoff eigentümliche „Dauerfestigkeit", die durch umfangreiche Forschungsarbeit je in einem Dauerfestigkeitsschaubild niedergelegt ist. Aus ihm kann man die Grenzwerte abgreifen, zwischen denen eine wechselnde Beanspruchung des Werkstoffes pendeln darf, ohne daß bei beliebig langer Betriebsdauer Bruch eintritt. Die Dauerfestigkeitsschaubilder sind auf Grund von Dauerversuchen an Prüfstäben mit feinstbearbeiteter Oberfläche aufgestellt [2].

Ganz ähnlich, wie die statische „Zugfestigkeit" ein Werkstoffmerkmal ist, dessen Größe in hohem Maße von der Gestalt der Werkstoffprobe (des Prüfstabes) und den Versuchsbedingungen abhängig ist, so ist auch die „Dauerfestigkeit" ein Werkstoffmerkmal, das begrifflich untrennbar mit dem Zustand der Probe, an welcher sie ermittelt wird, vor allem dem Oberflächenzustand, verknüpft ist.

Wie es begrifflich ein Unding ist, aus der höheren Bruchlast beim Zugversuch an gekerbten Stäben aus formänderungsfähigen Werkstoffen eine entsprechend höhere „Zugfestigkeit" dieser Werkstoffe zu errechnen, so sollte das zahlenmäßige Ergebnis eines Dauerversuchs (Wechselbeanspruchungsversuchs) an Werkstoffproben nicht feinstbearbeiteter Oberfläche auch nicht als „Dauerfestigkeit"

[1] DIN DVM 4001 „Dauerfestigkeitsprüfung".
[2] Dauerfestigkeitsschaubilder, Fachausschuß für Maschinenelemente beim VDI.

bezeichnet werden. Noch mehr gilt dies für Dauerversuche an Werkstücken irgendwelcher Form oder Zustandsbedingungen, die nicht entfernt der Probennorm für Dauerfestigkeitsversuche entsprechen, oder bei denen gar die Beanspruchungsbedingungen, besonders die Höhe der auftretenden Spannungen und ihre Verteilung über die beanspruchten Querschnitte, nicht bekannt sind oder auch gar nicht ermittelt werden können. An derartigen Proben können nur Haltbarkeits- (Dauer-) Versuche durchgeführt werden. Ob es für solche Werkstücke — mit in jedem Einzelfalle näher zu definierenden Merkmalen — überhaupt eine der Dauerfestigkeit etwa analoge Eigenschaft „Dauerhaltbarkeit" gibt, ist experimentell zu erforschen. Da die Merkmale aber meist gar nicht genau genug zu definieren sein werden, wird es sich vielfach nur um einen gewissen Streubereich der Beanspruchungsbedingungen handeln, innerhalb dessen mit mehr oder minder großer Wahrscheinlichkeit oder Annäherung von einer Dauerhaltbarkeit gesprochen werden kann.

Seit den bahnbrechenden Versuchen Wöhlers sind in aller Welt eine große Zahl der verschiedensten Versuchseinrichtungen gebaut worden, um in immer rationellerer Weise (mit möglichst geringem Zeitaufwand, möglichst geringen Kosten, bei möglichst durchsichtiger und leicht meßbarer Beanspruchung der Werkstoffproben) die Dauerfestigkeitseigenschaften der Werkstoffe hinsichtlich jeder wichtigen Beanspruchungsart experimentell zu erforschen: Zug-Druck-Wechselbeanspruchung, Zug- bzw. Druck-Schwellbeanspruchung, Wechsel-Biegebeanspruchung, Wechsel-Drehbeanspruchung sowie Zusammensetzung dieser einfachen Beanspruchungsarten.

Es lag nahe, diese wertvollen Arbeiten und Erkenntnisse auch dem Draht- und Seilprüfwesen nutzbar zu machen.

a) Dauerprüfung an Drähten

Allerdings stieß der Versuch der einfachen Übernahme der für Werkstoffprobestäbe durchgebildeten Dauerversuchseinrichtungen für die Untersuchung von Drähten vielfach auf erhebliche Schwierigkeiten, die sich aus der Natur der Drähte ergeben. Wohl sind Drahtproben auf den ersten Blick eigentlich fertige zylindrische Probestäbe, doch unterscheiden sie sich von besonders hergestellten Werkstoff-Probestäben deutlich in folgendem:

1. Drähte sind zylindrische Probestäbe mit über die ganze Länge gleichbleibendem Durchmesser, also Probestäbe ohne (verstärkte) Köpfe;

2. Drähte sind Probestäbe von hohem Schlankheitsgrad, knicken also bei Druckbeanspruchung in der Längsachse sofort aus;

3. Drähte sind im Querschnitt infolge ihrer Herstellung in einem technischen (Massen-) Ziehverfahren nicht genau kreisförmig;

4. die Oberfläche der Drähte ist keineswegs „feinstbearbeitet", sondern längsriefig (vom Drahtziehen her) und narbig (vom Beizen des Walzdrahtes her), vielfach liegt auch Randentkohlung der Drähte vor.

Nach allem handelt es sich bei den Drähten gar nicht um Proben für Werkstoffuntersuchungen im Sinne des wissenschaftlichen Dauerprüfwesens, sondern um Werkstücke von im allgemeinen nicht genau genug zu definierenden Eigenschaften, besonders was diejenigen Eigenschaften betrifft, welche einen bekannt starken Einfluß auf das zahlenmäßige Ergebnis der Wechselbeanspruchungsversuche haben (Querschnittsform und Oberflächenzustand).

Experimentell die größten Schwierigkeiten bot bei den meisten Arten der Wechselbeanspruchung von Drähten die Einspannfrage, die bei besonders hergestellten Probestäben für Werkstoff-Dauerfestigkeitsversuche wie auch bei den statischen Zugversuchen an Werkstoffproben bekanntlich dadurch gelöst wird, daß die Einspannenden der Probestäbe meist mit verstärktem Querschnitt hergestellt werden, so daß die Gesamtbeanspruchung dieser Endabschnitte einschließlich der Einspann-Zusatzbeanspruchungen hier geringer bleibt als im mittleren Teil der Stäbe, der für die Prüfbeanspruchung als „Versuchslänge" dient.

Bekanntlich gilt als anzustrebendes Ideal bei allen Werkstoffprüfungen, daß die der Probe beim Prüfversuch auferlegte Beanspruchung möglichst den ganzen Querschnitt der Probe gleichmäßig belastet und die Probe auf eine möglichst große Länge ebenfalls gleichmäßig beansprucht. Beim Dauer- (Wechselbeanspruchungs-)Versuch wird dieses Ideal bei der Zug-Druck-Wechselbeanspruchung eines knickfesten Rundstabes gut erreicht. Beim Biege-Wechselversuch und beim Verdreh-Wechselversuch an besonders hergestellten Werkstoffprobestäben ist zwar aus dem Wesen der Biege- bzw. der Verwindebeanspruchung keine gleichmäßige Spannungsverteilung über den Stabquerschnitt möglich, wohl aber die gleichartige Beanspruchung aller Stabquerschnitte über eine größere Probenlänge.

Die dargelegten ungünstigen Eigenschaften der Drähte haben es mit sich gebracht, daß der Durchführung von Dauerversuchen an Drähten auf den üblichen Dauerprüfmaschinen zum Teil unüberwindliche Schwierigkeiten entgegenstehen. Es sind daher sowohl in Deutschland wie auch im Auslande eine Reihe von Sonderbauarten von Draht-Dauerprüfeinrichtungen durchgebildet worden, wobei jedesmal wegen der besonderen Eigenschaften der Drähte als Werkstückproben erzwungenermaßen eine Reihe von Nachteilen bewußt in Kauf genommen werden mußte.

Die größte Annäherung an das Ideal der Zug-Druck-Wechselbeanspruchung hat bisher das Draht-Dauerversuchgerät für Zug-Wechselbeanspruchung nach A. Pomp und C. A. Duckwitz[3] gebracht. Aber gerade bei dieser Beanspruchungsart sind die Einspannschwierigkeiten erheblich und von großer Bedeutung für die zahlenmäßigen Versuchsergebnisse.

Vermieden werden die Einspannschwierigkeiten bei der Biege-Wechselbeanspruchung. Hier tritt allerdings der größte Spannungswert nur in den Randfasern des Drahtquerschnitts auf. Will man diesen Wert über eine größere Länge der Drahtprobe konstant halten, so muß dem Draht auf diese Länge die gewollte Krümmung aufgezwungen werden. Dies kann dadurch geschehen, daß der Draht unter einstellbarer zusätzlicher Zugspannung über eine Scheibe gebogen und dann um seine Längsachse gedreht wird. Hierbei findet dann während der ganzen Versuchsdauer Berührung der Drahtoberfläche mit der Scheibennut statt[4], offenbar ein erheblicher Nachteil, da die Drahtoberfläche, an welcher gerade die für den Versuch wichtigen Höchstspannungen auftreten, während des Versuchs fortlaufend beeinflußt wird.

Vor allem in England sind daher mehrere Versuchseinrichtungen für Biege-Wechselbeanspruchungen an Drähten durchgebildet worden, welche diesen Nachteil vermeiden, dafür aber die Höchstbeanspruchung nur in den Randfasern einer sehr kurzen Drahtlänge (Haigh-Robertson-Gerät) oder gar nur in zwei einander gegenüberliegenden Punkten eines einzigen Drahtquerschnitts erzielen (ohne Drehung der Drahtprobe; Gerät von Dowling, Dixon und Hogan).

Schließlich sind auch Dauerprüfungen an Drähten auf üblichen oder teilweise baulich abgeänderten Biege- und Verdreh-Wechselbeanspruchungsgeräten durchgeführt worden[5].

So wertvolle Ergebnisse alle diese meist recht mühevollen Arbeiten auch schon gezeigt haben, so muß doch festgestellt werden, daß es sich hierbei immer noch um die ersten Schritte auf schwierigem Neuland handelt, wobei vor allem die Gefahr besteht, daß der dringende Wunsch nach Erkenntnissen zu vorschnellen Verallgemeinerungen bei der „Erklärung" der einzelnen Versuchsergebnisse führt, besonders, wenn nicht immer wieder klar erkannt wird, daß es sich bei allen Drahtdauerprüfungen immer nur um Haltbarkeits-Dauerversuche an fertigen Werkstücken, nicht aber um eigentliche Dauerfestigkeitsversuche an Werkstoffproben handelt. Gewiß scheinen sich vielfach die geprüften Drahtproben in ihrer Form und Oberflächenbeschaffenheit so stark den feinstbearbeiteten Werkstoffprobestäben für Dauerfestigkeitsversuche in ihrem Verhalten gegenüber den Beanspruchungen in den Dauerprüfgeräten zu nähern, daß die Grenzen nahezu verschwimmen; die strenge begriffliche Trennung sollte aber nie aus dem Auge gelassen werden.

Die Beantwortung der Frage, welchen praktischen Wert nun die mühevollen Haltbarkeits-Dauerversuche an Drähten besonders im Hinblick auf die Bewährung der Drähte in den Seilen haben, sollte aber in Anbetracht der erst verhältnismäßig geringen Menge der Versuchsergebnisse der Zukunft überlassen bleiben. Gerade wegen der Eigenart der Haltbarkeitsversuche wird noch viel Mühe darauf verwendet werden müssen, die auf den verschiedensten Versuchseinrichtungen unter den verschiedensten Beanspruchungsbedingungen gewonnenen Ergebnisse grundsätzlich miteinander in Einklang zu bringen. Die hierbei zu gewinnenden Erkenntnisse werden stets von wissenschaftlichem und sehr wahrscheinlich auch von praktischem Wert sein, selbst wenn im Betriebe der Seile die höhere und andersartige Beanspruchung der Drähte den Einfluß der Dauerhaltbarkeitseigenschaften der Drähte praktisch zum Teil oder völlig überdecken sollte.

b) Dauerprüfung an Seilen

Während die Dauerhaltbarkeitsprüfung von Drähten sich eng an die wissenschaftliche Dauerfestigkeitsprüfung der Werkstoffe anlehnt, handelt es sich bei den Dauerversuchen mit ganzen Drahtseilen um typische technologische Haltbarkeitsversuche an fertigen Werkstücken recht komplizierten Aufbaus und nur wenig durchschaubarer Beanspruchungsbedingungen. Immerhin kann bei den Seil-Dauerversuchen wenigstens ein großer Teil der störendsten Bedingungen, denen die Seile im praktischen Betriebe ausgesetzt sind, ferngehalten werden, so daß der Komplex der auf dem Versuchsstande auf die Seilprobe

---

[3] A. Pomp und C. A. Duckwitz: Dauerprüfungen unter wechselnden Zugbeanspruchungen an Stahldrähten. Mitteilungen des Kaiser-Wilhelm-Instituts für Eisenforschung, Band XIII, Lieferung 5, Abhandlung 175, 1931 und spätere Arbeiten aus dem Institut.

[4] Woernle: Z. d. VDI 1933 S. 800.

[5] Siehe dazu die wertvolle Schrifttumszusammenstellung in: A. Pomp und M. Hempel: Dauerprüfung von Stahldrähten unter wechselnder Zugbeanspruchung. Mitteilungen des Kaiser-Wilhelm-Instituts für Eisenforschung zu Düsseldorf, Band XX, Lieferung 1, Abhandlung 340, 1938.

einwirkenden Beanspruchungen der Analyse nicht mehr ganz so große Schwierigkeiten bietet wie in der praktischen Wirklichkeit. Vor allem kann wenigstens ein Teil der Versuchsbedingungen nach Art und Größe willkürlich gewählt werden.

Im Gegensatz zu anderen Gebieten der Prüfung ganzer Werkstücke bietet aber gerade bei Seilen, vor allem bei den schweren Förderseilen, der sonst so aufschlußreiche Modellversuch hier wegen der Eigentümlichkeit der Drähte ganz besondere Schwierigkeiten. Während man bei anderen Werkstücken sehr wohl das Modell aus dem gleichen Werkstoff fertigen kann, stimmt das aus dünnen Drähten hergestellte Modell eines schweren Förderseils notwendigerweise auch in den Werkstoffeigenschaften der Drähte nicht mehr mit dem Bezugsseil natürlicher Größe überein. Dünne Stahldrähte unterscheiden sich von stärkeren sowohl hinsichtlich des Ausgangswerkstoffs wie auch in der Zahl und Art der Verarbeitungsstufen. Da der einfache Modellversuch nicht möglich ist, stellen die Seil-Dauerversuche Experimente dar, die in Planung, Ausführung und Deutung der Ergebnisse eine durchaus selbständige Analyse erfordern. Wenn bei diesen Versuchen auch keine vollkommene Abstraktion und Isolierung — wie etwa bei physikalischen Experimenten — möglich ist, so gelangt die gedankliche Analyse, besonders durch Vergleichen und Aufdecken von Unterschieden, aber schließlich auch zu Einsichten über Funktionalzusammenhänge, die zwar durchaus ebenfalls allgemeine Gültigkeit haben, wenn auch die Bedingungen nicht so leicht angegeben werden können. Je größer der Erkenntnisstoff auf diesem Gebiete im Laufe der Zeit anwachsen wird, um so mehr werden wir auch hier, wie auf vielen anderen ähnlich verwickelt gelagerten Gebieten des Naturerkennens, zu einer wertvollen Summe von „konkreten Gesetzen" oder „Regelmäßigkeiten" kommen, die dann bei der Auswahl der Seile für den praktischen Betrieb als verhältnismäßig sichere Unterlagen verwendet werden können.

Hinsichtlich der Methodik der Dauerversuche an Seilen herrscht ganz überwiegend der Biegewechselversuch vor (Benoit, Woernle, H. Herbst, Scobel u. a.), da ganz augenfällig die Haltbarkeit der über Scheiben laufenden Seile vor allem von ihrer Widerstandsfähigkeit gegen die beim Biegen um die Scheiben und durch das Aufliegen in der Scheibenrille auftretenden Beanspruchungen abhängt. Das Versuchsverfahren läuft hierbei stets darauf hinaus, das Seilprobestück aus dem gestreckten Zustande um die Scheibe zu krümmen und anschließend daran wieder geradezustrecken. Vereinzelt sind auch Zug-Schwellversuche in Pulsatoren und Biege-Wechselversuche mit umlaufender Durchbiegung der Mitte des Seilprobestückes durchgeführt worden, haben aber keine Bedeutung gewonnen.

Allgemein hängt nun die Haltbarkeit der Seile sowohl von den ursprünglichen Seileigenschaften wie auch von den Beanspruchungs- (Betriebs-) Bedingungen ab. Die Ursprungseigenschaften der Seile gliedern sich wieder in die Eigenschaften der Drähte, den Seilaufbau, die Verflechtung der Drähte bzw. Seillitzen, die Eigenschaften der Seil- bzw. Litzeneinlagen und die Innenschmierung. Diese Seileigenschaften sind zu einem großen Teil keineswegs wohldefiniert und auch nur zum Teil messend festzustellen. Mindestens ebenso schwierig liegen die Dinge hinsichtlich der Beanspruchungsbedingungen. Genügend genau bekannt ist im praktischen Betriebe meist nur die Größe der statischen Belastungen, während die dynamischen Beanspruchungen zweifellos von großer Bedeutung sind, aber gerade bei den Schachtförderseilen noch längst nicht genügend erforscht scheinen.

Bei den Seil-Dauerversuchen auf Versuchsständen fallen glücklicherweise gerade die undurchsichtigsten Betriebsbeanspruchungen fort, was die Analyse der Beanspruchungsbedingungen hier wesentlich erleichtert. In gleichem Sinne günstig ist bei den Dauerversuchen das Fernhalten der Anrostung und des dadurch bedingten erhöhten Verschleißes der Seildrähte, wodurch wieder die Kompliziertheit der Bedingungen des praktischen Betriebes wesentlich eingeengt wird.

Während nun aber die Dauerversuche mit schwächeren Seilen (Kran- und Aufzugsseile) hinsichtlich Seil- und Scheibenabmessungen sich den Abmaßen der Wirklichkeit weitgehend nähern können, müssen Dauerversuche auf Versuchsständen für schwere Förderseile sich notwendigerweise (zwecks Zeit- und Kostenersparnis) erheblich weiter von der Wirklichkeit entfernen, was zu großer Vorsicht bei der Übertragung der hierbei gewonnenen Gesetzmäßigkeiten auf die Verhältnisse der Praxis mahnt. Immerhin haben aber die langwierigen und kostspieligen Dauerversuche mit Seilen[6] bereits eine große Zahl von Gesetzmäßigkeiten aufgedeckt, die für die seilverbrauchende Praxis von grundlegender Bedeutung sind. Neben der ständigen Weiterführung von planmäßig vergleichenden Versuchsreihen wird sich zweifellos auch die Analyse der Versuchsergebnisse immer weiter verfeinern und damit auch auf die Aufdeckung von bisher ungeklärten Erscheinungen an den Seilen im praktischen Betriebe zurückwirken. Letzten Endes sind auch diese technologischen Dauerversuche an Seilen nur eines der vielen Mittel, die die wissenschaftliche Werkstoffprüfungstechnik auf diesem schwierigen Sondergebiete anwendet, um die gegenwärtigen und nicht zuletzt auch die mit der unaufhaltsamen Weiterentwicklung der Bergbauhochtechnik mit Sicherheit zu erwartenden zukünftigen Schwierigkeiten zu meistern.

---

[6] Siehe besonders die Mitteilungen des Drahtseilforschungsausschusses beim VDI (R. Woernle). Z. d. VDI 1929 ff. und Mitteilungen der Seilprüfstelle Bochum (H. Herbst) 1933/34 und spätere Veröffentlichungen.

PRÜFUNG VON ZWISCHENGESCHIRREN

Von Dr.-Ing. **W. Döderlein**, Bergbauliche Werkstoff- und Seilprüfstelle Berlin

Als „Zwischengeschirre" bezeichnet man im Schachtförderbetrieb die Verbindungsstücke zwischen dem Förderseil (Oberseil) und dem Förderkorb oder -gefäß, sowie gegebenenfalls zwischen dem Unterseil und dem Förderkorb. Meist versteht man jedoch unter Zwischengeschirren nur die erstgenannten Verbindungsstücke, während die an zweiter Stelle genannten als „Unterseil-Aufhängevorrichtungen" bezeichnet werden.

Die Hauptaufgabe derartiger Verbindungsstücke besteht darin, eine betriebssichere Verbindung zu den Seilen zu bilden, wobei ausreichende Schonung der betreffenden Seilabschnitte gewährleistet sein muß. Außerdem müssen die Oberseil-Zwischengeschirre die Möglichkeit bieten, die im Betriebe auftretenden natürlichen Längenänderungen des Förderseiles

außerdem eine besondere Möglichkeit des Längenausgleiches vorgesehen, beispielsweise durch eine in die Klemmkausche eingebaute, auf Druck beanspruchte Schraubenspindel mit Mutter (Bild 2) oder durch geschlitzte Laschen mit versetzbaren

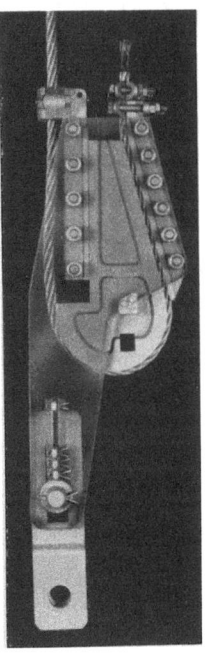

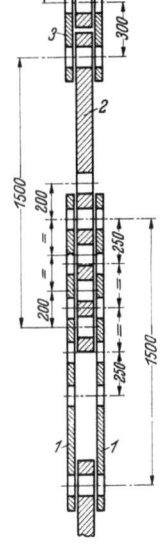

Bild 3. Klemmkausche Bauart Gutehoffnungshütte mit Versteckung durch Paßstücke (Modellaufnahme)

Bild 4. Verstecklaschen mit Lochteilung (Demag, Münzner)

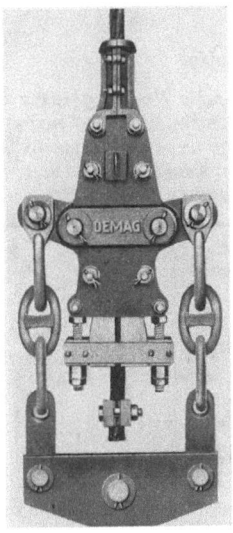

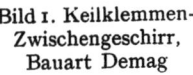

Bild 1. Keilklemmen-Zwischengeschirr, Bauart Demag

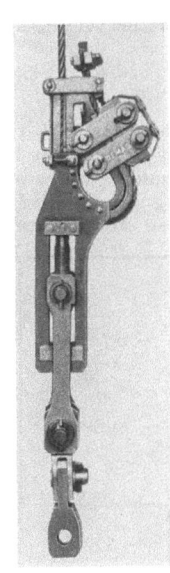

Bild 2. Klemmkausche Bauart Demag mit Spindelversteckung (Spindel auf Druck beansprucht) und mit zwei Kreuzgelenken

in einem gewissen Umfange auszugleichen, und zwar auf möglichst einfache Weise und genügend genau. Unter bestimmten Bedingungen muß neben der eigentlichen tragenden Verbindung ein Notgehänge vorgesehen werden, das nur für den Fall des Bruchs der eigentlichen Aufhängung in Tätigkeit tritt. Schließlich ist in vereinzelten Fällen, etwa beim Fehlen einer ausreichenden Führung des Fördergefäßes oder bei Verwendung von Rundseilen als Unterseile, dem Zwischengeschirr die Aufgabe gestellt, den Seildrall auslaufen zu lassen. Im allgemeinen ist es allerdings gerade umgekehrt so, daß der Drall der Förderseile von dem Zwischengeschirr auf den Förderkorb übertragen und von der festen Führung des Korbes aufgenommen wird.

Zur Erfüllung dieser Aufgaben sind, besonders für die Oberseil-Zwischengeschirre, zahlreiche Bauarten entwickelt worden. Auch heute ist eine ganze Reihe gebräuchlich. In den Bildern 1 bis 6[1] sind einzelne Beispiele wiedergegeben, zu denen grundsätzlich folgendes zu sagen ist. Die Keilklemme Bauart Demag (Bild 1), die mit Stahlkeilen ausgerüstet ist, kann verhältnismäßig leicht gelöst und wieder angesetzt werden, so daß für den Ausgleich der Längenänderungen des Oberseiles meist keine zusätzlichen Vorrichtungen vorgesehen werden. Er erfolgt unmittelbar durch Verlegen der Klemme am Seil selbst. Ähnlich ist es mit den Klemmkauschen. Vielfach wird hier jedoch

[1] Die Bilder 1 und 2 sind von der Demag in Duisburg, das Bild 3 von der Gutehoffnungshütte Werk Sterkrade in Oberhausen zur Verfügung gestellt worden, wofür den Firmen auch an dieser Stelle gedankt sei. Die Bilder 4 und 5 stammen aus der Z. Grubensicherheit (1932 Heft 5), das Bild 6 aus dem Buch Th. Möhrle: Fördermittel bei der Schachtförderung (Phönix Verlag).

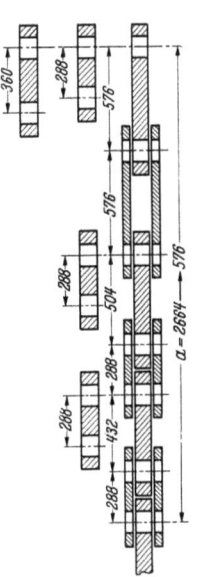

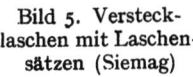

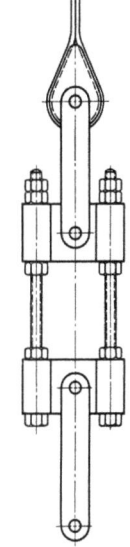

Bild 5. Verstecklaschen mit Laschensätzen (Siemag)

Bild 6. Kauschen-Laschen-Zwischengeschirr mit Spindelversteckvorrichtung (Spindeln auf Zug beansprucht)

Seilschellen verbunden werden, müssen besondere Vorrichtungen für den Längenausgleich vorgesehen werden. Neben den bereits gekennzeichneten Möglichkeiten zeigt Bild 4 Verstecklaschen mit Lochteilung und Bild 5 Verstecklaschen mit Laschensätzen. Schließlich seien die Spindelversteckvorrichtungen

(Bild 6) angeführt, bei denen Gewindespindeln auf Zug beansprucht werden.

Bei den Unterseilen ist nur der Kauscheneinband als gebräuchlich anzusehen. Die Aufhängung der Kausche erfolgt meist einfach mit Laschen und Bolzen an besonderen U-Eisen des Förderkorbes oder gegebenenfalls eines am Oberseil-Zwischengeschirr befestigten Umführungsgestänges.

Vorschriften

Entsprechend der Bedeutung der Zwischengeschirre für den Schachtförder-Betrieb sind, vor allem für die Förderanlagen mit Seilfahrt (Personenbeförderung) in Hauptschächten, hinsichtlich der Ausführung der Einzelteile und hinsichtlich der Prüfung der ganzen Geschirre weitgehende behördliche Vorschriften vorhanden, und zwar in der Bergpolizeiverordnung für die Seilfahrt sowie den zugehörigen Erläuterungen und deren Anlagen. Diese Verordnung ist von den einzelnen preußischen Oberbergämtern auf Grund von „Leitsätzen für die Seilfahrt im preußischen Bergbau" ausgearbeitet, im Juli 1927 erlassen und im Dezember 1936 in einzelnen Punkten abgeändert worden[2]. Die zugehörigen Erläuterungen mit ihren Anlagen stellen Ausführungsregeln dar und geben an, wie die Vorschriften der Verordnung mit den üblichen Mitteln im allgemeinen ausgeführt werden sollen, wenn nicht im Einzelfalle besondere Gründe eine Abweichung rechtfertigen. Sie sind erstmalig im Jahre 1927 von dem Grubensicherheitsamt[3] im Ministerium für Handel und Gewerbe im Einvernehmen mit den Oberbergämtern aufgestellt und zuletzt im Dezember 1936 neu gefaßt worden.

Ein großer Teil der für die Aufstellung der Verordnung und der Erläuterungen erforderlichen Vorarbeiten, deren Ergebnis im wesentlichen in den genannten Leitsätzen zusammengefaßt wurde, ist von der preußischen Seilfahrtkommission und ihren Unterausschüssen geleistet worden, die im Jahre 1905 vom Preußischen Minister für Handel und Gewerbe eingesetzt und mit folgender Aufgabe betraut worden ist. Da der Wunsch bestand, die Sicherheitsmaßnahmen bei der Seilfahrt in allen preußischen Oberbergamtsbezirken einheitlich zu regeln, und um zugleich eine Verminderung der Unfälle bei der Seilfahrt herbeizuführen, sollte die genannte Kommission prüfen, von welchen der bisher nicht allgemein angewandten Sicherheitsmaßnahmen in Zukunft abgesehen werden könnte, und welche der bisher nur zum Teil angewandten sowie welche neuen Maßnahmen sich zur allgemeinen Einführung auf bergpolizeilichem Wege empfehlen dürften. Über die „Verhandlungen und Untersuchungen der preußischen Seilfahrtkommission", deren Arbeiten durch den Weltkrieg unterbrochen, hernach aber sehr intensiv betrieben worden sind, ist in fünf gleichnamigen Sonderheften der „Zeitschrift für das Berg-, Hütten- und Salinenwesen im preußischen Staate" berichtet[4].

Werksbescheinigung

Nach der genannten Verordnung nebst Erläuterungen muß das Bergwerk für alle tragenden Teile der Zwischengeschirre durch Bescheinigung des Herstellers nachweisen,

1. aus welchem Werkstoff die einzeln aufgeführten Teile des Geschirrs, die den Stempel der Herstellerfirma und eine einheitliche Nummer tragen sollen, bestehen;
2. daß die betreffenden Teile — soweit kein Stahlguß oder sonstiger Formguß vorliegt — geschmiedet sind;
3. daß das ganze Zwischengeschirr mit der dreifachen Betriebslast geprüft worden ist.

In der betreffenden, vom Hersteller des Zwischengeschirrs ausgestellten Werksbescheinigung, für die in der Anlage 11 der Erläuterungen ein Muster angegeben ist, erfolgt die Kennzeichnung der Werkstoffeigenschaften durch Angabe der Zugfestigkeit und der Bruchdehnung (δ_5 oder δ_{10}). Wenn es sich um genormte Werkstoffe handelt, genügt die Angabe der in dem betreffenden Normblatt festgelegten Mindestwerte. Wird für Zwischengeschirrteile aus geschmiedetem Flußstahl statt einer der im Normblatt DIN 1611 unter B aufgeführten Normstähle, deren Reinheitsgrad (Schwefel- und Phosphor-Gehalt) vorgeschrieben ist, ein anderer Stahl verwendet, so ist dessen Reinheitsgrad besonders nachzuweisen.

Werkstoffe

Um einen Anhalt zu geben, welche Werkstoffe für einzelne Teile der Zwischengeschirre in Betracht kommen, enthalten die Erläuterungen, und zwar in Anlage 9: „Grundsätze für die Berechnung der Verbindungsstücke zwischen Seil und Förderkorb", die nachstehend wiedergegebene Zahlentafel.

Nr.	Werkstoff	Zugfestigkeit* σ_B kg/cm²	Bruchdehnung mindestens δ_5 am kurzen Normalstab vH.	δ_{10} am langen Proportionalstab vH.	Hauptsächlich verwendet für
1	Puddelstahl	3500	25	20	Starke Ketten mit über 30 mm ⌀
2	St 34.11 (Kettengüte)	3400—4200	30	25	Schwächere Ketten
3	St 42.11	4200—5000	25	20	Laschen, Königstangen, Gabelstücke, Schäkel, Ösen, Haken, Tragbügel.-Gewindespindeln nur St 50.11
4	St 50.11	5000—6000	22	18	
5	St 60.11	6000—7000	17	14	Bolzen, Federn, Keile
6	St 70.11	7000—8500	12	10	
7	Stg 38.81	mindest. 3800	20	16	Kauschen, Klemmengehäuse
8	Stg 45.81	mindest. 4500	16	13	
9	St 38.13 (Schraubeneisen)	3800—4500	nach DIN 1613		Befestigungsschrauben
10	St 34.13 (Nieteisen)	3400—4200	nach DIN 1613		Niete

* Entgegen den Werkstoffnormen sind die Festigkeitswerte in kg/cm² ausgedrückt, da die Festigkeitsrechnungen die Spannungen in diesen Maßen ergeben.

Bemessung

Die Bemessung der tragenden Zwischengeschirrteile muß so erfolgen, daß sie im Verhältnis zur statischen Höchstbelastung bei der Güterförderung mindestens 10fache rechnerische Sicherheit gewähren, soweit nicht für einzelne Teile höhere Sicherheiten vorgeschrieben werden. Dabei sind für die Ermittlung der Sicherheitszahlen

---

[2] Amtliche Textausgabe mit Erläuterungen im Verlag Bernard & Graefe, Berlin SW 68, erschienen; 1. Auflage in der Fassung vom Juli 1927, 2. Auflage in der Fassung vom Dezember 1936.

[3] Heute zur Abteilung Bergbau des Reichs-Wirtschaftsministeriums gehörig.

[4] Zwei Hefte sind im Jahre 1913, die übrigen in den Jahren 1921, 1925 und 1928 erschienen. Verlag: Wilhelm Ernst & Sohn, Berlin.

ganz bestimmte Berechnungsansätze anzuwenden, und zwar diejenigen, die in der erwähnten Anlage 9 der Erläuterungen für die in der vorstehenden Zahlentafel aufgeführten tragenden Teile angegeben sind. Den betreffenden Sicherheitsberechnungen sind die nachstehend aufgeführten zulässigen Festigkeitswerte zugrunde zu legen. Soweit darüber hinaus in Anlage 9 für fest miteinander verbundene Teile die Berechnung des Lochleibungsdruckes und für bewegliche Teile die Berechnung der Flächenpressung vorgesehen ist, gelten die ebenfalls im folgenden aufgeführten zulässigen Werte:

1. Zugfestigkeit: der in der Werksbescheinigung für das betreffende Stück angegebene Wert; wenn mehrere Werte angegeben sind, der niedrigste.
2. Biegefestigkeit: gleich der Zugfestigkeit.
3. Scherfestigkeit: 75% der Zugfestigkeit.
4. Zulässiger Lochleibungsdruck bei festen Teilen (Nieten, eingezogenen Büchsen u. dgl.): $\sigma_{l\,zul} = 1200$ kg/mm².
5. Zulässige Flächenpressung bei beweglichen Teilen:
   a) Im Gewinde vorhandener Spindeln mit Mutter: $p_{zul} = 200$ kg/cm²; bei neuen Gewindespindeln, die nach DIN BERG 1390 auszuführen sind, braucht die Flächenpressung im Gewinde nicht berechnet zu werden.
   b) Bei sonstigen Teilen (Bolzen, Königstangen-Tragflächen u. dgl.) ist die zulässige Flächenpressung ein von der Gesamtbelastung (P in t) abhängiger Bruchteil der Zugfestigkeit des Werkstoffes (σ_B in kg/cm²), gemäß der Formel

$$p_{zul} = \frac{1}{10 - \frac{3}{40}P} \cdot \sigma_B \text{ (kg/cm²)}.$$

Dies bedeutet, daß mit höherer Gesamtlast eine größere Flächenpressung als zulässig erachtet wird. Der zulässige Wert steigt an von $1/10\,\sigma_B$ bei den kleinsten Belastungen bis beispielsweise $1/8\,\sigma_B$ bei etwa 27 t Gesamtlast.

Dieses Verfahren, die Bemessung der Zwischengeschirrteile auf Grund von Sicherheitszahlen vorzunehmen, ist von früher her beibehalten worden. Die Gründe dafür sind in dem Bericht [5] des für die Ausarbeitung der Berechnungsgrundsätze eingesetzten Ausschusses der Seilfahrtkommission dargelegt. Sie sind darin zu suchen, daß der Schachtförderbetrieb einerseits dynamische Zusatzbeanspruchungen mit sich bringt, deren Größe sowohl auf den verschiedenen Schachtanlagen sehr unterschiedlich ist, wie auch auf ein und derselben Anlage unter Umständen stark schwankt. Andererseits ist zu berücksichtigen, daß außergewöhnliche Beanspruchungen auftreten können, besonders wenn noch Aufsetzvorrichtungen verwendet werden; aber auch sonst, beispielsweise bei unerwünschtem Eingreifen der Fangvorrichtung, bei Betätigung der Notbremse und dergleichen. Diesen besonderen Verhältnissen wird durch das angewendete Verfahren zur Bemessung der Zwischengeschirre tatsächlich am besten Rechnung getragen. Dabei ist seinerzeit mit Recht angestrebt worden, die erforderliche Betriebssicherheit der Geschirre durch möglichst einfache und übersichtliche Berechnungen zu gewährleisten, trotzdem aber unnütz große Abmessungen zu vermeiden.

Sicherheit

Die für die Zwischengeschirre angewandte Vorschrift der mindestens 10fachen rechnerischen Sicherheit bedeutet, daß die Beanspruchungen, die unter Zugrundelegen der größten statischen Belastung des Geschirrs auf Grund ganz bestimmter Berechnungsansätze ermittelt werden, höchstens $1/10$ der Zugfestigkeit des Werkstoffes betragen

[5] III. Sonderheft über „Die Verhandlungen und Untersuchungen der preußischen Seilfahrtkommission" (1921) S. 436 bis 457.

dürfen. Für einzelne Teile sind allerdings schon in den Berechnungsgrundsätzen in Anlage 9 der Erläuterungen noch höhere Mindestsicherheiten vorgesehen; d. h. die zulässige Grenze für die rechnerische zulässige Beanspruchung ist also noch niedriger: beispielsweise $1/12$ oder $1/15$ oder $1/18$ der Zugfestigkeit.

Bei diesen nachstehend behandelten Teilen wird nämlich die dafür vorgesehene einfache Berechnungsart den durch die Form oder Anordnung der Teile bedingten tatsächlichen Beanspruchungen in verhältnismäßig ungenügender Weise gerecht.

a) Königstangen: Der aus dem Kopf des Förderkorbes hervorragende Teil der Königstange wird durch seitliches Schlagen des Förderseiles auf Biegung beansprucht, und zwar um so mehr, je höher die Aufhängung der Königstange über dem Korbkopf liegt. Da sich die an der Austrittsstelle auftretende Biegebeanspruchung aber rechnerisch nicht erfassen läßt, wird der betreffende Querschnitt nur auf Zug berechnet, wird aber eine erhöhte rechnerische Mindestsicherheit vorgeschrieben.

b) Ketten: Die Bemessung der Ketten erfolgt nach einer Zahlentafel, die die erforderlichen Glieddicken in Abhängigkeit von der beabsichtigten Belastung angibt. Bei der Aufstellung dieser Zahlentafel ist deshalb eine erhöhte rechnerische Mindestsicherheit zugrunde gelegt worden, weil sich die Berechnung auf die Zugbeanspruchung in den beiden Schenkeln der Glieder beschränkt und weil es sich um geschweißte Teile handelt. Außer Ketten sollen denn auch keine geschweißten Teile (beispielsweise geschweißte Wirbel) für Zwischengeschirre verwendet werden.

c) Gewindeteile: Wegen der erhöhten Spannungen im Gewindegrund und der damit verbundenen Gefahr des Auftretens von Dauerbrüchen ist die Verwendung von tragenden Teilen mit Gewinde grundsätzlich eingeschränkt: Königstangen mit Gewinde, und zwar jeder Art von Gewinde, sollen nicht zur Ausführung kommen, außer für Abteufgehänge. Für sonstige Fälle (Versteckspindeln mit Muttern) dürfen Flachgewinde und scharfgängiges Dreieckgewinde nicht verwendet werden. Neue Gewindespindeln sind mit Rundgewinde nach DIN BERG 1390 zu versehen und aus St 50.11 anzufertigen, um den Verschleiß gering zu erhalten. Schließlich ist empfohlen, in nassen Schächten wegen der erhöhten Rostgefahr Versteckvorrichtungen mit Spindeln, die auf Zug beansprucht werden, nicht zu verwenden. Soweit unter Berücksichtigung dieser Einschränkungen eine Verwendung von tragenden Teilen mit Gewinde in Betracht kommt, sind erhöhte rechnerische Mindestsicherheiten vorgeschrieben.

d) Haken: In dem Berechnungsansatz für den auf Zug und Biegung beanspruchten Hakenquerschnitt ist der Einfluß der gekrümmten Haken-Mittellinie nicht berücksichtigt, weshalb für diesen Querschnitt eine erhöhte Mindestsicherheit vorgeschrieben ist.

Überwachung

Während ihrer Benutzung müssen die Verbindungsstücke zwischen Förderseil und Förderkorb jährlich vollständig ausgebaut und auf etwaige Schäden hin untersucht werden, wobei nicht einwandfreie Teile auszuwechseln sind. Nach jedem 2. Betriebsjahr sind Bolzen, Laschen, Königstangen, Querträger und Ketten auszuglühen, jedoch mit Ausnahme derjenigen Teile, die nicht dauernd beansprucht werden (zum Beispiel die Teile der Notgehänge). Weiter sind solche Teile nicht auszuglühen, bei denen die Gefahr zu starker Verzunderung besteht (beispielsweise Gewindespindeln). Alle Teile von Zwischengeschirren sind spätestens nach 10jähriger Betriebszeit durch neue zu ersetzen.

Erfahrungen

Die Erfahrungen seit dem Inkrafttreten der Bergpolizeiverordnung für die Seilfahrt im Jahre 1928, also während mehr als 10 Jahren, haben gezeigt, daß die Beweggründe und Überlegungen bezüglich des Verfahrens der Bemessung der Zwischengeschirrteile durchaus richtig waren, und daß die jährlich — oder in besonderen Ausnahmefällen zweijährlich — wiederkehrende gründliche Untersuchung der Einzelteile der Oberseil-Geschirre im ausgebauten Zustande notwendig und sehr zweckmäßig ist. Dies kommt vor allem darin zum Ausdruck, daß die durch Schadensfälle bedingten Änderungen der Bestimmungen über die Zwischengeschirre im wesentlichen nur die mit Gewinde versehenen tragenden Teile betroffen haben. Unfälle mit derartigen Teilen, und zwar einerseits infolge von Dauerbrüchen an aus früherer Zeit überkommenen Königstangen mit Gewinde, anderseits infolge Zerstörung des Gewindes durch Rost, haben Veranlassung gegeben, sowohl die Verwendung von Gewinde gegenüber der ursprünglichen Fassung der Vorschriften weiter einzuschränken, wie auch die Überwachung derselben zu verschärfen; letzteres vor allem in der Weise, daß die jährliche Prüfung von Zwischengeschirren, bei denen tragende Teile mit Gewinde auf Zug beansprucht werden, durch die Seilprüfstellen oder durch andere besonders anerkannte Sachverständige vorzunehmen ist. Für die Geschirre ohne Gewindeteile oder solche, bei denen Gewinde auf Druck beansprucht werden, ist es bei der ursprünglichen Empfehlung geblieben, die jährliche Prüfung ebenfalls von den genannten Stellen ausführen zu lassen.

Von den weiteren Änderungen bzw. Ergänzungen der Vorschriften ist noch bemerkenswert, daß die einzelnen Teile des Geschirres jetzt mit dem Stempel der Lieferfirma und einer einheitlichen Nummer versehen werden sollen. Hierdurch soll die Zugehörigkeit von Zwischengeschirr und Werksbescheinigung gewährleistet sein. Allerdings muß die Kennzeichnung der Einzelteile zweckentsprechend, an ungefährlichen Stellen und mit nicht zu scharfen Stempeln oder gar mit dem Meißel ausgeführt werden. Ein Beispiel, wie es nicht gemacht werden soll, ist in Bild 7 wiedergegeben.

Bild 7. Zwischengeschirr-Schäkel mit unzweckmäßiger Kennzeichnung am gefährdeten Querschnitt

Durch die vorgeschriebene Kennzeichnung der Geschirrteile können zwar Verwechselungen auf den Bergwerken vermieden werden, aber nicht Verwechselungen hinsichtlich des Werkstoffes beim Zwischengeschirrhersteller. Als Schutz gegen einen solchen wohl sehr seltenen, aber doch schon vorgekommenen Irrtum, käme die Prüfung des fertigen Stückes durch statische oder dynamische Kugeldruckversuche in Betracht. Wenn hierbei die Festigkeit auch nicht genau zu ermitteln ist, so können doch grobe Abweichungen festgestellt werden. Vereinzelt werden derartige Nachprüfungen durchgeführt. Eine entsprechende Vorschrift besteht nicht.

Ein anderes Vorkommnis hat gezeigt, wie wichtig es ist, daß neue Zwischengeschirrteile zwar an den bearbeiteten Stellen gut gefettet, aber niemals mit einem Farbanstrich versehen angeliefert werden, und daß sie auf dem Bergwerk gleich sorgfältig auf etwaige Mängel hin nachgesehen werden. Beim Ausbau eines Zwischengeschirrs nach einjähriger Benutzung auf einer Nebenförderung wurde am Kopf der Königstange ein eigenartig verlaufender Dauerbruch (Bild 8) festgestellt, der von einer etwa 80 mm breiten Schlackenzone ausgegangen war. Bild 9 erweist, wie deutlich dieser auffallend große Schlackeneinschluß, der eine Länge von ungefähr ½ m hatte, in dem Auge der Königstange nach dem Ausdrehen zu sehen gewesen ist, also auch bei der Anfertigung der Bohrung im Herstellerwerk.

Während bezüglich des Verfahrens der Bemessung der Zwischengeschirrteile sowie bezüglich der regel-

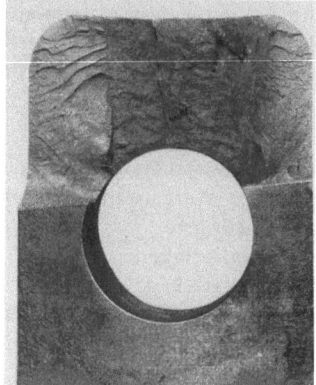

Bild 8. Königstangen-Kopf mit Dauerbruch, von dem in der Mitte befindlichen Schlackeneinschluß ausgehend

Bild 9. Aussehen des großen Schlackeneinschlusses im Auge der Königstange

mäßigen Untersuchung im ausgebauten Zustande unter den Sachverständigen durchaus einheitlich die Auffassung besteht, daß es sich dabei um sehr zweckmäßige Regelungen handelt, ist dies hinsichtlich der Vorschrift, daß die dafür geeigneten Teile nach jedem zweiten Betriebsjahr ausgeglüht werden müssen, nicht der Fall. Schon in den seinerzeitigen Beratungen der Seilfahrtkommission ist diese Maßnahme nicht von allen Sachverständigen gebilligt worden.

Glühen

Die Einführung der Ausglüh-Vorschrift für Preußen steht in einem inneren Zusammenhange mit der Verlängerung der Betriebszeit der Zwischengeschirre von früher im allgemeinen nur 2 Jahre auf jetzt 10 Jahre. Zum Teil liegt auch eine Anlehnung an Vorschriften in anderen Ländern vor. Weiter ist zu berücksichtigen, daß auch sonst solch regelmäßiges Ausglühen durchgeführt wird, beispielsweise bei Ketten. Nach den „Verhandlungen und Untersuchungen der preußischen Seilfahrtkommission" stammt die erste Formulierung[6] der Ausglüh-Vorschrift für die Zwischengeschirre aus dem Jahre 1914 von der Abteilung Breslau, und zwar ist die Vorschrift in Leitsätzen über die „Sicherheit und Beschaffenheit der Verbindungsstücke" enthalten und in einer Erläuterung wie folgt begründet:

„Durch Ausglühen und langsames Erkaltenlassen werden kristallinische Änderungen im Gefüge der Verbindungsstücke wieder aufgehoben. Mangelhafte Schweißstellen und Haarrisse sind als schwarze Linien erkenntlich."

Mit den „kristallinischen Änderungen im Gefüge" sind — wie auch aus einer zu einem späteren Zeitpunkt angegebenen Begründung[7] hervorgeht — Alterungserscheinungen gemeint, die durch das regelmäßige Ausglühen beseitigt werden sollen; ebenso wie das Ausglühen von Ketten, Kran- und Zughaken als Abhilfe gegen „Alterungssprödigkeit" durchgeführt wird.

Nun ist jedoch zu beachten, daß bei der Verwendung von Ketten, Haken- und Zughaken im gewöhnlichen Betriebe — im Gegensatz zum Schachtförderbetrieb — viel eher Beanspruchungen auftreten könnten, die zu bleibenden Verformungen führen bzw. über der Streckgrenze des

---
[6] Heft III S. 481.
[7] Heft V S. 59.

Werkstoffes liegen, so daß die Möglichkeit des Auftretens der Alterung (Reck- oder Stauchalterung) besteht. Beträgt doch beispielsweise für Ketten normalerweise die zulässige statische Belastung 25% der genormten Bruchlast, also derjenigen Last, die die Kette aushalten muß, ohne zu zerreißen. Trotzdem ist in DIN 685 „Geprüfte Ketten" für die Benutzung ein regelmäßig wiederkehrendes Ausglühen nicht vorgeschrieben, sondern nur darauf hingewiesen, daß sachgemäßes Ausglühen nach dem in bestimmten Zeitabständen vorzunehmenden Belastungsversuch zu empfehlen und anzustreben ist. Vorgeschrieben ist für die Benutzung solcher Ketten eine Warmbehandlung lediglich nach einer offensichtlichen Überlastung, z. B. Längung der Kettenglieder, und zwar ist in einem solchen Falle nach DIN 1606 normalzuglühen, um das Gefüge des Kettenwerkstoffes umzukristallisieren.

Demgegenüber beträgt die zulässige statische Belastung der Kettenstränge von Zwischengeschirren höchstens 8,5—9% der genormten Bruchlast bei Ketten für 1—14 t Belastung und höchstens 9—13% bei den Ketten für höhere Belastung (bis 40 t). Ähnlich ist es nach dem obigen mit den anderen Teilen der Zwischengeschirre, bei denen die statische Belastung stets höchstens 10% der rechnerischen Tragfähigkeit beträgt. Unter diesen Umständen führt sogar die vorgeschriebene Probebelastung der Zwischengeschirre mit dem Dreifachen der größten statischen Betriebsbelastung nicht zu bleibenden Verformungen. Da aber bei der Benutzung keineswegs so hohe Beanspruchungen auftreten, besteht kein Grund zu der Annahme, daß die Geschirre bei Innehaltung der Vorschriften über ihre Bemessung im Betrieb bleibend verformt werden. Durch die Erfahrungen in den letzten 10 Jahren wird dies denn auch durchaus bestätigt. Im ganzen kann somit keine Reck- oder Stauchalterung mit der befürchteten Wirkung der Alterungssprödigkeit auftreten, so daß also die Beseitigung etwaiger Alterungserscheinungen zur Begründung der Vorschrift des Ausglühens von Zwischengeschirrteilen nicht aufrecht erhalten werden kann. Dies um so mehr, als in der Bergpolizeiverordnung für die Seilfahrt — durchaus mit Recht — weder empfohlen noch vorgeschrieben ist, daß nach der Probebelastung der Geschirre eine Warmbehandlung erfolgt.

Demnach bleibt zur Begründung oder als Vorteil der Ausglühvorschrift nur, daß fehlerhafte Schweißstellen oder etwaige Anbrüche nach dem Glühen als schwarze Linien in Erscheinung treten. Es ist nichts darüber bekannt geworden, ob in den letzten 10 Jahren tatsächlich auf diese Weise ein Anbruch an einem Zwischengeschirrteil aufgefunden worden ist. Jedenfalls ist heute aber in dem bekannten Magnetpulververfahren die Möglichkeit gegeben, mit größerer Sicherheit und ohne irgendwelche Nachteile für das untersuchte Stück Oberflächenschäden wie Schweißfehler oder Anbrüche aufzufinden.

Beim Ausglühen können die betreffenden Teile der Zwischengeschirre vor allem dann wesentlichen Schaden nehmen, wenn es nicht sachgemäß vorgenommen wird. Aus diesem Grunde ist in den Erläuterungen zu der Vorschrift festgelegt, daß das Ausglühen gemäß dem Normblatt DIN 1606, also als umkristallisierendes Normalglühen, auszuführen ist, und ist ausdrücklich bestimmt, daß es nur von anerkannt erfahrenen Firmen, die über einen einwandfreien Glühofen mit Temperaturmeßeinrichtung verfügen, durchgeführt werden darf. Bei dem verhältnismäßig häufigen Ausglühen kann einerseits trotz dieser Bestimmungen gelegentlich einmal ein Fehler unterlaufen und muß andererseits auch bei vorschriftsmäßiger Durchführung mit gewissen Nachteilen gerechnet werden, beispielsweise Randentkohlung und ungünstigen Gefügeänderungen, zumal die Einzelteile der Zwischengeschirre — im Gegensatz zu Ketten — verschiedene Querschnittsabmessungen haben.

Betriebszeit

Die Beschränkung der Gesamtbetriebszeit von Zwischengeschirren auf 10 Jahre könnte vielleicht den Eindruck erwecken, als ob sie dann grundsätzlich nicht mehr verwendungsfähig wären. Dies ist natürlich nicht der Fall, zumal diese Grenze unabhängig von den Betriebsbedingungen der jeweiligen Förderanlage festgesetzt ist. Die betreffende Vorschrift muß vielmehr aus ihrer Entwicklung heraus verstanden werden. Es ist vor allem zu berücksichtigen, daß früher wegen zahlreicher Brüche von Zwischengeschirrteilen im allgemeinen nur eine Betriebszeit von 2 Jahren zugelassen war. Es bedeutete somit einen gewaltigen Fortschritt, als auf Grund der vorstehend behandelten Bestimmungen über die Bemessung der Zwischengeschirrteile die Gesamtbetriebszeit so wesentlich verlängert werden konnte. Auf der anderen Seite ist zu beachten, daß Zwischengeschirre mit einer Gesamtbetriebszeit von 10 Jahren in der Mehrzahl der Fälle doppelt so alt sind, weil für die meisten Förderanlagen ständig vier Geschirre vorhanden sind, die abwechselnd verwendet werden; schon wegen des jährlichen Ausbauens und des zweijährlichen Ausglühens. Innerhalb von 20 Jahren dürften Zwischengeschirrteile aber doch in vielen Fällen erneuerungsbedürftig werden, entweder wegen Anrostung und Verschleiß oder aus betrieblichen Gründen (Erhöhung der Nutzlast u. dgl.).

Zusammenfassung

Zusammenfassend ist zu sagen, daß die Bestimmungen über die Bemessung und die Prüfung der Zwischengeschirre von Schachtförderanlagen mit Seilfahrtgenehmigung sich in den mehr als 10 Jahren seit Erlaß der Bergpolizeiverordnung für die Seilfahrt im ganzen gut bewährt haben. Fortfallen sollte allerdings die Vorschrift, bestimmte Zwischengeschirrteile nach jedem zweiten Betriebsjahr auszuglühen. Zweckmäßiger wäre es, statt dessen sämtliche ständig beanspruchten Zwischengeschirrteile in denselben Zeitabständen (zwei Jahre) mit Hilfe des Magnetpulververfahrens zu untersuchen.

ÜBER DIE PRÜFUNG VON FÖRDERSEILFLECHTUNGEN

Von Dipl.-Ing. H. Herbst, Seilprüfstelle der Westfälischen Berggewerkschaftskasse Bochum

Bedeutung der Flechtung

Wird ein Förderseil vorzeitig unbrauchbar, so kommen hierfür die folgenden Ursachen in Betracht: 1. Minderwertige Drähte, 2. ungeeigneter Querschnittsaufbau, 3. ungeeignete Flechtart, 4. mangelhafte Flechtung, 5. hohe Betriebsbeanspruchung. Es ist häufig schwer zu beurteilen, welche Ursache im einzelnen Fall entscheidend ist. Für die Prüfung der Drähte bestehen Verfahren, die als weitgehend zuverlässig gelten können. Querschnittsaufbau und Flechtart sind leicht durch einfache Messungen nachzuprüfen, und es liegen zahlreiche Erfahrungen sowohl aus dem Betriebe als aus Dauerbiegeversuchen vor, die eine ausreichende Unterlage für die Beurteilung bieten. Auch die Betriebsbeanspruchungen können mit Hilfe von Beschleunigungsmessungen auf den Förderkörben und an der Fördermaschine sowie unter Berücksichtigung der Korrosionsmöglichkeit und anderer wichtiger Einzelheiten beurteilt werden. Dagegen bestand hinsichtlich der Ausführung der Flechtung stets eine große Unsicherheit, da es bisher vollkommen an zuverlässigen Prüfverfahren fehlte. Es war deshalb im einzelnen Falle nicht möglich zu beurteilen, wieweit eine mangelhaft ausgeführte Flechtung von Einfluß gewesen sein konnte.

Die Flechtung soll ein festes Gefüge des Seiles gewährleisten. Ein solches erfordert einmal, daß die Drähte in mehrlagigen Litzen oder Spiralseilen innerhalb ihrer Lage festliegen, sodann auch, daß jede Lage auch auf der darunterliegenden Lage fest aufliegt. Die erstere Forderung muß durch den Flechtplan erfüllt werden, nämlich durch die Wahl von Drahtdicken, die bei dem gewählten Flechtwinkel den Umfang der Lage auszufüllen vermögen. Als Flechtwinkel gilt dabei der Winkel, den die Drähte mit der Richtung der Litzenachse bilden. Die zweite Forderung festen Aufeinanderliegens der einzelnen Drahtlagen betrifft jedoch die eigentliche Ausführung der Flechtung. Sie bedeutet, daß die wirklichen Drahtlängen auf bestimmten Litzenstrecken möglichst genau denjenigen gleichen, die sich aus der theoretischen Schraubenform der Drähte in der Litze ergeben. Die „Istlängen" müssen den „Sollängen" entsprechen.

Dieser Forderung kommt zweifellos eine erhebliche Bedeutung zu. Das geht einmal aus Dauerbiegeversuchen mit Längsschlagseilen hervor, deren Flechtung durch Aufdrehen gelockert[1] und durch Zudrehen gefestigt worden war. Unter sonst gleichen Verhältnissen sank beispielsweise die Biegezahl bis zum Seilbruch bei gelockerter Flechtung um 20 v. H. gegenüber dem ursprünglichen Zustande, und sie stieg um 50 v. H. bei gefestigter Flechtung[2]. Der Grund für den stärkeren Einfluß des Zudrehens ist darin zu erblicken, daß die Flechtung gewöhnlich hergestellter Längsschlagseile stets eine gewisse Lockerung aufweist. Dies hat zwei Ursachen. Allgemein sollen bei der Verseilung die Drähte in die Form gebogen werden, die sie im Seil haben müssen. Bei der gewöhnlichen Verseilung wird dies nur unvollkommen erreicht, da die Drähte infolge der Elastizität ihrer Verbiegung entgegen zurückfedern und sich schwach von der Unterlage abheben, sobald das Seil oder die Litze die Preßbacken der Verseilmaschine verlassen hat. Wenn das Zurückfedern in erträglichen Grenzen gehalten werden soll, so muß sowohl die Anspannung des Drahtes als auch der Winkel, unter dem er beim Flechten in die Preßbacken läuft und der für seine Verbiegung bestimmend ist, richtig gewählt werden. Als weitere Ursache einer lockeren Flechtung ist zu erwähnen, daß die Spulenträger für die Litzenspulen beim Zusammenschlagen des Seiles aus Gründen der Einfachheit allgemein bei jeder Maschinenumdrehung um 2π zurückgedreht werden, während das genaue Maß $2\pi \cos\alpha_L$ sein müßte, wenn α_L den Flechtwinkel darstellt, den die Litze mit der Richtung der Seilachse bildet[3]. Hierdurch werden die Litzen bei Längsschlagseilen schwach auf- und bei Kreuzschlagseilen zugedreht.

Die oben erwähnte Rückfederung der Drähte bewirkt nun nicht nur eine lockere Flechtung, sondern wenigstens bei Längsschlagseilen auch den bekannten lästigen Drall, die Neigung des Seiles sich aufzudrehen. Hauptsächlich zur Verringerung dieses Dralles wendet man heute Kunstgriffe an, durch welche die Drähte entweder bleibend die Form annehmen, die ihrer Lage im Seil entspricht oder durch welche sie mit einer Verwindespannung in diese Lage hineingezwungen werden. Dem Zurückfedern wird hierdurch entgegengewirkt und damit gleichzeitig eine festere Flechtung geschaffen. Mit solchen Seilen sind gute Erfahrungen gemacht worden[4,5]. Dies kann gleichfalls als ein Beweis für die Wichtigkeit einer festen Flechtung gelten. Für die Beurteilung eines Drahtseiles ist es deshalb auch wichtig, ein Verfahren zu besitzen, das objektive zahlenmäßige Unterlagen über die Flechtung zu liefern vermag.

Möglichkeiten objektiver Feststellungen hinsichtlich der Festigkeit von Seilflechtungen

Die Beurteilung der Flechtung geschieht bis jetzt subjektiv gefühlsmäßig. Man versucht, einen Schraubenzieher zwischen zwei Drähte der Außenlage zu drücken und die Drähte zu verschieben. Aus dem Widerstande, der sich dabei bietet, schließt man auf Grund einer gewissen Übung unter Berücksichtigung der Seilspannung und der Drahtstärke auf die Flechtung. Bei stärkeren Seilen bildet auch wohl ein leichtes Beklopfen mit einem mittleren Handhammer ein Hilfsmittel. Das erstere Verfahren könnte durch Anwendung einer elektrischen Kraftquelle mit Messung des aufgenommenen Stromes vielleicht verbessert werden. Mit beiden Verfahren kann jedoch nur die äußere Drahtlage erfaßt werden. Durch Röntgenstrahlen könnte vielleicht die Lage der Drähte im Innern sichtbar gemacht werden. Jedoch erscheinen die Aussichten nur sehr gering, auf diesem Wege zu einer zuverlässigen Beurteilung zu kommen, da Röntgenbilder von Drahtseilen wegen der Überdeckung sehr zahlreicher Drähte mit gleicher Strahlendurchlässigkeit nur in beschränktem Maße zweckdienlich sein können. Eine weitere Möglichkeit können Belastungs-Dehnungs-Schaubilder bieten. Die spezifische Belastung der Drähte

---

[1] Vgl. H. Herbst: Das Drallauslassen bei Förderseilen. Glückauf 1920 S. 330.
[2] Vgl. H. Herbst: Bedeutung und Ursachen innerer Drahtbrüche bei Draht-, im besondern bei Förderseilen. Glückauf 1938 S. 880.
[3] Vgl. A. Werner: Beitrag zur Kenntnis der Vorspannungen in Drahtseilen. Glückauf 1923 S. 741, auch [1] S. 332.
[4] Vgl. R. Woernle: Ein Beitrag zur Klärung der Drahtseilfrage. Z. VDI. 1929 S. 417.
[5] Erfolge mit vorgeformten, drallarmen Dreikantlitzen-Seilen. Felten und Guilleaume-Carlswerk Rundschau 1937, Heft 21 S. 30.

und mit ihr die Dehnung eines Seiles ist für eine gegebene Gesamtbelastung des Seiles um so größer, je weniger Drähte die Belastung aufzunehmen haben. Liegt eine lockere Flechtung vor, so wird bei steigenden Belastungen den unteren Belastungsstufen, in denen nur wenige Drähte tragen, eine größere Dehnung entsprechen als den oberen. Aus dem Verlauf der Dehnungslinie wäre dann auf die Flechtung zu schließen. Das Verfahren ergibt bei Spiralseilen ein gutes Bild von dem Gleichmäßigkeitsgrade der Belastungsverteilung auf den ganzen Seilquerschnitt. Im besonderen kann es auch dazu benutzt werden, den Anteil der einzelnen Drahtlagen an der Belastungsaufnahme zu bestimmen, wenn die Drahtlagen nacheinander abgewickelt werden und jeweils nach Abwickeln einer Lage eine neue Dehnungslinie aufgenommen wird. Allerdings kommt in den Ergebnissen nicht eigentlich die Festigkeit der Flechtung zum Ausdruck, da die Belastungsverteilung auch schon durch den Flechtplan beeinflußt ist. Ist in einer Drahtlage der Flechtwinkel kleiner gewählt als in andern Lagen, so erfährt sie auch bei ideal fester Flechtung eine größere Spannung als die andern. Bei Litzenseilen mit einer Hanfeinlage ist jedoch der Einfluß der Hanfeinlage auf die Dehnung so groß, daß der Einfluß der Litzenflechtung nicht ausreichend zur Geltung kommt. Für diese ganz überwiegend angewendeten Seile eignet sich das Verfahren daher nicht. Recht naheliegend ist ferner vielleicht der Gedanke, die feste Auflage der einzelnen Drahtlagen dadurch zu prüfen, daß man die Durchmesser mißt und die gemessenen Werte mit denjenigen vergleicht, die sich theoretisch durch Addition der Drahtdicken ergeben, wobei die Drahtlagen aufeinandergeschlossen angenommen werden. Hierbei ist jedoch damit zu rechnen, daß auch bei guter Flechtung, die eine feste Lage aller Drähte schon bei einer geringen Belastung der Litze gewährleistet, infolge der völligen Entspannung Unregelmäßigkeiten in der Lage der Drähte auftreten können. Die Litze kann zusammenkriechen, und hierbei können sich Drahtlagen abheben. Der Lagendurchmesser kann also leicht größer gemessen werden, als er theoretisch sein durfte, ohne daß hieraus aber zuverlässig auf eine mangelhafte Flechtung geschlossen werden könnte. Richtiger erscheint es daher, die Istlänge des Drahtes auf einer bestimmten Litzenstrecke, d. h. die auf dieser Strecke wirklich vorhandene Drahtlänge mit der Sollänge zu vergleichen, die theoretisch der durch den Flechtplan bestimmten Lage des Drahtes in der Litze entspricht. Da dieses Verfahren, obgleich es etwas umständlicher ist, wohl heute die besten Aussichten bietet, so sei im folgenden auf seine praktische Durchführung genauer eingegangen.

Ermittlung der Soll- und Istlängen von Drähten für eine bestimmte Litzenstrecke

Der Draht hat in der Litze die Form einer Schraubenlinie. Abgewickelt ist diese die Hypotenuse eines rechtwinkligen Dreiecks, dessen eine Kathete die Länge des Litzenstückes und dessen andere Kathete das Produkt aus dem Umfang des Mittenkreises der Drahtlage und der Gangzahl ist. Zur Bestimmung der Sollänge müssen also für ein bestimmtes Litzenstück bekannt sein: Litzenlänge, Durchmesser des Mittenkreises der Drahtlage und Gangzahl des Drahtes. Die Litzenlänge l ergibt sich leicht als Länge des Einlegedrahtes oder gegebenenfalls auch der inneren Drahtlage, die zwar leicht gekrümmt vorliegen, aber unschwer in eine gerade Lage gedrückt werden können, die die Längenmessung erlaubt. Zur Bestimmung des Mittenkreis-Durchmessers d der Drahtlage wird angenommen, daß die Drahtlagen von konzentrischen Kreisen in Abständen der Drahtdicken begrenzt werden. Für jede Drahtlage ist d also um die Drahtdicke größer als der Durchmesser des Zylinders, der die nächstinnere Lage umhüllt. Für die innerste Drahtlage gilt der Wert sinngemäß um die Drahtdicke größer als der Durchmesser des Einlegedrahtes. Die Gangzahl ist dagegen schwieriger festzustellen. Man wählt zur Vereinfachung zweckmäßig ein Litzenstück von 2 Litzengängen im Seil. Beide Enden mögen im waagerecht liegenden Seil genau oben gelegen haben und die oben am Seilumfang gelegenen Punkte des Litzenumfanges seien vor dem Herauslösen und Abschneiden gekennzeichnet worden. Die Litzenenden werden mit Bindedraht oder Klemmbügeln zur Sicherung gegen ein Auseinanderspringen der Drähte abgeklemmt und senkrecht zur Litzenachse glatt geschliffen. Auf den Endflächen wird der Durchmesser angerissen, der senkrecht gestanden haben würde, als die Litze noch im Seilverbande war. Alsdann wird ein Draht der äußern Lage herausgelöst, wobei die Litzenenden wie stets gegen ein Aufspringen gesichert werden müssen, und die Endflächen werden so gegeneinandergedreht, daß die auf ihnen angerissenen Durchmesser wieder senkrecht stehen. Es kann jetzt zunächst an der Drahtlücke die ganze Zahl von Drahtgängen gezählt werden, die auf das Litzenstück entfallen. Als Gang gilt hierbei die Strecke, auf der die Drahtlücke bei waagerechter Lage der Litze wieder nach oben kommt. Der Restwert wird dann aus dem Winkel abgeschätzt, den die Vektoren der schraubenförmigen Drahtlücke in den Endflächen des Litzenstückes miteinander bilden. Die Vektoren können, wie in Bild 1 ersichtlich

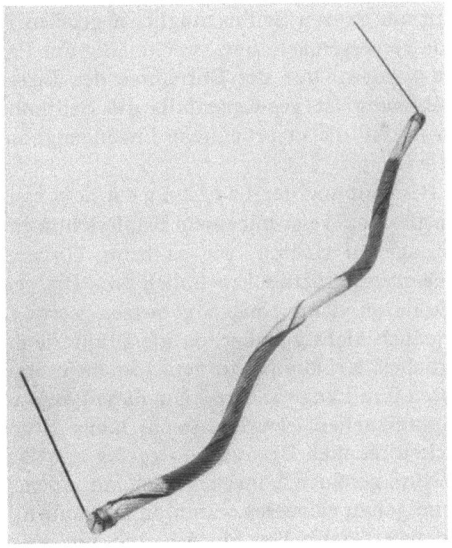

Bild 1. Zur Messung der Ganghöhen vorbereitetes Litzenstück

ist, durch Stäbchen dargestellt werden, die mit Knetgummi aufgesetzt oder mit einem rechtwinklig umgebogenen Schenkel in die Drahtlücke gesteckt werden. Über die Stäbchen kann man gegen einen Kreisbogen mit Winkelteilung visieren und so den Winkel, der dem Restbruchteil eines Ganges entspricht, mit einer Genauigkeit von etwa 10° entsprechend 3% einer Ganghöhe ermitteln, die vollkommen ausreicht, wie noch gezeigt wird. Die so ermittelte Gangzahl sei mit n'_a bezeichnet, wobei a als Kennzeichen der Außenlage diene. Sie könnte als Gangzahl des Drahtes entsprechend dem im Flechtplan gewählten Flechtwinkel gelten, wenn die Litzen ohne jede Verdrehung zum Seil zusammengeschlagen wären. Wie jedoch oben bereits angeführt wurde, findet tatsächlich hierbei eine Verdrehung der Litzen statt. Da die Spulen um 2π anstatt um $2\pi \cos\alpha_L$ zurückgedreht werden, so beträgt die Verdrehung für jeden Litzengang im Seil $(1 - \cos\alpha_L)$ Umdrehung, wo α_L den Flechtwinkel der Litze im Seil darstellt. Bei N Litzengängen wird deshalb die durch diese Ungenauigkeit bedingte Verdrehung der Litze einen Unterschied der Drahtgangzahl $\triangle n_a$ hervorrufen, wo

(1) $$\triangle n_a = N (1 - \cos\alpha_L).$$

Die Zahl n_a der Drahtgänge in der äußern Lage des Litzenstückes, die vor seiner Verflechtung zum Seil vorhanden gewesen ist und als Sollzahl der Drahtgänge gelten kann, ergibt sich dann zu

(2) $$n_a = n_a' \pm N (1 - \cos\alpha_L).$$

Hierin gilt das +-Zeichen für Längs- und das —-Zeichen für Kreuzschlag.

Entsprechend wird nach Abwickeln der Drahtlage, für die die Ganghöhe bestimmt ist, mit der nächstinnern Lage verfahren. Allgemein ergibt sich dann die Sollänge L der Lage zu:

(3) $$L = \sqrt{(n \cdot d \cdot \pi)^2 + l^2}.$$

Eine wichtige Voraussetzung für die einwandfreie Bestimmung der Sollängen in der geschilderten Weise ist die, daß das Litzenstück aus dem Seil in dem Zustande entnommen wird, der der Herstellung entspricht. Sofern nicht das ganze Seil, sondern nur ein Probestück vorliegt, muß damit gerechnet werden, daß das Stück sich aufgedreht, also seine ursprüngliche Flechtung verändert hat. Vor dem Abtrennen eines Probestückes muß daher die Ganghöhe der Litzen am ganzen Seil in möglichst großem Abstande vom Ende gemessen sein und zweckmäßig am Probestück vermerkt werden. Vor der Entnahme des Litzenstückes für die Messung ist gegebenenfalls die Seilprobe soweit zuzudrehen, daß die ursprüngliche Litzenganghöhe wieder hergestellt ist.

Zur Bestimmung der Istlängen liegt es nahe, die Drähte in gleicher Weise mit einem Kupferhammer auf einer Holzunterlage zu richten, wie es beim Vorbereiten der Drahtproben zu Prüfzwecken üblich ist. Die gerichteten Drähte könnten dann einfach gemessen werden. Dieser Weg ist jedoch nicht gangbar, da die Drähte je nach ihrer ursprünglichen Krümmung in verschiedenem Maße durch das Richten ihre Länge ändern. Um diese Längenänderungen zu untersuchen, wurden 50 cm lange Stücke eines 2 mm dicken blanken Drahtes von 175 kg/mm² Festigkeit, nachdem ihre genauen Längen vorher mit einem Endmaß auf 0,1 mm genau gemessen waren, in Schraubenlinien mit verschiedenen Ganghöhen abwechselnd um einen Draht gleichen Durchmessers gewickelt und wieder gerade gerichtet. Nach jedem Richten wurde die Länge erneut gemessen. Das Verhalten der Drahtstücke war je nach der Ganghöhe verschieden, wie Bild 2 erkennen läßt, die die Längenänderungen in Tausendteilen, abhängig von der Zahl der Versuche, wiedergibt. Verlängerungen sind dabei von der Nullinie nach oben, Verkürzungen nach unten aufgetragen. Bemerkenswerterweise zeigte sich nur nach dem Wickeln mit der kleinsten Ganghöhe von 15 mm von Anfang an eine Verlängerung. Schon bei 30 mm Ganghöhe trat zunächst eine Verkürzung ein, die allerdings nach dem 2. Versuch geringer wurde. Eine Verlängerung gegenüber dem Anfangszustande trat jedoch erst mit dem 17. Versuch ein. Bei 45 mm Ganghöhe wurde die stärkste Verkürzung erst nach dem 13. Versuch und bei den größeren Ganghöhen mit 20 Versuchen überhaupt noch nicht erreicht. Die Beobachtung von Verkürzungen scheint sich mit solchen zu decken, die beim maschinellen Richten von Drähten gemacht wurden. Hier soll die Zunahme von Drahtdicken beim Richten beobachtet worden sein, was ebenfalls auf Verkürzungen schließen läßt. Auf die Ursache der Verkürzungen, die jedenfalls in der Änderung des Verhältnisses innerer Spannungen des kalt gezogenen Drahtes durch die Verformung zu suchen ist, braucht hier nicht näher eingegangen zu werden. Die Tatsache verschiedener Längenänderungen beim Richten läßt es jedenfalls geraten erschei-

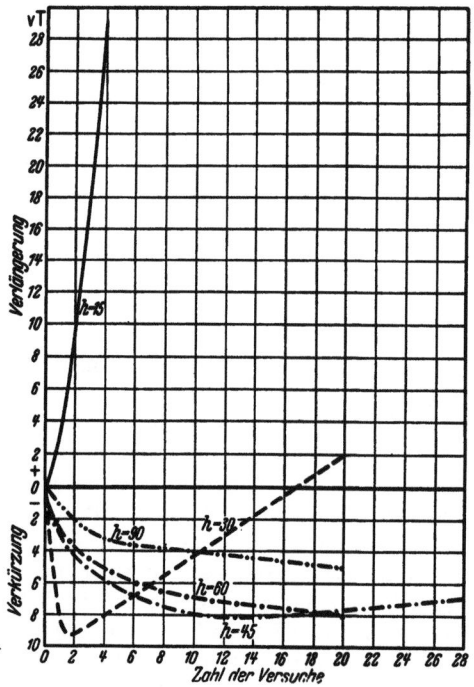

Bild 2. Längenänderungen von Drähten bei wiederholtem Verbiegen und Richten

nen, zu Meßzwecken vom Richten abzusehen, zumal auch schon bei dem ersten Richten erhebliche Unterschiede auftreten.

Für die ungerichteten Drähte kommt ferner die Längenbestimmung mit Hilfe des Gewichtes in Frage. Sie setzt jedoch eine Genauigkeit der Durchmesser-Messung voraus, die praktisch nicht durchführbar ist. Bei einem 3,0 mm-Draht bewirkt ein Fehler im Durchmesser von 0,01 mm einen Längenfehler von 6,7 °/₀₀.

In der Seilprüfstelle der Westfälischen Berggewerkschaftskasse, Bochum, wurde deshalb ein Verfahren gewählt, bei dem die Länge in gleicher Weise aus der Form errechnet wird, wie es zur Ermittlung der Sollängen geschah. Zur genauen Bestimmung der Form wird ein Kasten-Endmaß benutzt, dessen grundsätzliche Ausführung in einer Hälfte in Bild 3 dargestellt ist. Bild 4 zeigt im Lichtbild eine Ausführung. Der Draht wird in einen geraden Kasten gelegt, der zwei verschiebbare, mit Mikrometerschrauben 1 einstellbare Wände 2 besitzt. Die leichte Krümmung, die der Draht außer seiner aus der Litze stammenden Schraubenform hat, verschwindet dabei. Die Wände 2 werden nun mit den Mikrometerschrauben gleichmäßig soweit vorgeschoben, daß die Drahtschraube mit schwachem Druck von den Kastenwänden, die einen quadratischen Querschnitt umschließen, berührt wird. Die Einstellung der Mikrometerschrauben gibt den äußern Durchmesser der Drahtschraube an, von dem man die Drahtdicke abziehen muß, um den mittlern Wickeldurchmesser d zu erhalten. Auf den Draht darf dabei nur ein schwacher Druck ausgeübt werden. Es ist besser, wenn an einigen Stellen ein Spielraum von 0,1 mm vorhanden ist, als wenn der Draht gezwängt wird. Er könnte sonst durch die Reibung an den Kastenwänden verhindert werden, sich genügend in der Längsrichtung auszudehnen, so daß die achsiale Länge der Schraube zu kurz ausfallen würde. Besonders wichtig ist dies bei dünnen Drähten, bei denen leichter Stauchungen der durch Wicklung angenommenen Form vorkommen können als bei dicken Drähten. Nach der Einstellung der Mikrometerschrauben vergewissert man sich durch Hin- und Herschieben des Drahtes davon, daß er keinem nennenswerten Zwang unterliegt und prüft mit einem Spion etwaige Spielräume zwischen Draht und Kastenwand nach. Die achsiale Länge der Drahtschraube wird mit Hilfe von zwei mit Nonien 3 versehenen Anschlägen 4, die auf einer Millimeterskala 5 verschiebbar sind, abgelesen. Es ist

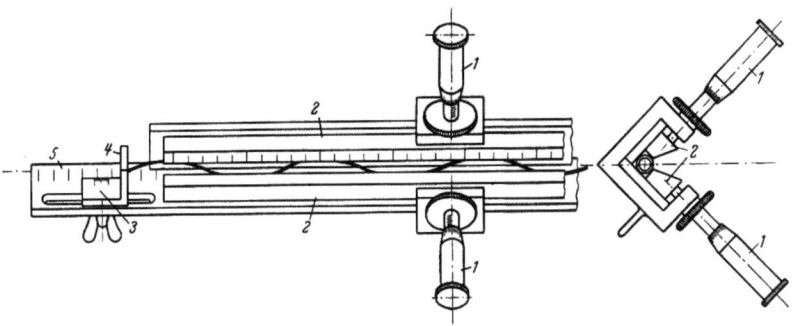

raum von 0,1 mm im Durchmesser zwischen zwei Lagen vor, so hat dieser einen größern Längenunterschied zur Folge als ein Meßfehler von gleicher Größe bei der Bestimmung der Istlänge. Die Genauigkeit der Messung wird dadurch verbessert, daß die Messung an einer Schraube mit kleinerm Wickeldurchmesser durchgeführt werden kann. Beispielsweise hat ein 3 mm dicker Draht der Außenlage einer 37-drähtigen Litze in der Litze einen Wickeldurch-

Bild 3. Kastenendmaß zum Ausmessen einer Schraubenform von Drähten

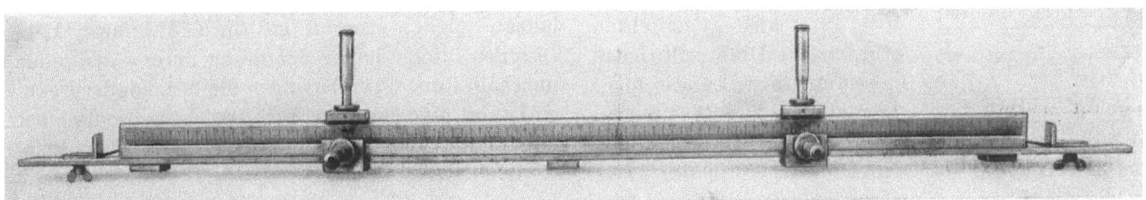

Bild 4. Ausführung eines Kasten-Endmaßes nach Bild 3

absichtlich davon abgesehen, an einem Ende einen festen Anschlag zu benutzen, um dem Draht die Möglichkeit zu lassen, sich nach beiden Seiten etwas auszudehnen, damit die Reibungswiderstände gering bleiben. Zur Bestimmung der Gangzahl wird an der Millimeter-Skala, die auf einer der verschiebbaren Kastenwände 1 angebracht ist, die Länge abgelesen, die auf die vorhandene ganze Zahl von Schraubengängen entfällt. Im Verhältnis dieser Länge zur ganzen achsialen Länge der Drahtschraube wird dann die ganze Zahl der Schraubengänge vergrößert, wobei sich die Gangzahl ergibt, mit der jetzt die Istlänge des Drahtes nach Gleichung 3 berechnet werden kann.

Genauigkeit der Messungen

Bild 5 zeigt den Einfluß eines Meßfehlers bei der Bestimmung des mittlern Wickeldurchmessers. Für Drahtschrauben mit einer achsialen Länge von 1,0 m, Wickeldurchmessern bis 20 mm und Gangzahlen $n = 5, 10, 15$ und 20 sind die Längenunterschiede ermittelt, die durch einen Unterschied des Wickeldurchmessers von 0,1 mm entstehen. Sie sind in Tausendstel der Drahtlänge als Ordinaten aufgetragen, und durch die Endpunkte der Ordinaten sind für gleiche Gangzahlen Kurven gelegt. In dem Bereich, der für dreilagige Litzen von 15 mm Durchmesser und darüber in Frage kommt, sind die Kurven ausgezogen. Darüber hinaus sind sie gestrichelt gezeichnet. Man erkennt, daß die Längenunterschiede sowohl mit zunehmender Gangzahl als auch mit größerm Wickeldurchmesser größer werden. Der letztere Umstand ist insofern vorteilhaft, als die Wickeldurchmesser der Drähte im Litzenverbande größer sind als diejenigen, die die Drähte nach dem Herauslösen aus der Litze aufweisen und die also im Kastenendmaß erfaßt werden. Liegt also in der Litze ein Spiel-

messer von 18,3 mm und etwa 5 Gänge auf 1 m Litzenlänge. Ist der Durchmesser um 0,1 mm größer, so bedeutet das nach Bild 5 eine um $0,46^0/_{00}$ größere Länge. Im Kastenendmaß wird dagegen ein Durchmesser von 8 mm gemessen, bei dem sich für den gleichen Durchmesserunterschied nur eine Mehrlänge von $0,23^0/_{00}$ ergibt. Ein Meßfehler in dieser Größe würde also nur die Hälfte des Längenunterschiedes in der Litze bewirken. Die größern Wickeldurchmesser in der Litze selbst kommen allerdings bei der Bestimmung der Sollängen zur Geltung. Doch sind sie in diesem Fall auch sehr genau festzulegen.

Der Einfluß ungenauer Gangzahlen geht aus Bild 6 hervor. Sie enthält für die auch in Bild 5 gewählten Verhältnisse die Längenunterschiede, die entstehen, wenn der Restbruchteil der Gangzahl um 0,1 Gang falsch ist. Die Längenunterschiede nehmen mit

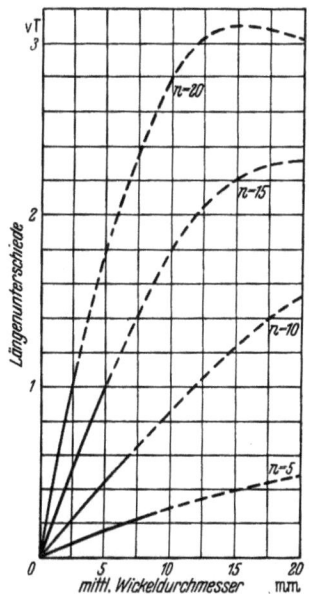

Bild 5. Längenunterschiede von schraubenförmig verbogenen Drähten bei Unterschieden des Wickeldurchmessers von 0,1 mm

zunehmenden Wickeldurchmessern anfangs langsamer, später meistens rascher zu als in Bild 5. Das oben für Fehler im Wickeldurchmesser Gesagte trifft deshalb im verstärkten Maße noch für Fehler in der Gangzahl zu. Insbesondere muß auch hier wieder die der Berechnung der Sollängen zugrunde gelegte Gangzahl im Litzenverbande sorgfältig ermittelt werden. Wie sich oben ergab, ist aber eine Bestimmung des Restbruchteiles der Gangzahl auf 0,03 Gang recht gut möglich, so daß mit entsprechend kleinern Meßfehlern gerechnet werden kann als sie aus Bild 6 hervorgehen.

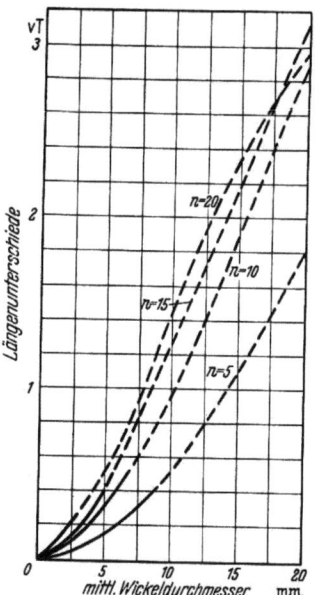

Bild 6. Längenunterschiede von schraubenförmig verbogenen Drähten bei Unterschieden der Gangzahl um 0,1 Gang

Für die Beurteilung der Genauigkeit ist es ferner wichtig, die Größenunterschiede zwischen Ist- und Sollängen von Drähten zu kennen, die für die Haltbarkeit von Seilen von Einfluß sind. Die bisher vorliegenden Versuchsergebnisse gewähren hierfür zunächst nur einen rohen Anhalt. Bei den eingangs erwähnten Dauerbiegeversuchen mit auf- und zugedrehten Stücken eines Drahtseiles hatte das 31 mm dicke Längsschlagseil den Aufbau 6 (1·1,6 + 36 ·1,4) + 1 H. Die Ganghöhen der Drahtlagen in der Litze waren 30, 62, 98 mm. Diejenige der Litzen im Seil war 265 mm. Auf 1 m Litzenlänge entfielen danach in den Drahtlagen von innen nach außen die folgenden Drahtlängen:

1048,2   1042,3   1037,3 mm.

Ferner wurden auf 33 Litzenganghöhen 6 Schläge eingedreht. Die jetzt erforderlichen größern Sollängen auf 1 m Litzenlänge sind:

1050,3   1045,7   1042,1 mm.

Die Unterschiede liegen für die beiden äußern Drahtlagen, auf die es besonders ankommt, etwa bei 4—5 $^0/_{00}$. Die Unterschiede in den Wickeldurchmessern betragen für die mittlere Drahtlage 0,25 und für die äußere 0,6 mm. Diese Unterschiede hatten, wie eingangs erwähnt, Unterschiede in den Biegezahlen bis zum Bruch von 20 und 50 % zur Folge. Bei starken Förderseilen mit kleinern Gangzahlen und größern Wickeldurchmessern verursachen die gleichen Längenunterschiede noch größere Unterschiede im Wickeldurchmesser. Die Spielräume zwischen den Lagen würden also noch größer. Man wird deshalb damit rechnen müssen, daß bei ihnen Längenunterschiede von 3 $^0/_{00}$ schon für die Haltbarkeit nachteilig werden. Solche Unterschiede können aber mit dem Verfahren bei einiger Übung genügend zuverlässig nachgewiesen werden, zumal die Messungen wenigstens für die besonders wichtigen äußern und mittlern Drahtlagen stets an einer größern Zahl von Drähten vorgenommen werden, wobei sich Meßfehler an einzelnen Drähten teilweise ausgleichen. Um einen ausreichenden Maßstab für die Beurteilung der Meßergebnisse zu gewinnen, werden allerdings noch Erfahrungen notwendig sein. Insbesondere gilt dies für Dreikantlitzenseile. Bei Rundlitzenseilen wurden öfter Unterschiede zwischen Soll- und Istlängen gefunden, die den Wert von 3 $^0/_{00}$ überschritten. Bemerkenswerterweise wurden auch öfter Istlängen gefunden, die bis zu etwa 2 $^0/_{00}$ kleiner als die Sollängen waren. Es scheint danach möglich zu sein, daß die Drähte einer Lage beim Verseilen infolge hoher Spannung unter Umständen nicht innerhalb ihres Zylinderringes bleiben, sondern von Draht zu Draht der darunterliegenden Lage sich einer Sehne nähern und außerdem auch noch merkbar elastisch gedehnt werden.

Zusammenfassung

Wegen der unzweifelhaften Bedeutung einer festen Flechtung von Drahtseilen für ihre Haltbarkeit ist eine Prüfung der Flechtung wünschenswert. Unter den verschiedenen Möglichkeiten für eine solche Prüfung verspricht ein Vergleich der erforderlichen Sollängen mit den wirklich vorhandenen Istlängen der Drähte auf einer bestimmten Seilstrecke die zuverlässigsten Ergebnisse für eine zahlenmäßige Bewertung. Die genannten Längen sind einerseits aus der erforderlichen geometrischen Form der Drähte im Seil oder der Litze zu bestimmen, andererseits aus derjenigen Form, die sie annehmen, wenn sie aus dem Seilverbande herausgelöst sind. Für die letztere Bestimmung hat sich ein entsprechend ausgeführtes Kasten-Endmaß als zweckmäßig erwiesen.

AUFTRAGSCHWEISSUNGEN AN MASCHINENTEILEN FÜR FÖRDEREINRICHTUNGEN

Von Dipl.-Ing. **W. Knepper**, Seilprüfstelle der Westfälischen Berggewerkschaftskasse Bochum

Die Schweißtechnik ist in vielen Fällen die einzige Retterin aus größter Betriebsnot und hat heute auch für Ersparnisse von Eisen starke Bedeutung gewonnen. Sie ist unentbehrlich im Kampf gegen den Verschleiß unserer Maschinen. Sie gestattet beim Bruch von Maschinen in vielen Fällen eine Wiederherstellung derselben mit wenig Kosten und in kürzester Zeit. Die Verbindungsschweißungen beim Bau neuer Maschinenteile oder Eisenkonstruktionen und das Schweißen von Brüchen ist im Bergbau an vielen Betriebseinrichtungen üblich. Auch Auftragschweißungen werden in vielen Fällen mit Erfolg angewandt. Mehrere der Seilprüfstelle in Bochum bekannt gewordene Fälle geben jedoch Veranlassung darauf hinzuweisen, daß man nicht vorbehaltlos abgenutzte oder zu schwache Ma-

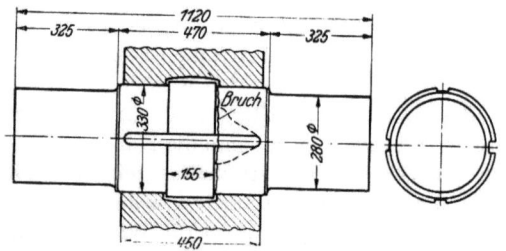

Bild 1. Gebrochene Seilscheibenachse (Nr. 1)

schinenteile aufschweißen und durch Bearbeitung wieder auf Maß bringen kann. Die drei im folgenden beschriebenen Fälle lassen erkennen, daß Auftragschweißungen an

Werkstücken, die stark wechselnden Beanspruchungen, vor allem wechselnden Biegebeanspruchungen wie bei Wellen oder Achsen unterliegen, leicht zu einer Gefährdung der Maschinenlage führen können.

In einem Falle wurden die Bruchstücke einer 330 mm starken Seilscheibenachse eingeliefert. Die Abmessungen der Achse und die Lage des Bruches sind aus Bild 1 zu ersehen. Im Nabensitz, dicht neben dem Wulst, war der

Bild 2. Bruchfläche mit Winkelgrund des Wulstansatzes, Achse Nr. 1

Bruch entstanden. Die Bilder 2 und 3 lassen erkennen, daß der Bruch nicht genau vom Winkelgrund des Wulstansatzes ausging, sondern daß er etwa 1—2 mm daneben im Nabensitz entstanden ist. Weiter sind in Bild 2 deutlich Drehriefen erkennbar. Bild 4 gibt die Bruchfläche wieder. Von mehreren Stellen des Umfangs ausgehend hat sich ein Dauerbruch gebildet. Den größten Teil des Querschnittes nehmen glatte Anrißflächen ein. Nur noch der linsenför-

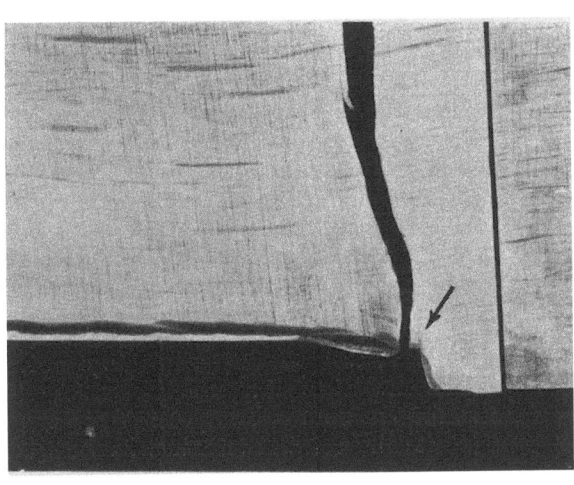

Bild 3. Makroskopisches Ätzbild eines Längsschliffes durch Schweiße und Bruch. Achse Nr. 1

mige Teil in der Mitte der Achse zeigt kristallines Korn. Dieser Teil, der Restbruch, hat also allein noch bis kurz vor dem Bruch zusammengesessen. Er ist klein im Verhältnis zum ganzen Querschnitt der Achse, ein Zeichen dafür, daß die Welle nur geringe Beanspruchungen auszuhalten hatte.

Aus beiden Wellenbruchstücken wurden Segmente in Längsrichtung herausgesägt. Diese wurden auf den Längsflächen mit Kupfer-Ammoniumchlorid zur makroskopischen Untersuchung geätzt. Bild 3 gibt die zusammen-

gelegten Längsschliffe in verkleinertem Maßstab wieder. Auf dem unveränderten Grundmaterial (Zone 1) ist eine dunkler gefärbte Zone (2) zu erkennen, an die sich dann am Rand eine helle (3.) Zone von wechselnder Stärke (2—3 mm)

Bild 4. Bruchfläche der Achse Nr. 1

anschließt. Durch weitere metallographische, chemische und mechanische Prüfungen war einwandfrei nachzuweisen, daß der Nabensitz der Welle durch eine elektrische Auftragschweißung verstärkt war.

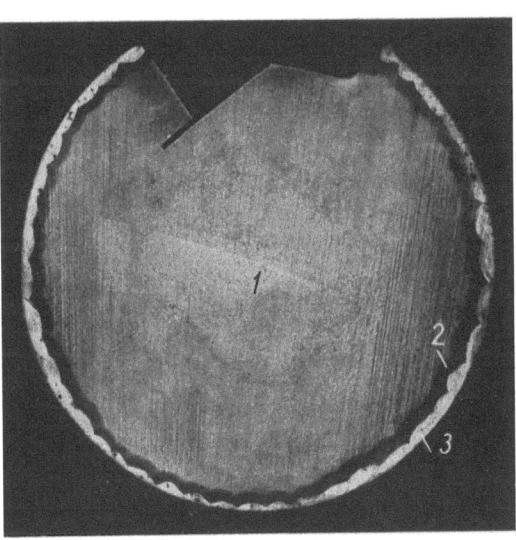

Bild 5. Makroskopisches Ätzbild eines Querschliffes. Achse Nr. 2

Eine 110 mm starke Seilscheibenachse eines Blindschachtes war stark verschlissen und wurde durch eine elektrische Auftragschweißung mit einer ähnlichen Schweiße wie auch die stärkere Welle ausgebessert. Nach kurzer Betriebszeit war ein ähnlicher Dauerbruch wie im vorerwähnten Fall entstanden. Bild 5 gibt einen Querschliff, der mit Kupfer-Ammoniumchlorid geätzt ist, in verkleinertem Maßstab wieder. Man erkennt deutlich die drei oben erwähnten Zonen.

Die Analyse des Grundwerkstoffes und die der Schweiße beider Wellen sind aus der folgenden Zahlentafel zu ersehen. Weiter sind die Ergebnisse der mechanischen Prüfungen angegeben. Die stärkere Welle wurde mit 1 und die schwächere mit 2 bezeichnet.

Analysen

Welle		P %	Si %	Mn %	P %	S %	P+S %
1	Grundwerkstoff	0,54	0,30	0,27	0,030	0,031	0,061
	Schweiße . . .	0,03	0,01	0,01	0,013	0,010	0,023
2	Grundwerkstoff	0,43	0,28	0,63	0,025	0,042	0,067
	Schweiße . . .	0,08	0,02	0,48	0,017	0,023	0,040

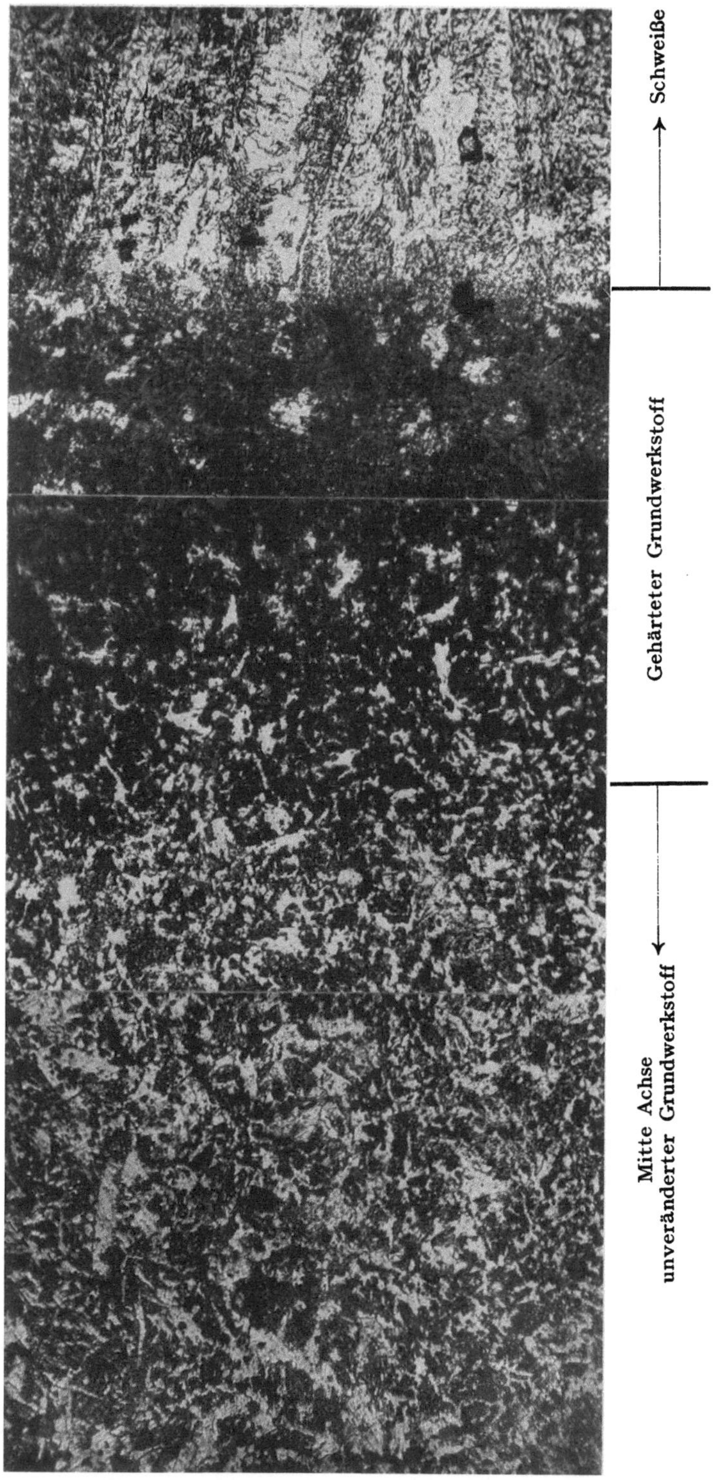

Mechanische Prüfungen

Welle	Zugfestigkeit σB kg/mm²	Dehnung δ_{10} %	Einschnürung ψ %	Kerbzähigkeit mkg/cm²
1	55,6	19,7	49	4,2
2	70,2	13,1	42,2	3,4

Bild 6 gibt in 150facher Vergrößerung die Gefüge der einzelnen Zonen der stärkeren Welle wieder, und zwar von unten nach oben: Grundwerkstoff Zone 1, dunkel gefärbte Zone 2 und Auftragschweiße Zone 3. Durch die örtlich begrenzt wirkende Erwärmung des Grundwerkstoffes beim Schweißvorgang war die bei beiden Wellen erkennbare dunkel gefärbte Zone 2 entstanden. Von der durch den Schweißvorgang stark erwärmten Stelle wurde die Wärme durch die große Masse der Welle schnell abgeleitet, so daß eine Abschreckung und damit Härtung des Werkstoffes eintrat. Diese ist in Bild 6 in 150facher Vergrößerung zu erkennen. Es handelt sich um ein troosto-sorbitisches Härtungsgefüge, dessen Brinellhärte zu 256 gegen 151 Einheiten des Grundwerkstoffes festgestellt wurde.

Früher wurde vermutet, daß die größere Härte dieser Schicht eine geringere Dauerfestigkeit habe und von ihr aus die Anrisse mit den folgenden Dauerbrüchen ihren Ausgang nähmen. Nach der neueren Forschung, vor allem durch die Arbeiten[1] von Ehrt und Kühnelt ist das häufige Versagen von auftraggeschweißten Wellen jedoch auf andere Ursachen zurückzuführen. Die Verfasser der erwähnten Arbeit haben an Probestäben, die aus den drei oben bezeichneten Zonen entnommen waren, die Dauerfestigkeit bestimmt. Hierbei stellten sie fest, daß die äußere Schweiße wegen der mehr oder minder größeren Poren eine kleine Dauerfestigkeit hat. Die darunterliegende Zone, die gehärtete dunkle Zone 2, hat eine höhere Dauerfestigkeit, aber größere Kerbempfindlichkeit, herrührend von kleinen Poren, die von der Schweiße aus in die gehärtete Zone hineinreichen. Außerdem wurde nachgewiesen, daß zwischen den einzelnen Zonen Spannungen auftreten, die bedingt sind durch die verschiedenen Ausdehnungskoeffizienten, die der Grundwerkstoff einerseits und andererseits die gehärtete Zone auch noch gegenüber der Schweiße haben. Weiter sind in der genannten Arbeit die Zusammenhänge zwischen Grundwerkstoff und den verschiedenen Schweißen, die Einflüsse der Temperatur-Ableitung von der Schweißstelle und die Einflüsse der verschiedenen Formen der Übergänge von der ursprünglichen zur aufgetragenen Oberfläche untersucht. Bei der Übertragung ihrer Versuchsergebnisse an Probestäben auf Achsen und Wellen folgern die Verfasser: „Eine Auftragschweißung auf einem Wellenstück, wie sie üblicherweise vorgenommen wird, hat gegenüber der Dauerfestigkeit des Stahles eine stark verminderte Dauerhaltbarkeit der Welle zur Folge. Diese ist zwar nicht so klein wie bei den geprüften Probestäben, man kann aber annehmen,

Bild 6. Mikroskopisches Ätzbild durch Grundwerkstoff, gehärtete Zone und Schweiße. Achse 1, 150fache Vergrößerung

---

[1] Dr.-Ing. Ehrt und Dr.-Ing. Kühnelt: Der Einfluß einer Auftragschweißung auf die Dauerhaltbarkeit von Stahlwellen. Masch.-Schad. 1936 Nr. 4.

daß die Dauerhaltbarkeit einer auftraggeschweißten Welle bei ¼ bis ½ der Dauerfestigkeit des Grundwerkstoffes liegt, wobei der Wert ½ für Stähle kleiner Festigkeit gilt. Als Dauerfestigkeit ist hierbei die reine Werkstoffeigenschaft anzusehen, wie sie an polierten Probestäben festgestellt wird."

Weiter folgern Erth und Kühnelt: „Eine Auftragschweißung soll nicht vorgenommen werden an Wellen, die hoch beansprucht sind und zu dem Zweck aus hochwertigem Stahl sorgfältig konstruiert und bearbeitet werden."

Ferner:

„Bei kleinem Wellendurchmesser ist eine Auftragschweißung eher zulässig als bei großem Wellendurchmesser, da bei dünnen Wellen die Abnahme der Dauerhaltbarkeit durch die Auftragschweißung infolge einer günstigeren Spannungsverteilung kleiner ist als bei dickeren.

Hat der Werkstoff der Welle einen kleinen C-Gehalt, so ist die Auftragschweißung weniger gefährlich als bei hohem C-Gehalt des Wellenwerkstoffes."

Aus diesen Folgerungen ist zu erkennen, daß Auftragschweißungen an Seilscheibenachsen oder an ähnlichen, für die Betriebssicherheit von Bergwerksanlagen überaus wichtigen Maschinenelementen eine durchaus zweifelhafte Angelegenheit sind. Es wurde nachgewiesen, daß selbst bei sorgfältigster Auswahl des Elektroden-Werkstoffes und sachgemäßer Schweißung, ja sogar auch bei entsprechender Wärmebehandlung die Auftragschweißung keine Gewähr bietet, daß die instandgesetzten Wellen wieder ausreichende Dauerfestigkeit haben. Falls deshalb aus betrieblichen Gründen (mangelnder Ersatz) doch die Auftragschweißung angewendet werden muß, so ist damit zu rechnen, daß schon nach verhältnismäßig kurzer Zeit die Wellen unbrauchbar werden können. Es sollte deshalb in solchen Fällen für schleunigste Beschaffung einwandfreier neuer Wellen gesorgt werden, um die ausgebesserten Wellen wieder auswechseln zu können.

Wie bei den aus höher gekohlten Werkstoffen bestehenden Wellen Auftragschweißungen zu unangenehmen Folgen führen können, so können sie auch leicht bei weichem kohlenstoffarmem Stahl zu Brüchen führen. Ein Beispiel hierfür bietet ein Haupt-Bremshebel einer elektrischen Fördermaschine, den man im gefährlichen Querschnitt (Bild 7) durch Auftragschweißung verstärkt hatte. Der Bremshebel war ohne Verstärkung jahrelang ohne Anständen an der gleichen Maschine verwandt worden. Die Auftragschweißung war ohne Entfernung der Rostschicht auf den Schmalseiten des rechteckigen Hebelquerschnittes aufgetragen. Aus diesem Grunde war die Verschweißung mit dem Grundwerkstoff mangelhaft. Am Übergang von der Schweiße zum Grundwerkstoff hatten sich beim Schweißen Poren gebildet, die in den Grundwerkstoff hineinreichen. Eine Härtung des Grundwerkstoffes oder andere Veränderungen des Gefüges in der Nähe der Schweißung konnten in Anbetracht des kohlenstoffarmen Stahles nicht eintreten. Der Bremshebel brach in der aus Bild 8 ersichtlichen Art nach einer Betriebszeit von einigen Jahren, während der die Förderanlage nur gering benutzt wurde. Offenbar hatten sich an den durch die Schweißung entstandenen Poren, von beiden Schmalseiten des Bremshebels ausgehend, Dauerbrüche gebildet, die zum Bruch führten. Es ist dies ein Fall, der zeigt, daß erst durch die mangelhafte Auftragschweißung die Dauerfestigkeit des Werkstückes herabgesetzt wurde.

Es ist weiter darauf hinzuweisen, daß Auftragschweißungen an zu dünn gewordenen korrodierten Dampfkessel-

Bild 7. Gebrochener aufgeschweißter Hauptbremshebel einer elektrischen Fördermaschine

Bild 8. Bruchfläche des gebrochenen Hauptbremshebels

blechen zu vermeiden sind. Besser werden in solchen Fällen neue Blechstücke mit sorgfältig ausgewähltem Elektroden-Werkstoff (austenitischen Sonder-Elektroden) eingeschweißt. Diese Fragen des Kesselbaues und die des Rohrschweißens werden in sorgfältiger Überwachung und Forschung durch die Kesselvereine und betreffenden Baufirmen verfolgt, so daß hierauf an dieser Stelle weiter nicht eingegangen wird.

Kurz soll noch auf die großen Anwendungsgebiete hingewiesen werden, bei denen die Auftragschweißung im Bergbau heute nicht mehr zu entbehren ist. Schwächere Achsen von Gruben-Lokomotiven werden mit gutem Erfolg bei Verwendung geeigneter umhüllter austenitischer Elektroden und entsprechender Schweißtechnik an Lagerstellen durch Aufschweißen ausgebessert. Zu nennen ist in diesem Zusammenhang auch das Auftragschweißen an der Lauffläche und an Naben von Lokomotiv- und Kran-Rädern. Kettensterne der Kettenbahnen und Vierkantsterne der Becherwerke, die starkem Verschleiß unterliegen, werden häufig und mit gutem Erfolg durch Auftragschweißung ausgebessert. Seilscheibenrillen werden mit Vorteil durch elektrische Auftragschweißung verstärkt. Nach entsprechender Bearbeitung durch Drehen oder Ausschmirgeln haben die so ausgebesserten Rillen einen befriedigenden Verschleißwiderstand gezeigt. Verschlissene Weichenzungen und abgenutzte Gewindezapfen oder das Aufschweißen von Riffelblechen sind einige weitere Beispiele. Darüber hinaus können viele Maschinenteile, die nur statisch belastet sind, durch Auftragschweißung ausgebessert werden.

Zusammenfassung

Die aufgeführten Beispiele von Auftragschweißung an Maschinenteilen des Bergbaues sollen ein Beitrag sein, die Grenzen für die Anwendung der Auftragschweißung zu klären. Die Ausführungen sollen warnen, Maschinenteile aus hoch gekohltem Werkstoff und größeren Abmessungen, die wechselnden Beanspruchungen ausgesetzt sind, durch Auftragschweißungen auszubessern oder zu verstärken.

Auch bei dem heute zur Verfügung stehenden Schweißwerkstoff und der dabei angewandten Schweißtechnik ist immer noch mit vorzeitigem Schadhaftwerden von auftraggeschweißten Maschinenteilen zu rechnen. Da bei Brüchen an derartigen Maschinenteilen unübersehbare Schäden für die Förder- oder sonstigen Maschinenanlagen eintreten können, sollte man in den angeführten Fällen von Auftragschweißungen absehen. Nur Ersatzschwierigkeiten sollten Grund für die Anwendung der Auftragschweißung sein, wobei dann aber für schleunigste Beschaffung einwandfreier neuer Maschinenteile gesorgt werden muß, damit die auftraggeschweißten Werkstücke außer Betrieb gesetzt werden können.

PRÜFUNG UND ÜBERWACHUNG DER BERGWERKSSEILE IM BETRIEB

Von Oberingenieur Dipl.-Ing. **R. Meebold**, Seilprüfstelle der Saargruben-Aktiengesellschaft, Saarbrücken

Die Prüfung der Förderseile vor dem Auflegen beschränkt sich im allgemeinen auf die bergbehördlich vorgeschriebenen Zug- und Biegeversuche an den einzelnen Drähten, die zweckmäßig noch durch Verwindeversuche ergänzt werden. Bei Unterseilen, Schwebebühnenseilen, Bremsberg- und Streckenförderseilen wird vielfach nur ein Zugversuch im ganzen Strang zum Nachweis der Tragfähigkeit vorgenommen. Für Förder- und Unterseile in Seilfahrtschächten wird außerdem noch von der Lieferfirma eine sog. „Werksbescheinigung" ausgestellt, die eine Garantie für die einwandfreie Beschaffenheit der Drähte und des Seiles darstellt.

Prüfungsergebnisse und Werksbescheinigung gewährleisten aber lediglich eine gewisse Sorgfalt bei der Herstellung und Auswahl der Drähte. Dagegen haben die Erfahrungen der letzten Jahre, die insbesondere auch durch Dauerbiegeversuche an Seilen unterstützt wurden, gezeigt, daß sich aus den Ergebnissen der Kurzversuche nur wenig über die zu erwartende Bewährung eines Seiles im Betrieb sagen läßt. Einmal ist die Beanspruchung der Drähte im Seil vollkommen anders als bei den Kurzversuchen, weiter ist aber auch der Einfluß der Flechtung sehr wesentlich.

Im Gegensatz zu andern tragenden Teilen einer Fördereinrichtung werden nun die Drähte eines Seiles durch die beim Biegen auftretenden Beanspruchungen und gegebenenfalls durch Schwingungsbeanspruchungen in jedem Fall über ihre Dauerfestigkeit beansprucht. Sie werden also, da die Beanspruchungen im Bereich der Zeitfestigkeit liegen, nach kürzerer oder längerer Betriebszeit brechen, sofern das Seil nicht vorher durch andere Einflüsse, wie Rost, Entformungen oder gewaltsame Beschädigungen, unbrauchbar wird. Durch die Einwirkung von Rost und Verschleiß kann das Entstehen von Drahtbrüchen noch beschleunigt werden. In Betrieben, in denen ein Seilbruch in sicherheitlicher und wirtschaftlicher Hinsicht unter allen Umständen verhindert werden muß, ist also eine ständige Prüfung und Überwachung der Seile während der ganzen Betriebszeit unerläßlich.

Nach der Inbetriebnahme sind Zerstörungsprüfungen nur bei Trommelseilen möglich, bei denen am Einbandende auf Kosten der auf der Trommel liegenden Reservewindungen ein Probestück entnommen werden kann. Auf den ersten Blick erscheint es zwecklos, ein Probestück zu prüfen, das den am deutlichsten ins Auge fallenden Beanspruchungen eines Seiles, den Biegungen über die Scheiben, gar nicht ausgesetzt war. In Wirklichkeit werden aber beispielsweise Schachtförderseile gerade im Einband und auf der unmittelbar darüber befindlichen Strecke durch Schwingungen oft sehr stark beansprucht.

Solche Einbanderneuerungen und Prüfungen werden bei Trommelförderseilen in regelmäßigen Zeitabständen, meist vierteljährlich, vorgenommen. Wesentlich ist dabei in erster Linie das Entfernen der am stärksten beanspruchten Strecke und ihr Ersatz durch eine bis dahin weniger beanspruchte. Die Untersuchung des abfallenden Seilstückes gibt dann in gewissem Sinne Aufschluß über die Veränderung des Seiles während der Betriebszeit. Man kann durch Aufflechten des Seilstückes vor allen Dingen etwaige äußerlich nicht erkennbare Drahtbrüche feststellen. Weiter werden an den einzelnen Drähten Zug- und Biegeversuche durchgeführt. Durch Vergleich der Prüfungsergebnisse mit denen des neuen Seiles läßt sich die Veränderung der Drähte durch Rost und Verschleiß, die ja Bruchbelastung und Biegefähigkeit herabsetzen, zahlenmäßig erfassen. Von Verwindeversuchen sieht man bei diesen Prüfungen ab, weil die Verwindefähigkeit schon durch verhältnismäßig kleine Oberflächenverletzungen fast vollkommen verlorengehen kann.

Allerdings gibt diese Prüfung keine Anhaltspunkte für die Beschaffenheit des Seiles auf den Strecken, die den Schwingungsbeanspruchungen nicht ausgesetzt, dafür aber durch das Biegen über die Scheiben beansprucht werden. Auch Rost und Verschleiß können auf der ganzen Seillänge verschieden stark sein. Während also die Prüfung vor dem Auflegen für die Beschaffenheit des ganzen Seiles maßgebend ist, weil der Draht auf der ganzen Länge als hinreichend gleichmäßig angenommen werden kann, ist dies jetzt nicht mehr der Fall. Bei andern Seilen, insbesondere bei Koepeförderseilen und Unterseilen, entfällt diese Art der Prüfung nach dem Auflegen ohnehin, da ein Kürzen hier nicht möglich ist.

Zu der nur teilweise und in beschränktem Umfang möglichen objektiven Prüfung, bei der das Ergebnis zahlenmäßig festliegt, muß also eine subjektive durch äußere Besichtigung des Seiles auf der ganzen Länge treten. Das Ergebnis ist hier abhängig von der persönlichen Urteilskraft des Prüfers, nur in Sonderfällen können dessen Feststellungen durch ein objektives zerstörungsfreies Prüfverfahren, die elektromagnetische Untersuchung, ergänzt werden. Äußerlich sichtbar sind in jedem Falle nur die Außendrähte, die ja, je mehr Drahtlagen das Seil hat, einen um so kleineren Bruchteil aller Drähte ausmachen. Bei Litzenseilen kommt noch dazu, daß auch die Außendrähte teilweise im Inneren verlaufen. Nur über den Zustand der äußerlich sichtbaren Drähte kann man zunächst unbedingt sichere Aussagen machen. Aus dem äußeren Zustand kann jedoch sehr weitgehend auch auf die Beschaffenheit im Inneren geschlossen werden, da sich eine innerliche Beschädigung oder Zerstörung in den meisten Fällen in irgendeiner Form auch äußerlich bemerkbar machen wird. Immerhin ist für die richtige Beurteilung eine gewisse Erfahrung notwendig.

Bild 1. Klankenbildung

Es ist nun natürlich nicht möglich, daß die beispielsweise bei Förderseilen in Hauptschächten täglich, wöchentlich und sechswöchentlich jeweils genauer vorzunehmenden Prüfungen durch besondere Sachverständige, also durch die Seilprüfstellen, ausgeführt werden. Diese Prüfungen müssen vielmehr die Betriebsbeamten vornehmen. Wesentlich ist also, daß der Betriebsbeamte, der die Verantwortung für die Seile trägt, sich auch eine gewisse Erfahrung und Urteilsfähigkeit aneignet und daß er insbesondere die Veränderungen stets von selbst einen Seilfachmann befragen.

Sehr wichtig bei der Beurteilung von Seilen ist der Einfluß der Drahtbrüche. Das Auftreten von Drahtbrüchen, die als Dauerbrüche ausgebildet sind, ist ein Zeichen dafür, daß das Arbeitsvermögen der Drähte erschöpft, daß der Werkstoff also ermüdet ist. Hier zeigt sich nun ein wesentlicher Unterschied zwischen Seilen und andern Konstruktionsteilen. Wenn ein anderes Maschinenelement einen Anriß bekommt, dann ist der Bruch unvermeidlich. Ein Seil besteht dagegen aus zahlreichen Drähten, die als Einzelfasern wirken. Wenn in einem Querschnitt mehrere Drähte gebrochen sind, dann tragen die restlichen noch mit ihrer vollen Tragkraft. Die Schwächung ergibt sich also aus dem Verhältnis des Querschnitts der gebrochenen Drähte zum metallischen Querschnitt des unversehrten Seiles. Die restlichen Drähte werden dann allerdings entsprechend höher belastet. Weiter ist zu beachten, daß ein Draht, der an einer Stelle gebrochen ist, infolge der durch die Verseilung bewirkten Reibung im Seilverband in einer verhältnismäßig kurzen Entfernung vom Bruch wieder vollkommen mitträgt. Auf diese Weise erklärt es sich, daß ein beispielsweise aus 220 Drähten bestehendes Litzenseil bei entsprechender Länge tausend und mehr Drahtbrüche aufweisen kann, ohne wesentlich geschwächt zu sein, sofern die Brüche einigermaßen gleichmäßig verteilt liegen. Dabei ist natürlich ein und derselbe Draht auf der ganzen Länge mehrmals gebrochen.

Bild 2. Schraubenartige Entformung

Grenzen kennt, bei denen er von sich aus keine Verantwortung mehr übernehmen kann und die Begutachtung durch einen Sachverständigen einer Seilprüfstelle verlangen muß. An der Ausbildung der Betriebsbeamten in dieser Hinsicht müssen vor allen Dingen die Seilprüfstellen durch geeignete Vorträge, Herausgabe von Merkblättern und Veröffentlichungen in Fachzeitschriften mitarbeiten. Wesentlich ist auch, daß der einzelne Betriebsbeamte bei Seilbesichtigungen durch den Sachverständigen unterwiesen und auf vorhandene und mögliche Fehler aufmerksam gemacht wird. In erster Linie muß also bei dem Betriebsbeamten die Beobachtungsgabe geschult werden, damit er auch kleine und scheinbar unwesentliche Veränderungen am Seil zur Kenntnis nimmt. Wenn ihm die Erfahrung fehlt, diese Veränderungen selbst sicher zu beurteilen, dann muß er einen Sachverständigen hinzuziehen.

Auffallende Schäden, die bei einiger Aufmerksamkeit wohl ohne weiteres bemerkt werden, sind beispielsweise Entformungen. Die hauptsächlich vorkommenden Entformungen sind bei Rundseilen Klanken und schraubenartige Entformungen. Bild 1 gibt eine derartige Klanke wieder, die durch Auswirkung des Dralles bei einer vollkommenen Entlastung des Seiles entsteht. Bild 2 zeigt eine schraubenartige Entformung, einen sog. Korkenzieher. Bei Flachseilen kommen öfters Ausbuchtungen und Verwerfungen vor. Derartige Schäden bedeuten fast nie eine unmittelbare Gefahr oder eine stärkere Schwächung, weil meist keine tragenden Drähte verletzt sind. Der prüfende Betriebsbeamte wird aber über derartige ins Auge fallende

Wenn alle Drähte eines Seiles an jeder Stelle gleich stark beansprucht würden, wenn das Seil also vollkommen ideal hergestellt wäre, dann müßten theoretisch bei Ermüdung des Drahtwerkstoffes plötzlich überall in ziemlich rascher Reihenfolge Drahtbrüche entstehen, die dann innerhalb kurzer Zeit ein gefährliches Ausmaß annehmen würden. Das Intervall der Belastungswechsel vom ersten

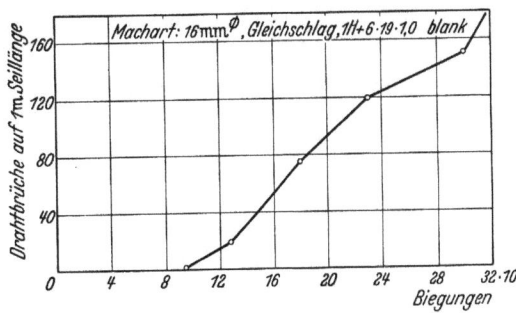

Bild 3. Zerstörungsverlauf eines Seiles durch Drahtbrüche

Drahtbruch bis zum Bruch des Seiles würde also nur dem Streugebiet der zum Bruch nötigen Belastungswechsel eines Drahtes bei der betreffenden Beanspruchung im Bereiche der Zeitfestigkeit entsprechen. Dies ist nun in der Praxis nicht der Fall. Die einzelnen Drähte eines Seilquerschnittes werden schon unter dem Einfluß der Flechtung verschieden beansprucht. Auch sind die Beanspruchungen auf der ganzen Länge des Seiles beispielsweise durch die wechselnde

Größe des Ablenkwinkels und verschieden starke Schwingungen nicht gleichmäßig. Dies führt dazu, daß die Drahtbrüche nicht sprunghaft, sondern ziemlich stetig zunehmen. Bild 3 zeigt den Verlauf der Zerstörung eines Seiles durch Drahtbrüche bei einem Dauerbiegeversuch. Auf der Abszisse ist die Zahl der Belastungswechsel, auf der Ordinate die zugehörige Drahtbruchzahl aufgetragen. Durch diese Eigenschaft ergibt sich aus der Zahl der Drahtbrüche und der Geschwindigkeit ihrer Zunahme also bis zu einem gewissen Grad wieder ein objektives Kriterium für den Zustand des Seiles. Voraussetzung ist dabei allerdings, daß das Seil in bezug auf Rost, Verschleiß und Flechtung noch ganz einwandfrei ist. Das Kriterium für die Schwächung ist dabei aber nicht die absolute Drahtbruchzahl, sondern die auf eine bestimmte kritische Seillänge entfallende Drahtbruchzahl an der Stelle, an der die Brüche am dichtesten liegen.

Günstig für die Beurteilung ist die Tatsache, daß in den meisten Fällen lediglich die Außendrähte brechen, da sie normalerweise stärker beansprucht sind als die übrigen Drähte. Nun kommt es allerdings auch vor, daß Drähte der inneren Drahtlagen von Litzenseilen zuerst brechen. Verhältnismäßig häufig sind dabei Brüche in der mittleren von 3 Drahtlagen in der Litze. Die Erfahrung hat hier gezeigt, daß zunächst ein solcher Drahtbruch im Inneren des Seiles nach verhältnismäßig kurzer Zeit auch ein Brechen des darüberliegenden Außendrahtes zur Folge hat. Der Drahtbruch im Inneren ist dann durch die Bruchlücke des Außendrahtes sichtbar. Bild 4 gibt eine derartige Stelle

Bild 4. Brüche in der mittleren Drahtlage

eines Förderseiles wieder. Es sind also nicht wesentlich mehr innere Drähte gebrochen, als äußerlich zu erkennen ist. Je länger das Seil aber in Betrieb bleibt, desto ungünstiger wird das Verhältnis der sichtbaren zu den unsichtbaren Drahtbrüchen. Die Beurteilung solcher Seile wird also mit fortschreitender Betriebszeit immer unsicherer. Hier kann nun eine Prüfung durch ein elektromagnetisches Verfahren einsetzen, durch das es möglich ist, einen sicheren Überblick über die Anzahl und Verteilung der inneren Drahtbrüche zu gewinnen. Besonders wichtig ist ein solches Verfahren für die Beurteilung von mehrlagigen Litzenseilen, bei denen sich Beschädigungen der inneren Litzen kaum nach außen bemerkbar machen werden.

Eine andere Art äußerlich nicht erkennbarer Drahtbrüche, die bei Förderseilen vorkommen und durch Schwingungsbeanspruchungen hervorgerufen werden, sind Brüche von Außendrähten auf den Strecken unmittelbar über dem Einband, die nicht über die Seilscheiben gekrümmt werden. Die Drähte brechen hier nicht am Seilumfang, sondern an den Litzenberührungsstellen, wo zusätzliche seitliche Druckbeanspruchungen durch die Nachbarlitzen auftreten. Die Drahtbruchenden werden zwischen die Litzen eingeklemmt, die Brüche sind also äußerlich nicht oder in ganz geringer Zahl zu erkennen. Wenn sich auf diesen Strecken vereinzelt derartige Drahtbrüche zeigen, dann ist höchste Vorsicht geboten, weil unter Umständen schon mehrere hundert unerkannte Brüche vorhanden sind. Man wird hier, um klar zu sehen, den Seileinband vollkommen lösen und das Seilende im Sinne der Schlagrichtung der Litzen etwas aufdrehen. Die Litzen heben sich dabei voneinander und von der Hanfseele ab, wobei die Drahtbruchenden an die Oberfläche des Seiles federn. Bild 5 zeigt eine derartige Stelle

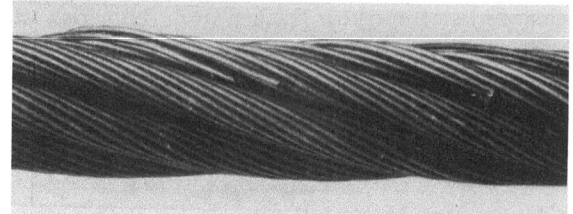

Bild 5. Brüche von Außendrähten an der Litzenberührungsstelle

nach dem Aufdrehen, die Brüche waren vorher nicht sichtbar. Bei stark beanspruchten Förderungen nimmt man solche Untersuchungen zweckmäßig auch ohne äußeren Anlaß nach einer bestimmten Betriebszeit in gewissen Zeitabständen vor. Diese Brüche lassen sich natürlich auch auf elektromagnetischem Wege nachweisen. In jedem Falle muß aber außerdem noch der Einband geöffnet werden, schon um etwaige ebenfalls durch dynamische Beanspruchungen hervorgerufene Beschädigungen im Einband selbst feststellen zu können.

Eine Gefahr, deren Erkennen vielfach eine große Erfahrung voraussetzt, ist die Schwächung durch Rostangriff. Die Querschnittsabnahme der Außendrähte durch Rost führt zu einer Lockerung und damit Entlastung dieser Drähte, was eine Verlagerung in der Belastungsverteilung zu Ungunsten der inneren Drähte zur Folge hat. Die entlasteten Außendrähte zeigen infolgedessen weniger Neigung zu Drahtbrüchen, ihr Zustand ist für die Beurteilung der Schwächung eines Seiles nicht mehr maßgebend. Hier kann als objektives Prüfverfahren eine ballistische elektromagnetische Prüfung vorgenommen werden, bei der sich durch Vergleich einer geschwächten Stelle mit einer solchen aus einem ungeschwächten Stück des gleichen Seiles, beispielsweise unmittelbar über dem Einband, die absolute Schwächung des metallischen Querschnittes feststellen läßt.

Die angeführten Schäden sollten nur einige Beispiele darstellen und erkennen lassen, wo eine Prüfung durch einen erfahrenen Sachverständigen einzusetzen hat.

Erwähnt soll noch an dieser Stelle die Untersuchung abgelegter Seile werden, aus der sich sehr wertvolle Erfahrungen für die spätere Beurteilung in Betrieb befindlicher Seile ergeben. An Seilen, die irgendwelche Beschädigungen oder Unregelmäßigkeiten aufweisen, kann man durch Zugversuche im ganzen Strang die Schwächung gegenüber einem unversehrten Probestück und damit den Einfluß bestimmter Erscheinungen auf die Tragfähigkeit feststellen. Seile, die sich im Betrieb unbefriedigend bewährt haben und vorzeitig wegen des Entstehens von Drahtbrüchen abgelegt werden mußten, werden meist schon aus wirtschaftlichen Gründen wegen etwaiger Ersatzansprüche an die Lieferfirma durch eine Seilprüfstelle eingehend untersucht. In erster Linie muß hier der Drahtwerkstoff mechanisch, chemisch und metallographisch untersucht werden. Gleichzeitig werden alle andern Faktoren, also beispielsweise der Oberflächenzustand der Drähte und des Seiles, die Flechtung und der Zustand der Faserseele für die Beurteilung herangezogen. Wenn diese Prüfungen die Ursache für das Entstehen der Schäden nicht einwandfrei zu klären vermögen, dann müssen auch die Betriebsverhältnisse berücksichtigt werden. Gegebenenfalls ist durch Beschleunigungsmessungen die Größe der Seilschwingungen festzustellen, die von dem ungleichmäßigen Gang der Fördermaschine oder dem Zustand des Schachtausbaues herrühren können. Aufschlußreich ist in vielen Fällen auch das Material, das durch die Seilprüfstellen in einer Statistik aller abgelegten Förderseile ausgewertet wird.

Zusammenfassung

Die allgemeinen Gesichtspunkte, die bei der Prüfung der Bergwerksseile, insbesondere der Förderseile, nach ihrer Inbetriebnahme zu berücksichtigen sind, werden besprochen. Anschließend werden einige Beispiele von Seilbeschädigungen beschrieben, wobei auf die Drahtbrüche etwas näher eingegangen wird.

WERKSTOFF-FRAGEN IN DER GEZÄHEWIRTSCHAFT

Von Oberingenieur Dipl.-Ing. **R. Meebold,** Seilprüfstelle der Saargruben-Aktiengesellschaft, Saarbrücken

Die Gezähe für den mechanischen Abbau und Vortrieb, unter denen besonders die Spitzeisen und Bohrer von allgemeiner Bedeutung sind, bilden heute ein wichtiges Sondergebiet des Werkstoffwesens im Bergbau. Bestimmend für einen wirtschaftlichen Betrieb mit diesen Werkzeugen ist einmal die einwandfreie Beschaffenheit der neuen Gezähestücke, ebenso wichtig ist aber das sachgemäße Aufarbeiten der stumpfen und gebrochenen Werkzeuge in der Gezäheschmiede der Grube.

Die erhebliche Leistungssteigerung der Bohr- und Abbauhämmer seit ihrer Einführung im Bergbau konnte sich nur bei einer gleichzeitigen Verbesserung der zugehörigen Werkzeuge voll auswirken. Ursprünglich verwendete man für Spitzeisen und Bohrer einen Stahl mit mittlerem Kohlenstoffgehalt in unvergütetem Zustand. Lediglich die dem Verschleiß ausgesetzten Stellen, Einsteckende und Spitze oder Schneide, waren gehärtet. Die Werkzeuge genügten in dieser Form aber bald nicht mehr den Anforderungen. Der Schaft war zu weich und wurde im Betrieb entweder krumm, oder es entstanden hier durch die Schwingungen infolge der hohen Schlagzahlen der Hämmer nach kurzer Betriebszeit Dauerbrüche.

Die Güte und damit die Leistungsfähigkeit hängt, einwandfreie mechanische Verarbeitung vorausgesetzt, von der Zusammensetzung des Stahles und der Wärmebehandlung ab. Eine Verbesserung war also möglich durch Verwendung eines hochwertigeren Stahles und durch Vergüten des Werkzeuges auf seiner ganzen Länge.

Bei den Spitzeisen wurden schon von Anfang an beide Wege gleichzeitig beschritten. Am weitesten verbreitet ist heute ein Kohlenstoffstahl etwa folgender Zusammensetzung:

0,70 bis 0,75 % C $< 0{,}025$ % P
0,15 bis 0,25 % Si $< 0{,}025$ % S
0,25 bis 0,35 % Mn.

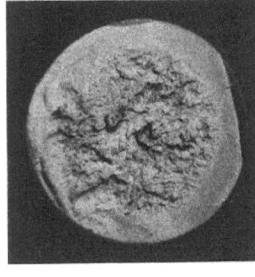

Bild 1. Bruchgefüge eines vergüteten Spitzeisens

Die Zugfestigkeit beträgt im normalisierten Zustand 80 bis 85 kg/mm². Der Stahl ist nach seiner Zusammensetzung bei den in Frage kommenden Abmessungen nicht durchhärtend. Dadurch wird erreicht, daß nach dem Vergüten im Innern des Schaftes ein weicherer, zäher Kern verbleibt, was sich auf die Dämpfungsfähigkeit des Werkstoffes sehr vorteilhaft auswirkt. Bild 1 zeigt das Bruchgefüge eines derartigen Spitzeisens mit der feinkörnigen harten Oberflächenzone und der etwas gröberen Kernzone. Das metallographische Gefüge besteht außen aus Martensit, der über Troostit zum sorbitischen Kern übergeht.

Bei den Bohrern sind die Beanspruchungen des Schaftes im allgemeinen geringer, so daß heute noch vielfach für weniger hartes Gestein unvergütete Stähle benutzt werden. Allerdings ging man auch hier zu einer besseren Stahlsorte über. Besonders bewährt hat sich für unvergütete Bohrer ein silizierter Federstahl etwa folgender Zusammensetzung:

0,45 bis 0,50 % C $< 0{,}025$ % P
1,7 bis 1,8 % Si $< 0{,}025$ % S
0,8 bis 0,9 % Mn

Die Zugfestigkeit liegt bei 80 bis 90 kg/mm². Für höher beanspruchte Schlangenbohrer und insbesondere für Hohlbohrer werden jedoch ebenfalls Kohlenstoffstähle der für Spitzeisen angegebenen Analyse verwendet, die auf der ganzen Länge vergütet sind.

Bild 2. Gebrochenes Spitzeisen mit unsauberer Oberfläche des Schaftes

Wesentlich für die Vermeidung von Dauerbrüchen ist eine saubere und glatte Oberfläche. Je hochwertiger ein Stahl ist, desto empfindlicher ist er gegen die Kerbwirkung von Oberflächenverletzungen. Die Empfindlichkeit nimmt mit steigendem Vergütungsgrad noch zu. Beim Schmieden der Spitzeisen, deren Formgebung ziemlich einfach ist, kommen stärkere Oberflächenverletzungen normalerweise nicht vor. Immerhin können auch hier im unbearbeiteten Teil des Schaftes, beispielsweise durch Einhämmern von Hammerschlag, Narben entstehen, die dann vielfach Ausgangspunkte für Dauerbrüche bilden. Bild 2 gibt ein gebrochenes Spitzeisen wieder, bei dem der Schaft derartige

Bild 3. „Stichbildung" an Schlangenbohrern

Narben aufweist. Bei Bohrern bilden sich infolge der etwas schwierigeren Formgebung leicht Faltungen des Werkstoffes, sog. Stiche. Bild 3 läßt eine Stichbildung an einem

Schlangenbohrer erkennen, die dadurch entstanden ist, daß am zylindrischen Schaftteil die Wulste in den Schaft hineingeschmiedet wurden. Bild 4 zeigt einen Querschliff durch eine solche Stelle nach Ätzung mit alkoholischer Salpetersäure. Der Stich dringt rißartig in den Werkstoff ein. Richtig ist es, die Wulste mit dem Meißel zu entfernen,

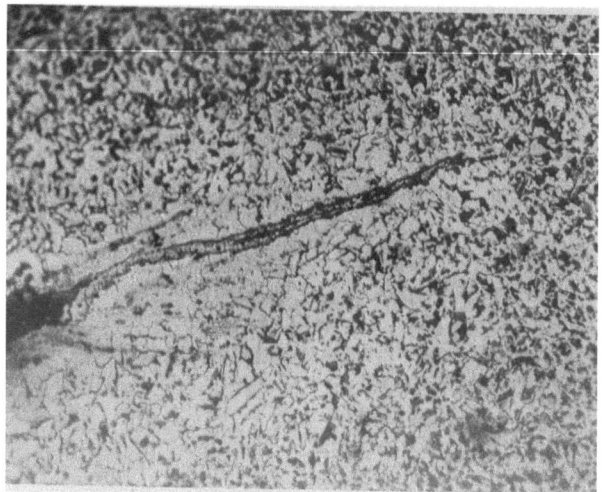

Bild 4. Schliff durch Stichbildung, 150 ×

wenn dies auch etwas zeitraubend ist. Eine weitere Art der Oberflächenbeschädigung, die immer wieder vorkommt, ist das Einschlagen von Buchstaben in den Schaft, wie Bild 5 am gleichen Bohrer zeigt.

Mit steigender Qualität der Werkzeuge wuchsen naturgemäß auch die Anforderungen an die Gezäheschmieden der Gruben. Beim Aufarbeiten der Gezähestücke sind die gleichen Gesichtspunkte maßgebend, wie bei der Herstellung. In gewisser Hinsicht sollte die Wärmebehandlung sogar noch sorgfältiger sein. Beispielsweise wirkt sich eine einmalige von der Herstellung herrührende schwache Randentkohlung oder geringe Überhitzung noch nicht nachteilig

Bild 5. Oberflächenverletzung durch eingeschlagene Buchstaben

aus. Wenn aber solche Fehler bei jedem Nacharbeiten wiederholt werden, dann addieren sich ihre Wirkungen und die Haltbarkeit des Werkzeuges wird erheblich beeinträchtigt. Erschwerend ist hier, daß bei der Vielzahl der von mehreren Herstellerfirmen und aus den verschiedensten Lieferungen stammenden Stücke, die der Gezäheschmiede zugeführt werden, Schwankungen der Zusammensetzung und damit des die Härtetemperatur bestimmenden Umwandlungspunktes unvermeidlich sind. Diese für das Vergüten ausschlaggebende Temperatur ist also im Einzelfall nicht genau bekannt. Bei der Beschaffung der Gezähe ist deshalb vor allen Dingen darauf zu sehen, daß möglichst alle Stücke der gleichen Gattung auch aus einem Stahl von annähernd gleicher Zusammensetzung bestehen. Die verwendeten Stahlsorten dürfen außerdem keinesfalls überempfindlich gegen Überhitzung sein. Aus diesem Grund werden sich auch der Einführung von Edelstählen, deren Anwendung an sich den nächsten Schritt zu einer weiteren Verbesserung bilden würde, Schwierigkeiten entgegenstellen. Die obengenannten Stahlsorten entsprechen dagegen trotz ihrer immerhin hohen Festigkeit in weitgehendem Maße dieser Bedingung, so daß sie sich in dieser Hinsicht ebenfalls als geeignet erwiesen haben.

Eine Gezäheschmiede, die den heutigen technischen und wirtschaftlichen Anforderungen genügen soll, muß in jeder Hinsicht neuzeitlich eingerichtet sein. Für die schwereren Arbeiten, insbesondere für das Anstauchen der Einsteckenden und Schneiden der Bohrer, sind geeignete Schmiedemaschinen notwendig. Das Schmiedefeuer, bei dem leicht ein Überhitzen oder Verbrennen der Schmiedestücke möglich ist, wird durch den Schmiede- und Härteofen mit Elektro-, Gas- oder Ölbeheizung und selbsttätiger Temperaturregelung ersetzt. Es haben sich hier Sonderbauarten entwickelt, die dem Verwendungszweck genau angepaßt sind. Auch das Anlassen erfolgt in Salz- oder Ölbädern mit selbsttätiger Temperaturregelung. Daß die Gezäheschmiede über tüchtige Facharbeiter verfügen muß, sollte heute selbstverständlich sein. Daneben muß nach Möglichkeit eine laufende Beratung durch metallurgisch geschulte Ingenieure der Bergwerksgesellschaft oder der Lieferfirmen stattfinden.

Bei Bohrern mit unvergütetem Schaft bietet das Vergüten der neu angeschmiedeten Schneiden und Einsteckenden keine Schwierigkeiten. Es wird genau wie bei der Herstellung verfahren und der Zustand ist bei richtigem Arbeiten der gleiche wie beim neuen Stück. Anders liegt der Fall bei Spitzeisen und Bohrern, die auf der ganzen Länge

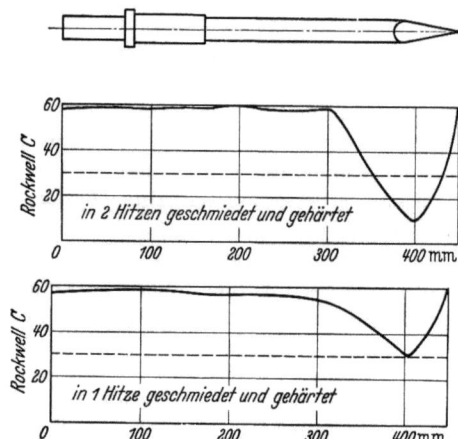

Bild 6. Verlauf der Härte an der Oberfläche von nachgearbeiteten Spitzeisen

vergütet sind. Ein nochmaliges vollständiges Vergüten, das an sich technisch die beste Lösung wäre, ist nicht möglich. Infolge der großen Länge der Bohrer würden die dazu nötigen Einrichtungen zu umfangreich. Bei Spitzeisen scheitert das Verfahren an dem geschliffenen Einsteckende, das durch eine Wärmebehandlung oxydieren und seine Maßhaltigkeit verlieren würde.

Ein teilweises Erwärmen führt aber notwendigerweise zum Entstehen einer weichen Zone. Das neu geschmiedete Ende muß für das Vergüten auf Härtetemperatur, die für die gebräuchlichen Stähle etwa 800° C beträgt, erwärmt werden. An die auf Härtetemperatur erwärmte Zone schließt sich eine Zone an, innerhalb welcher die Temperatur von 800° C auf Raumtemperatur abfällt. Hier treten also Temperaturen auf, bei denen der Stahl einerseits durch

Abschrecken nicht mehr hart wird, anderseits aber das ursprüngliche Vergütungsgefüge so stark angelassen wird, daß die Vergütung weitgehend verschwindet. Um Dauerbrüche zu vermeiden, muß man die weiche Zone an eine Stelle verlegen, wo die Schwingungsbeanspruchungen verhältnismäßig gering sind. Dies ist in möglichst kurzer Entfernung vom Ende der Fall. Das Gezähestück darf also jeweils nur so weit erwärmt werden, wie zum Schmieden oder Vergüten unbedingt nötig ist. Außerdem empfiehlt es sich, die weiche Übergangszone möglichst kurz zu halten, was durch rasches und intensives Erwärmen der zu bearbeitenden Stähle erreicht wird. Dadurch ist für eine übermäßige Ausstrahlung der Wärme nach dem Schaft gar keine Zeit vorhanden. Bei den besonders empfindlichen Spitzeisen ist weiterhin anzustreben, daß auch die weiche Zone immer noch eine gewisse Vergütung behält, daß zum mindesten aber kein ausgesprochenes Weichglühen stattfindet. Dies ist durch rasches Arbeiten möglich, wobei insbesondere das Schmieden und Vergüten in nur einer Hitze vorgenommen werden muß. Bild 6 zeigt als Beispiel den Härteverlauf an der Oberfläche von zwei Spitzeisen, von denen das eine in 2 Hitzen das andere dagegen nur in 1 Hitze verarbeitet wurde. Es empfiehlt sich, durch stichprobenweises Aufnehmen solcher Schaubilder die Arbeitsweise der Gezäheschmieden nachzuprüfen. Zweckmäßig wird die Härte nach Rockwell oder Vickers bestimmt, weil mit diesen Verfahren auch an der Spitze zuverlässige Werte erhalten werden.

Zusammenfassung

Die für Bohrer und Spitzeisen gebräuchlichen Stähle sowie ihre Verarbeitung und Vergütung bei der Herstellung und beim Nacharbeiten in der Gezäheschmiede der Grube werden besprochen.

TEXTILIEN IM BERGBAU

Von Direktor Professor Dr.-Ing. **H. Sommer** und Dr. **H. Mendrzyk**,
Abteilung Textilien des Staatl. Materialprüfungsamts Berlin-Dahlem

Obwohl infolge der besonders hohen Beanspruchungen, denen die Betriebseinrichtungen im Bergbau ausgesetzt sind, im allgemeinen anorganische Werkstoffe vorzuziehen wären, werden ihrer besonderen Eigenschaften wegen für bestimmte Zwecke organische Werkstoffe verwendet. Abgesehen von dem wichtigen Werkstoff Holz kommen vor allem S p i n n s t o f f e in Frage, die vielseitige Verwendung finden.

Die Umweltsfaktoren im Bergwerk zeichnen sich durch besondere Betonung der Einflüsse von Wärme und Feuchtigkeit aus. Sie ähneln somit den klimatischen Verhältnissen in den Tropen mit dem einzigen Unterschiede, daß für den Bergbau die nicht unbeträchtliche Schädigungen hervorrufende Einwirkung des Lichts fortfällt. Für eine allgemeine Prüfung von Faserstoffen und Faserstofferzeugnissen auf Eignung für den Bergbaubetrieb ist daher zweckmäßig eine modifizierte Tropenprüfung in Betracht zu ziehen.

Die besonderen Bedingungen des Bergbaubetriebes erfordern dabei eine gewisse Rücksichtnahme auf die den einzelnen Faserstoffarten in verschiedenem Maße zukommende Widerstandsfähigkeit gegen mechanische Beanspruchung, erhöhte Temperatur und Feuchtigkeit, gegebenenfalls auch gegen chemische Einflüsse. Während die pflanzlichen Faserstoffe (Zellulosefasern) bei hoher Festigkeit eine verhältnismäßig große Empfindlichkeit gegen säurehaltige Luft und durch Feuchtigkeit begünstigten Pilz- und Bakterienbefall aufweisen, zeichnen sich die tierischen Faserstoffe (Haare und Seiden) durch gute Elastizität — bei allerdings geringerer Zugfestigkeit — und eine gute Beständigkeit gegen Säure aus. Hohe Feuchtigkeit in Verbindung mit Wärme ist auch bei tierischen Fasern insofern schädlich, als nicht nur der Pilzbefall gefördert, sondern auch die bleibende Verformung bei mechanischer Beanspruchung begünstigt wird. Um diesen Einflüssen nach Möglichkeit vorzubeugen, werden häufig Schutzmaßnahmen durch Imprägnierung und Gummierung getroffen.

Im folgenden sollen einige der wichtigsten Verwendungsarten von Faserstoffen im Bergbau kurz behandelt werden.

Förderbänder

Die Verwendung von Förderbändern beschränkt sich auf den Transport von stückigem oder schüttfähigem Gut auf kürzere Strecken vorzugsweise in waagerechter Richtung. Kleine Ansteigungen bis zu 20° können dabei noch ohne besondere Maßnahmen überwunden werden, für größere Steigungswinkel sind besondere Vorrichtungen, z. B. Querleisten erforderlich.

Für diese Zwecke kommen im allgemeinen nur sog. Gummifördergurte in Frage. Ihrem t e c h n i s c h e n A u f b a u (s. Schema Bild 1) nach bestehen sie aus mehreren Lagen von Baumwollgeweben, die miteinander durch Gummierung verbunden und gegen äußere Einflüsse durch eine Gummiauflage mit Verstärkung der Kanten geschützt sind.

Bild 1. Technischer Aufbau eines Fördergurtes

Nach DIN Berg 2102 sind folgende Abmessungen gebräuchlich:
Gurtbreiten: 300, 400, 500, 650, 800, 1000, 1200, 1400, 1600, 1800, 2000 mm.
Einlagen: Mindestens 3, deren Stöße unter 45° abzuschrägen sind und im Abstand von mindestens 3 m voneinander zu verlegen sind.
Gummi-Deckplattendicke auf der Tragseite: 1—7 mm
(je nach dem Fördergut),
auf der Laufseite: 1—3 mm.

Die besondere Beanspruchung der Gummiauflage erfordert die Verwendung hochwertigen Gummimaterials, von dem mindestens eine Zugfestigkeit von 200 kg/cm^2 (Normalgüte) bzw. 260 kg/cm^2 (Sondergüte) sowie eine Dehnbarkeit von 450 bzw. 500% verlangt werden muß. Da für die Dauerhaftigkeit des Bandes nicht nur die Beschaffenheit der Deckschicht sondern auch die Güte des Baumwollgewebes ausschlaggebend ist, das die Zugbeanspruchung aufzunehmen hat, sind für dieses ebenfalls bestimmte Mindestforderungen einzuhalten.

Die Vorschriften des DIN Berg 2102 sehen für das Gewebe folgende Zugfestigkeiten vor:

	Längs- richtung kg/cm^2	Quer- richtung kg/cm^2	Dehnung in Längs- richtung %	
Normalgüte . .	60	20	25	vorläufig für das Inland außer Kraft gesetzt
Sondergüte I .	75	25	25	
„ II .	60	25	25	

Im allgemeinen werden leinwandbindige Baumwollgewebe mit einem Stoffgewicht von 800—1000 g/m² verwendet, die aus gezwirnten Kett- und Schußfäden mit etwa 9—10 Kett- und 5—6 Schußfäden/cm hergestellt sind. Die Güte der Baumwolle soll derjenigen einer guten amerikanischen Qualität entsprechen.

Die Festigkeit des fertigen Gummitransportbandes entspricht nicht ganz der Summe der Festigkeiten der Gewebeeinlagen, da sie durch Spannungsdifferenzen zwischen den einzelnen Lagen beeinflußt wird. Das Güteverhältnis, d. h. das Verhältnis der Festigkeit des ganzen Bandes zur Summe der Festigkeiten der Gewebeeinlagen beträgt normalerweise in der Längsrichtung etwa 85—90%, in der Querrichtung etwa 90 bis 100%. Durch das Gummieren wird die Bruchlast der einzelnen Gewebeeinlagen nicht verändert, durch das Vulkanisieren tritt eine Festigkeitsabnahme von 2—3% ein. Nach der mechanischen Trennung der Gewebeeinlagen des gummierten Bandes läßt sich demnach durch Festigkeitsprüfung der Gewebeeinlagen auf die Güte des verarbeiteten Gewebes schließen.

Die Festigkeitsprüfung am fertigen Band ergibt verschiedene Werte, je nachdem die Prüfung bei voller Bandbreite und größerer Einspannlänge oder an schmalen, geschulterten Bandstreifen (Bild 2) vorgenommen

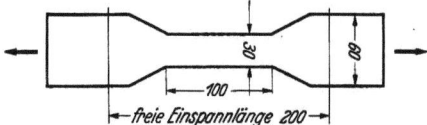

Bild 2. Geschulterte Streifen für die Festigkeitsprüfung

wird. Z. B. ergaben sich bei 6-lagigen gummierten Bändern durchschnittlich folgende Werte:

Zustand bei der Prüfung	Freie Prüflänge cm	Prüfbreite cm	Verhältniswert der Bruchlast je cm Streifenbreite und Gewebeeinlage
Einlagegewebe . .	36	5	100
Geschulterte Streifen	10	3	88,5
	10	5	88
Volle Breite . . .	70	12	69

Auch die Haftfestigkeit der Deckschicht und der einzelnen Gewebeeinlagen aneinander ist für die Dauerhaftigkeit von wesentlicher Bedeutung.

Der Trennwiderstand nach DIN Berg 2102 wird dadurch bestimmt, daß ein 2 cm breiter Streifen aus dem Gurt herausgeschnitten und in 2 Schichten soweit getrennt wird, daß diese durch Klemmen gehalten werden können. Nach den Normen wird gefordert, daß bei Belastung einer Klemme mit einem bestimmten Gewicht die Schichten sich innerhalb von 2 Minuten nicht mehr als 15 mm weitertrennen dürfen. Das anzuhängende Gewicht beträgt bei einer Deckplattendicke von unter 2 mm 6 kg, bei einer Deckplattendicke von 2 mm 8 kg. Im Staatlichen Materialprüfungsamt Berlin-Dahlem wird jedoch vorgezogen, den genauen Betrag der Trennarbeit durch Einspannen der wie oben beschrieben vorbereiteten 5 cm breiten Proben in den Schopperschen Zugfestigkeitsprüfer und Aufzeichnen der Trennkraft/Trennweg-Schaulinie bei ausgehobenen Sperrklinken zu bestimmen (Bild 3 und 4). Hierdurch ist nicht nur die Prüfung auf Erfüllung der Vorschriften, sondern auch ein Vergleich der Prüfmuster unter sich möglich.

Normalerweise kann mit einer Haftfestigkeit von 4—5 kg/cm, bei besonders hochwertigen Erzeugnissen mit 6 kg/cm gerechnet werden.

Da besonders die Gummierung einer natürlichen Alterung unterliegt, ist eine Vorschrift aufgenommen worden, nach der das Herstellungsdatum auf der Laufseite des Bandes aufgedruckt und das Band zur Zeit des Verkaufes nicht älter als ½ Jahr sein soll. Zur Prüfung auf etwa besonders ungünstige Eigenschaften in dieser Richtung ist als Alterungsprüfung eine 144stündige Lagerung der Proben bei $70 \pm 1{,}5°$ C unter Luftwechsel vorgesehen, nach der die Festigkeitseigenschaften und der Trennwiderstand sich nicht über ein gewisses Maß hinaus verschlechtert haben dürfen.

Für den rauhen und oft feuchten Betrieb unter und über Tage ist auch die Wasseraufnahme des Bandes wichtig. Zur Prüfung dient nach DIN Berg 2102 ein in Querrichtung aus dem Bande geschnittener Streifen von 2 cm Breite und 20 cm Länge.

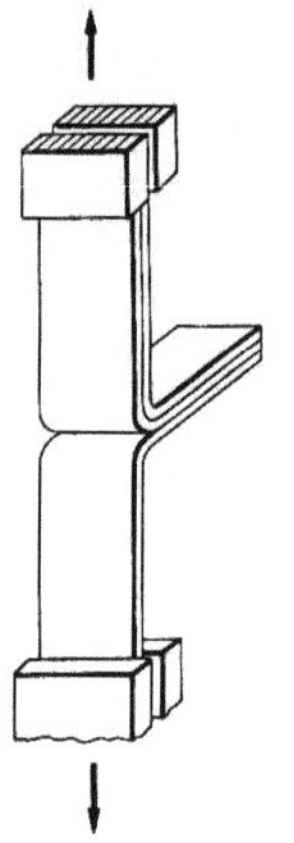

Der Probestreifen wird gewogen, unter Wasser mehrere Male kräftig hin und her gebogen und 24 Stunden unter Wasser gelagert. Vor dem Herausnehmen wird die Probe nochmals gebogen. Der Streifen wird dann mit einem Tuch abgetrocknet, 1 Stunde nachtrocknen gelassen und gewogen. Die Wasseraufnahme wird in Prozent auf das um das Deckplattengewicht verminderte Gewicht der Probe berechnet und beträgt bei guten Bändern etwa 10%.

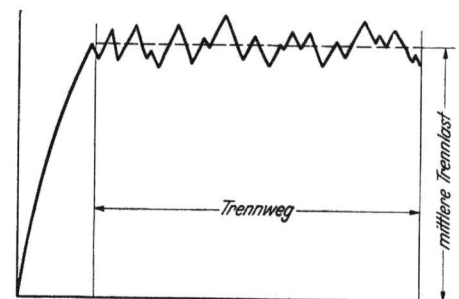

Bild 3. Eingespannte Probe zur Bestimmung der Trennfestigkeit

Als Beschädigungen im Betrieb kommen außer schnittartigen Verletzungen der Lauf- und Tragseite (Bild 5a bis c) vor allem Zermürbungen und Abscheuerungen durch ungeeignete Anordnung oder schlechte Pflege der Tragrollen vor (Bild 6). Besonders ist darauf

Bild 4. Diagramm zur Bestimmung der mittleren Trennfestigkeit

zu achten, daß die Rollen an ihren Kanten gut aneinander anschließen, da sonst infolge der Biegebeanspruchung die Gewebelagen zermürbt werden oder sich von der umgebenden Gummischicht lösen können. Auch Beschädigungen der Rollen, scharfe Grate sowie ausgebrochene

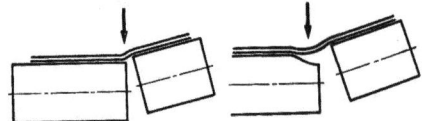

Bild 6. Ungeeignete Anordnung. Beschädigung der Tragrollen eines Fördergurtes

Stellen an den Rändern oder zwischen die Tragrollen eingeklemmte Gegenstände können die Gebrauchsdauer der Fördergurte auch bei bester Qualität stark vermindern.

Treibriemen aus Textilstoffen

Je nach den zu stellenden Anforderungen können folgende Treibriemenarten Verwendung finden:

Gummitreibriemen: Mehrere, in derselben Art wie die Fördergurte durch Gummizwischen- und Auflagen geschützte Textilbänder, zumeist aus Baumwolle, die besonders in säurehaltiger Luft und bei erhöhten Temperaturen bis zu 70° verwendet werden. Als Prüfungen kommen sämtliche für die Gummitransportbänder angegebenen Prüfverfahren in Betracht.

Balata-Treibriemen: Ähnlich den Gummiriemen bestehen die Balata-Riemen aus mehreren Gewebebahnen, die durch Zusammenfalten einer breiteren Bahn entstanden sind, und die durch Tränken mit Balata — einem dem Latex ähnlichen Milchsaft einer tropischen

vor allem auch stoßweise Belastungen besonders geeignet ist. Die Bezeichnung „Kamelhaar-Treibriemen" wird jedoch häufig fälschlicherweise auch gebraucht, wenn das Haargarn aus Schafwolle, Alpaka oder Ziegenhaaren bzw. ihren Mischungen besteht. Zuweilen wird zur Vortäuschung echten Kamelhaars das weiße Spinnmaterial künstlich gefärbt. Während bestimmten Haargarnen aus langen Schafwollen (Standardqualität) und Alpakahaaren ebenfalls gute Gebrauchseigenschaften zukommen, stellen Riemen aus Ziegenhaargarnen eine mindere Qualität dar.

a 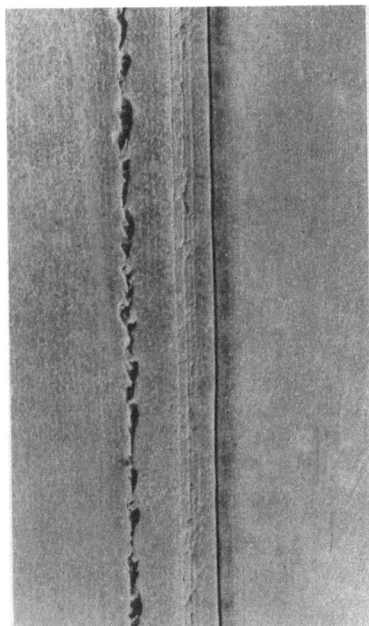 b 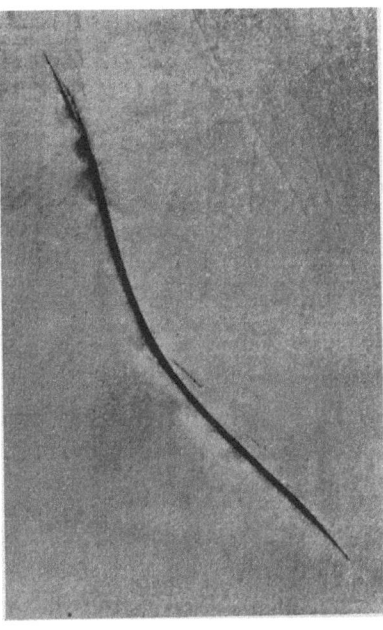 c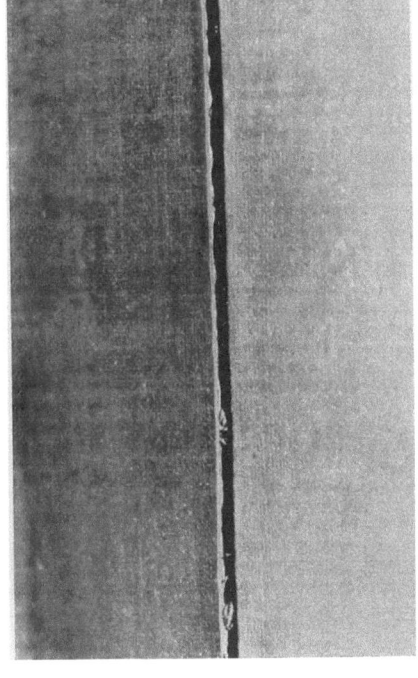

Bild 5 a—c. Schnittartige Beschädigungen eines Fördergurtes

Pflanze — miteinander verbunden und gegen Einwirkung von Hitze und Feuchtigkeit geschützt sind. Balatariemen sind nur beschränkt temperaturbeständig; im allgemeinen können sie bei Raumtemperaturen bis zu 35°, in Spezialausführung bis zu 50° verwendet werden. Bei höheren Temperaturen beginnt die Balatamasse plastisch zu werden. Die Prüfungen erstrecken sich wie bei den Gummiriemen auf die Festigkeit der einzelnen Gewebe, ihren Aufbau und ihr Gewicht, sowie die Haftfestigkeit der einzelnen Lagen aneinander. Die Temperaturempfindlichkeit macht sich z. B. bei der Haftfestigkeit in einem merklichen Abfall bei Temperaturerhöhung bemerkbar. In einem Fall wurde die Haftfestigkeit bei 20° mit 4,3 kg/cm, bei 40° mit 2,8 kg/cm festgestellt. Für die Beurteilung der Brauchbarkeit der Riemen ist auch die Feststellung der aufgebrachten Balatamenge wichtig, die durch Abziehen mit heißen Lösungsmitteln, z. B. Benzol, erfolgen kann.

Haargarn-Treibriemen: Haargarn-Treibriemen bestehen aus mehreren leinwandbindigen Gewebelagen, deren doppelfädige Kette allgemein aus 3—4fachem Haargarnzwirn und deren Schuß aus 8—15fachem Baumwollzwirn gebildet wird. Die Verbindung der Gewebelagen durch gegenseitiges Abbinden in obere und untere Gewebelagen (sog. englische Bindung, Bild 7) wird wegen der erzielbaren besseren Biegsamkeit, Elastizität und Festigkeit der Verbindung durch eine ebenfalls gebräuchliche Bindekette vorgezogen.

Das Spinnmaterial der Haargarnkette besteht bei den sog. Kamelhaar-Treibriemen aus echtem Kamelhaar, das wegen seiner hervorragenden Festigkeit und Elastizität für hohe und

Die Prüfung erstreckt sich vor allem auf die Zusammensetzung des Kettmaterials, die durch mikroskopische Untersuchung der von der Imprägnierung nach Möglichkeit befreiten Haare geprüft wird, Festigkeit und Dehnung sowie Erholungsfähigkeit. Für die Beurteilung der für den Betrieb wichtigen Eigenschaften kann eine Leistungsprüfung auf Spezial-Riemenprüfanlagen (Bild 8) erfolgen[1].

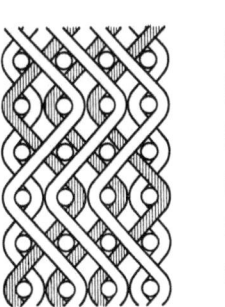 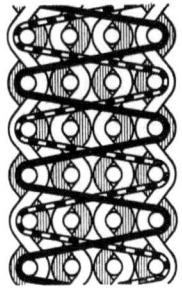

Bild 7. 4faches Riemengewebe
englische Bindung   mit Bindekette

Seiden-Treibriemen: Seltener kommen Treibriemen aus Seidenabfällen oder aus Wildseide (Tussah-Seide) vor, die einlagig geflochten oder in der Art der Haar-Riemen aus mehreren Gewebelagen zusammengesetzt sein können. Auch die Seidenriemen werden üblicherweise im-

---

[1] Herzog, Fiek und Holdt: Untersuchungen von Treibriemen zur Verbesserung der Leistung. Mitt. dtsch. Mat.-Prüf.-Anst., Sonderheft 12. Berlin: Julius Springer 1930.

prägniert. Sie zeichnen sich durch hohe Festigkeit und Elastizität aus.

Die Prüfung der Treibriemen auf Festigkeit erfolgt derzeitig noch mit Hilfe des Zerreißversuchs, bei welchem Zugfestigkeit und Dehnung ermittelt werden. Der Zerreißversuch läßt jedoch erfahrungsgemäß nur in sehr beschränktem Maße eine Beurteilung der Haltbarkeit zu, da der Riemen im Betrieb einer zusammengesetzten Wechselbeanspruchung unterworfen ist. Z. Zt. werden im Staat-

Riemenart	Festigkeit	
	kg/mm²	Reißlänge km
Lederriemen . . .	2—2,5	—
Gummiriemen . . .	4—6	3,5—5
Balatariemen . . .	4,5—6,5	6
Haargarnriemen . .	3 —3,5	2 —3,5
Seidenriemen . . .	4,8	5,5 —6,5

Bild 8. Riemenprüfmaschine

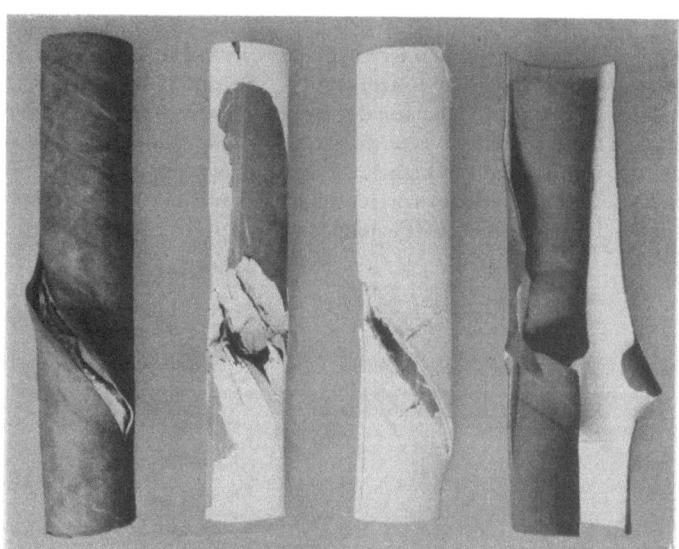

Bild 9. Geplatzter Druckschlauch (daneben die einzelnen Schichten)

lichen Materialprüfungsamt Berlin-Dahlem in Zusammenarbeit mit dem Ausschuß für wirtschaftliche Fertigung beim Reichskuratorium für Wirtschaftlichkeit Versuche zur Ermittlung der Dauerfestigkeit verschiedener Treibriemenarten durchgeführt[2].

In der folgenden Tabelle sind die Festigkeits- und Dehnungseigenschaften der oben aufgeführten Treibriemenarten kurz zusammengestellt.

Die Erkennung der Schadensursache bei Vorlegung zerstörter Riemen ist in vielen Fällen schwierig und häufig nur bei genauer Kenntnis der Betriebsverhältnisse möglich. So sind z. B. Zerstörungen durch Überlastung und auch durch Hineinlaufen von Gegenständen in den Riementrieb kaum nachzuweisen. Es gelingt nur auf indirektem Wege, durch Ausschließung der anderen Ursachen diesen Umstand sehr wahrscheinlich zu machen. Wesentlich einfacher liegt der Fall, wenn es gelingt, an den Bruchrändern örtliche Schäden mechanischer oder chemischer Art wie Schnittverletzungen, Säure-, Alkali- oder Salzreste nachzuweisen. Als Anlaß für ein Brechen und nachfolgendes Reißen von Riemen, besonders solcher, die über Leitrollen kleinen Umfanges geführt werden, kann zuweilen ein Verhärten der Imprägnierungsmasse in Frage kommen. Auch chemische Schäden können durch ungeeignete Imprägnierung verursacht werden; als Beispiel sei ein Fall angeführt, bei dem durch ungeeignete Sikkative in einer Leinölimprägnierung sehr erhebliche Säuremengen entstanden, die die Lebensdauer des Riemens bedeutend herabsetzten.

Schläuche

Für die Zuleitung von Wasser, Druckluft und Gas zur Arbeitsstelle werden im Bergbau nicht unerhebliche Men-

---

[2] K. H. Bußmann VDI: Versuche zur Ermittlung der Dauerbiegefestigkeit von Ledertreibriemen. Z. VDI Bd. 82 (1938) Nr. 43, S. 1249. — Ermittlung der Dauerbiegefestigkeit von Treibriemen. AWF-Mitt. 1938, Heft 5. — Versuchsmaschine zur Ermittlung der Dauerfestigkeit von Treibriemen. AWF-Mitt. 1939, Heft 1.

gen Druckschlauch mit Textileinlage verwendet. Sie enthalten außer der inneren und äußeren Gummibelegung mehrere Gewebelagen, von denen bei Preßluftschläuchen mindestens 2, bei Wasserschläuchen mindestens 1 geklöppelt sein muß. Die geforderten Güteeigenschaften, sowie kurze Angaben über die Prüfung sind in DIN Berg 18 (Druckluftschläuche) und DIN Berg 19 (Schläuche für Schweiß- und Schneidbrenner) enthalten.

An Prüfungen sind außer der Bestimmung des Gewichtes und der Abmessungen vor allem die Feststellung der Druckfestigkeit, des Trennwiderstandes und die Untersuchung der Gummiqualität vorgesehen.

Die Druckprüfung (Bild 9) wird an je 0,5 m langen Stücken des Schlauches durchgeführt, und zwar muß die Probe dem unten angegebenen Wasserdruck 1 Minute lang standhalten.

Druckluftschläuche

Innendurchmesser D	Außendurchmesser D	Wanddicke Sollmaß	Wanddicke Kleinstmaß	Mindestanzahl der Einlagen	Probedruck kg/mm²	Zugehörige Rohrnennweite
15	0,3	27	6	5,7	2	50	13
19	0,3	33	7	6,7	2	45	16
23	0,5	37	7	6,7	2	40	20
28	0,5	44	8	7,6	2	35	25
35	0,5	51	8	7,6	2	28	32
42	0,8	60	9	8,5	3	23	40
53	1,0	73	10	9,5	3	20	50
65	1,0	87	11	10,4	3	17	—
80	1,0	104	12	11,4	3	14	80
105	1,0	137	16	15,2	3	12	100

Wasserschläuche

Innendurchmesser mm	Probedruck kg/cm²
bis 20	20
über 20 bis 35	15
über 35	10

Der Prüfdruck ist absichtlich wesentlich höher als der Betriebsdruck gewählt worden, nicht weil vielleicht mit so hohen Drucken in Einzelfällen gerechnet wird, sondern als Maß für die Güte der Einlagen. Die Druckprüfung dient also als Ersatz für eine Festigkeitsprüfung.

Die Bestimmung der Trennfestigkeit und der Gummiqualität erfolgt entsprechend den S. 50 beschriebenen Prüfungen an Fördergurten, nur sind die Anforderungen weniger hoch.

Folgende Mindestwerte werden gefordert:
Trennfestigkeit:
Bei Trennung zwischen 2 Klöppelschichten oder einer Klöppel- und einer Gummischicht 10 kg.
Bei Trennung zwischen 2 Gewebeschichten oder einer Gewebe- und einer Gummischicht 45 kg.
Zugfestigkeit der Gummischicht: 175 kg/cm².
Dehnung der Gummischicht: 400%.

Schließlich ist auch eine Alterungsprüfung (Warmlagerung) vorgesehen, für die allerdings — wie bei den Fördergurten — keine Zahlenwerte als Mindestanforderungen nach dem Altern angegeben sind.

Seile, Taue aus Faserstoffen

Neben den Drahtseilen werden auch im Bergbau — allerdings weniger unter Tage — Seile und Taue aus Faserstoffen verwendet, die sich durch größere Biegsamkeit auszeichnen. Auch Drahtseile enthalten zuweilen zur Erhöhung ihrer Biegsamkeit im Inneren eine oder mehrere Faserlitzen. Die verwendbaren Faserarten sind nicht zahlreich. Im allgemeinen kommen nur Hanf und Hartfasern (Manila, Sisal) in Frage.

Hanfseile aus dem europäischen oder Weichhanf sind von graubräunlicher Farbe. Die technische Hanffaser ist etwa 1—2 m lang und hat eine Reißlänge von etwa 40—60 km. Die daraus erzeugten Seile sind weniger fest, ihre Reißlänge beträgt normalerweise etwa 10 km. Durch den Gehalt an Begleitstoffen (Pektine, Zellinhaltstoffe) ist der Rohhanf ein verhältnismäßig guter Nährboden für Fäulnisbakterien und Schimmelpilze (Bild 10). Hanfseile werden daher häufig zum Schutz gegen Fäulnis mit Teer imprägniert; durch saure Reaktion des Teeres kann indessen auch die Faser geschädigt und die Lebensdauer der Seile herabgesetzt werden.

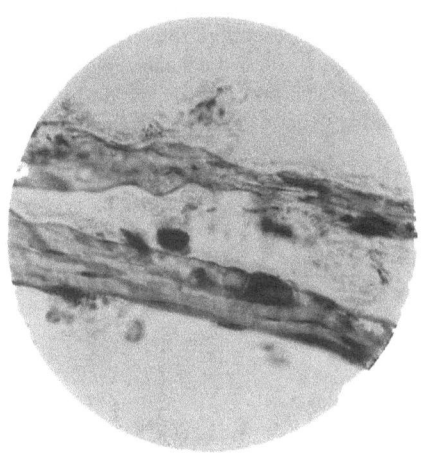

Bild 10. Bakterienbefall an Hanffasern

Hartfaserseile sind wesentlich billiger bei verhältnismäßig heller Farbe, haben jedoch keine so gute Geschmeidigkeit wie Hanfseile und neigen deshalb zum Aufdrehen. Unter den Hartfasern sind die am häufigsten verwendeten Sisal (Blattfaser der agave sisalana) und Manila (Blattfaser der Bananenpflanze musa textilis). Die Länge der technischen Faser beträgt bei Sisal durchschnittlich 1 m, bei Manila bis über 2 m. Die Festigkeit ist nicht ganz so hoch wie beim europäischen Hanf, die Reißlänge der technischen Faser beträgt nur etwa 35—40 km, jedoch gestattet besonders die große Länge der Manila-Faser eine gute Ausnutzung der Faserfestigkeit. Das fertige Seil hat daher eine verhältnismäßig große Reißlänge (8—12 km). Infolge der Abwesenheit von Pektinen sind die Erzeugnisse aus Hartfasern wesentlich weniger empfindlich gegen Feuchtigkeit und Fäulnis.

Als Zusatz zu Hanf und für besonders wenig beanspruchte Seile kommt zuweilen auch Jute, die Bastfaser indischer Corchorusarten, vor. Da ihre technische und Elementar-Faser kürzer und weniger fest ist als die des Hanfes, auch gegen Befall durch Schimmelpilze und Fäulniserreger weniger widerstandsfähig, ist der Zusatz von Jute im allgemeinen als Verfälschung anzusehen. Nach den hier vorliegenden Erfahrungen wird auch häufig versucht, im Inneren von Drahtseilen befindliche Faserseelen aus Jute statt aus Hanf herzustellen, da diese Tatsache infolge der dicht umgebenden Drahtlitzen nicht so in die Augen fällt.

Bei der Untersuchung der Seile ist neben der Feststellung des Aufbaus und der Festigkeit und Dehnung die mikroskopische Bestimmung des verwendeten Fasermaterials wichtig, da hieraus auch die Dauerhaftigkeit des Seiles gegenüber den Umwelteinflüssen geschlossen werden kann. Durch mikrochemische Reaktionen kann außerdem häufig erkannt werden, ob gesundes oder geschädigtes Fasermaterial vorliegt. Auch durch die geringe anzuwendende Fasermenge und die Vermeidung von Beschädigungen an der brauchbaren Länge des Seiles eignet sich die mikroskopische Untersuchung besonders als Vor- und Kontrollprüfung.

Die Lebensdauer von Seilen kann, abgesehen von der Verwendung ungeeigneten oder minderwertigen Materials, durch Einflüsse mechanischer, chemischer und biologischer Art herabgesetzt werden. Von den mechanischen Einwirkungen sind Verletzungen durch Scheuerung besonders häufig. Bei hohem Feuchtigkeitsgehalt neigen, wie schon oben erwähnt, besonders Seile aus europäischem Hanf zur Fäulnis. Die dagegen angewendete Imprägnierung kann ihrerseits zur Quelle der Schädigung werden, wenn sie in ungeeigneter Weise erfolgt ist und insbesondere Säure enthält oder abspaltet. Besonders folgenreiche Schädigungen können sich ergeben, wenn die Faserseele von Drahtseilen mit säurehaltigen Ölen imprägniert ist, da hierbei nicht nur die Fasersubstanz, sondern auch das Drahtseil angegriffen wird.

Mit der vorstehenden Aufzählung ist das Verwendungsgebiet von Textilien im Bergbau nicht erschöpft. So finden sich Textilien bei der Wetterführung als **Wettervorhänge** und als **Luftfilter**. Die Auswahl des Fasermaterials für die Luftfilter richtet sich nach einem Gehalt der Luft an chemisch wirksamer Substanz, beispielsweise müssen bei säurehaltiger Luft an Stelle von Baumwollgewebe wollene Filterstoffe verwendet werden. Schließlich spielen auch Textilien bei **Schutzanzügen** und **Verpackungsmaterial**, wie z. B. Jutesäcken und Packstricken u. a. m. eine verbreitete Rolle, diese sind jedoch so wenig typisch für den Bergbau und so verschieden in ihrer Art und Anwendung, daß im Rahmen dieser kurzen Übersicht wohl auf ein näheres Eingehen verzichtet werden kann.

D. FRAGEN DES GEBIRGSDRUCKS UND DER ABBAUWIRKUNGEN

GRUNDLAGEN FÜR EINE BEURTEILUNG VON FRAGEN DER FESTIGKEIT UND DER FORMÄNDERUNGEN UNTER BERGBAUWIRKUNGEN, DIE DURCH STRECKEN UND ABBAURÄUME HERVORGERUFEN WERDEN

Von E. Seidl †

Einleitende Bemerkungen

Die Abbauorte, die der Hereingewinnung der Lagerstätte und die Strecken, die dem Abtransport und dem sonstigen Verkehr, der Wetterführung, d. h. der Zuführung frischer und der Ableitung verbrauchter Luft und Gase usw. dienen, brauchen nur solange offen gehalten zu werden, als bis der betreffende Teil der Lagerstätte abgebaut ist. Während dieser Zeit aber, das sind mindestens einige Tage und meist nicht mehr als einige Monate, in seltenen Fällen nur bis zu mehreren Jahren, müssen Abbauorte und Strecken offen gehalten werden. Das geschieht durch verlorene oder wiederzugewinnende Grubenausbaue. In manchen Fällen, so bei gewissen Steinsalz- und Kalibergwerken ist ein Grubenausbau nicht erforderlich.

A. Die für die Beurteilung maßgebenden Umstände

Vorausgeschickt sei, daß die hier durchgeführte Betrachtung sich zunächst auf die einfachsten Fälle von Bergbauwirkungen bezieht. Es werden also nur flözförmige, d. h. zwischen annähernd parallelen Nebengesteinsschichten auftretende Lagerstättenteile (Flöze), insbesondere solche, die annähernd horizontal liegen, behandelt; ferner Strecken, die in der Lagerstätte aufgefahren sind, also vornehmlich Abbaustrecken sowie Abbauorte, die annähernd in voller Höhe der Lagerstätte vorgetrieben werden derart, daß an der Firste und an der Sohle des Abbauraums Nebengesteinsschichten anstehen.

Aus diesen einfachen Fällen lassen sich dann die auf den ersten Blick vielleicht weniger einleuchtenden Bedingungen ableiten, die sich in Flözen mit steilerem Einfallen auch bei gang- oder stockförmigen Lagerstätten usw. sowie bei Strecken, die zum Teil oder ganz im Gestein aufgefahren werden, ergeben.

Die Wahl des Streckenquerschnitts und der Art des Abbauverfahrens sowie die Anlage eines Systems von Strecken muß derart erfolgen, daß nicht, wie bei den Schächten, Querschlägen usw. oder wie bei Hochbauten und technischen Konstruktionen, nur elastische Formänderungen zugelassen wurden. Vielmehr beruht die Kunst der Abbauführung darin, elastische und bleibende Formänderungen in ein Verhältnis zueinander zu setzen, das für die verschiedenen Arten von Lagerstätten und die Abbauverfahren jeweils das günstigste ist.

I. Die Art und Gestalt der Lücke oder der Lockerungszone im Gesteinskörper

Strecken werden entweder durch ausreichend festen Ausbau oder bei schwachem Ausbau durch Nachreißen des etwa eindringenden Gesteins längere Zeit offen gehalten. Abbauorte hingegen hält man nur solange offen, als die Hereingewinnung der Lagerstätte dauert. Sobald die Abbaufront weiter fortgeschritten ist, füllt sich der verlassene Hohlraum („Alter Mann") mit Nebengestein, das aus dem Liegenden und besonders aus dem Hangenden eindringt. Dieses drückt auch einen etwa eingebrachten Versatz zusammen. An die Stelle des offenen Abbauraums tritt ein mit gelockertem Gestein angefüllter Raum, eine Locke-

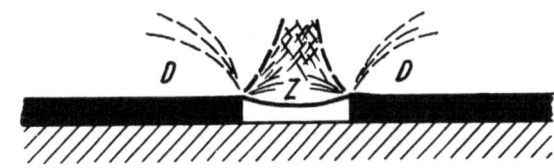

Bild 1. Erster Abschnitt der Formänderung: Entstehung des „Zug-Körpers" (Z) zwischen zwei „Druck-Körpern" (D)

rungszone, die sich ins hangende Nebengestein hinein um etwa denselben Betrag erweitert, der der Summe der im ehemaligen Abbauraum verbleibenden zahlreichen kleinen Lücken entspricht. Je weiter der Abbau fortschreitet, je größere Teile der Lagerstätte also herausgenommen und zu Tage gefördert werden, desto weiter greift die Lockerungszone über der Lagerstätte seitlich und nach oben um sich, bis sie bei ausreichend weit fortgeschrittenem Abbau schließlich die Tagesoberfläche erreicht, Bilder 1—3.

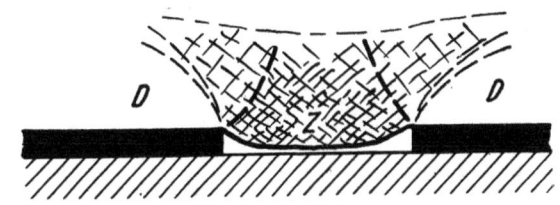

Bild 2. Zweiter Abschnitt der Formänderung: Erweiterung des „Zug-Körpers"; Zerrüttung und Nachbrechen des Nebengesteins bis an die Grenzen des Druck-Körpers

Bei den durch Strecken oder Abbauorte hervorgerufenen Bergbauwirkungen handelt es sich um Beanspruchungen und Formänderungen, die durch die Herausnahme des Gesteins, also durch innere Lücken in der Erdrinde entstehen. Nachdem durch diese Lücken das Gleichgewicht des bis dahin herrschenden gleichmäßigen allseitigen Drucks gestört worden ist, streben die nunmehr durch den „Gebirgsdruck" geweckten Kräfte danach, einen neuen

Gleichgewichtszustand herzustellen, indem die die Lücke umgebenden Gesteinsmassen in diese eindringen und sie zu schließen suchen, wobei die vorher feste Umgebung der Lücke sich lockert.

Für die Art der Bergbauwirkungen, die durch Strecken oder Abbauorte hervorgerufen werden, sind vornehmlich folgende beiden Umstände maßgebend:

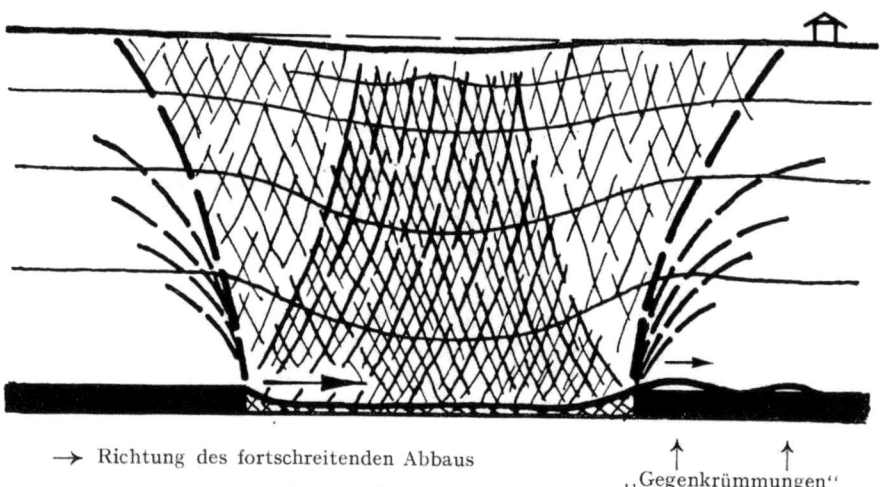

→ Richtung des fortschreitenden Abbaus   ↑ ↑ „Gegenkrümmungen"
Bild 3. Vollendete Formänderung:
Trichterbildung des gesamten zerrütteten Nebengesteinskörpers; Strömungsform

die Art und die Gestalt der Lücke oder der Lockerungszone im Gesteinskörper,

der Gesteinscharakter und zwar die Gesteinsart, also der Stoff im technischen Sinne, und der geometrische Aufbau des Gesteins, also die Frage, ob der Gesteinskörper aus sehr mächtigen Platten oder aus dünneren Schichten besteht oder ob er zertrümmert ist.

Beim Abbau spielen dann noch die Tiefe der Lagerstätte, d. h. die Höhe des Gebirgsdrucks, die Ausmaße des Abbaus und die Geschwindigkeit des Abbaufortschritts eine Rolle, wodurch die Ausdehnung der Abbauräume und die Zeitdauer der Einwirkung dieser Lücke auf den Gesteinskörper bestimmt wird.

II. Der Gesteinscharakter

Der Gesteinscharakter der einzelnen Schichten ist wichtig und zwar nicht nur für sich allein betrachtet, sondern auch in seinem Verhältnis zu den Eigenschaften der Nachbarschichten.

Zunächst kommt es darauf an, ob die Lagerstätte fest oder weniger fest ist als die sie einschließenden Nebengesteinsschichten. Hierbei ist nicht nur die Druckfestigkeit, sondern, wie in den Arbeiten von Stöcke nachgewiesen wurde, ist vor allem die Größe und die Art der Verformbarkeit, ob vornehmlich elastisch oder plastisch, ausschlaggebend.

Sodann sind beim Verhalten der Nebengesteinsschichten zwei Grenzfälle zu unterscheiden:

Im einen Falle sind es mächtige, steif- (elastisch-) biegbare Schichten, bei denen der Abschnitt der elastischen Formänderung solange anhält, daß das Abbauverfahren dadurch bestimmt wird.

Diese Eigenschaften haben nach der oben angeführten Arbeit vornehmlich folgende Gesteine:

Gewisse Sandstein- und auch Kalksteinbänke der produktiven Steinkohlenformation.
Kalksteinbänke der Kreideformation, in denen Flöze auftreten.

Anhydritplatten, wie sie über dem Mansfelder Kupferschieferflöz oder über dem Älteren Kalilager des deutschen Permsalzlagers und unter dem Älteren Steinsalz dieses Permsalzlagers auftreten; jedoch nur solange, als sie nicht stellenweise zersetzt oder ganz in Gips umgewandelt sind.

Schließlich in besonders ausgeprägtem Maße die Quarzite mit den bekannten Wirkungen aus den Gruben im oberen Witwatersrand-System.

Im anderen Falle sind es Schichten im Hangenden der Lagerstätte, die nach einem nur kurzen Abschnitt elastischer Formänderung sich „nachgiebig" verhalten.

Diese Eigenschaften haben folgende Gesteine bzw. Gesteine in folgenden besonderen Zuständen:

Tongesteine verschiedener Art im feuchten Zustand.

Verhältnismäßig dünne, anfänglich steif- (elastisch-) biegbare Gesteinsschichten, die schon nach kurzem elastischem Verhalten zerrüttet werden und quasi-plastisch nachgeben, sowie „Lose Massen".

In diesen früher oder später erreichten Zuständen — plastisch, fest aber zerrüttet, lose — können alle derartigen Gesteine unter dem Begriff der „Nachgiebigen Massen" zusammengefaßt werden.

B. Einteilung der Bergbauwirkungen

Geht man bei der Einteilung der Bergbauwirkungen, die durch Strecken und beim Abbau entstehen, von der Art und der Gestalt der Lücke im Gesteinskörper aus, dann ergeben sich zunächst 2 Hauptgruppen, nämlich:

Bergbauwirkungen, die durch Strecken hervorgerufen werden und
Bergbauwirkungen, die beim Abbau eintreten; sog. Abbauwirkungen.

I. Bergbauwirkungen, die durch Strecken hervorgerufen werden

Die durch Strecken hervorgerufenen Bergbauwirkungen sind verschieden je nach dem Gesteinscharakter und nach dem Querschnitt der Strecke. Ändern sich beide nicht, so sind die Verhältnisse praktisch konstant, so daß auf Grund einer bestimmten Beanspruchung eine bestimmte Formänderung entsteht. Die in der Arbeit von Bußmann und Stöcke dieses Hefts im einzelnen behandelten Fälle sollen hier nur dahin zusammengefaßt werden, daß außer der Streckenform und dem Gesteinscharakter auch die Anordnung der Strecken, die Lage der beteiligten Gesteinsschichten, d. h. die Schichtenfolge aus Gesteinen verschiedener Festigkeitseigenschaften, die Vorgeschichte des Gesteins und seine physikalisch-technischen Merkmale, die bedingt sind durch mineralogischen Aufbau und Gefüge, die jeweiligen Bergbauwirkungen beeinflussen.

Die erste Lückenwirkung wird in den Strecken nur dann sichtbar, wenn in Firste und Sohle Gesteine anstehen, die sich von vornherein als „Nachgiebige Massen" verhalten. An den Stößen kann sie naturgemäß nur eintreten, wenn diese weniger fest sind als das hangende oder liegende Nebengestein. Alle diese Wirkungen aber sind meßbar und die Arbeiten von Hoffmann, Weißner und Niemczyk und seinen Schülern haben Größe und Richtung der durch die Lückenwirkung verursachten Bewegungen genauestens nachgewiesen.

II. Bergbauwirkungen, die beim Abbau eintreten; Abbauwirkungen

Bei den Abbauwirkungen lassen sich je nach der Beziehung zwischen dem Gesteinscharakter und der Art und Gestalt des Abbauraums (Lücke), ferner der Tiefe, in der der Abbau stattfindet, dem Ausmaß des Abbaus und der Geschwindigkeit seines Fortschritts verschiedene Hauptfälle unterscheiden.

Da in jedem Fall aber die Abbauwirkungen mit der Einkrümmung der Oberflächenschichten in den Abbauraum und der Entstehung der Zone des „Zug/Körpers" beginnen und je nach den Umständen mehr die Einkrümmung — nämlich bei verhältnismäßig langer Dauer des elastischen Verhaltens — oder mehr die Entstehung der Zone des „Zug/Körpers" — nämlich bei nachgiebigen Gesteinen — sichtbar wird und das Abbauverfahren beeinflußt, so kommt es für eine übersichtliche und anschauliche Darstellung der Abbauwirkungen darauf an, die Einteilung danach zu wählen, welche der verschiedenartigen Erscheinungen am deutlichsten sichtbar werden.

1. Abbauort unmittelbar nach seinem Vortrieb

Der erste Abschnitt der Formänderung herrscht kurze Zeit unmittelbar nach dem Vortrieb des Abbauortes, wenn diese Lücke noch ein Hohlraum von rechteckigem Querschnitt ist. Es sind dann die Bedingungen für die Bildung des „Zug/Körpers" in gleicher Weise wie bei Strecken gegeben (vgl. Arbeit Stöcke, Bild 11).

Bei fortschreitendem Abbau ändern sich die beiden maßgebenden Umstände, die Art der Lücke und der Gesteinscharakter fortwährend.

2. Bei fortschreitendem Abbau beobachtbare Abbauwirkungen

Nachdem der Abbau etwas fortgeschritten ist, hat der Querschnitt des Abbauraums die Form eines schmalen Rechtecks und der Grundriß die Form eines Rechteckes mit immer länger werdenden Seiten angenommen. Da damit die Stützweite zwischen den Stößen, die den Hangend- und Liegendschichten als Auflager dienen, etwas weiter geworden ist, so erfolgt auch die Formänderung dieser Schichten etwas ausgeprägter; das gilt insbesondre für die Hangendschichten, die nicht gegen das eigene Gewicht anzukämpfen haben.

Es treten damit die durch die Bildung der Lücke verursachten Formänderungen — die Einkrümmung der Oberflächen-Schichten in den Abbauraum und die Ausbildung einer Zone des „Zug/Körpers" — ausgeprägter in Erscheinung. Dabei kommen dann Unterschiede des Gesteinscharakters derart zur Geltung, daß sich in den beiden Grenzfällen, also einerseits bei mächtigen, steif- (elastisch-) biegbaren Nebengesteinsplatten, die längere Zeit im Bereich der elastischen Formänderung bleiben, anderseits bei Schichten, die sich schon bald als „Nachgiebige Massen" verhalten, ganz verschiedene Abbauwirkungen ergeben.

a) Bei „Nachgiebigen Massen"

Schichten, die sich als „Nachgiebige Massen" verhalten, dringen in das Abbauort ein; im hangenden Nebengestein wird zunächst die Zone des „Zug/Körpers" in Anspruch genommen, die sich dann unter der Stanzwirkung der Stöße der Lagerstätte zu einem senkrecht zur Schichtung stehenden Schacht und weiter durch Nachbröckeln der Schichten zu einer trogartigen Zone erweitert.

Die besten Aufschlüsse ergeben sich, wenn die betreffende Lagerstätte in so geringer Tiefe auftritt, daß die Zone des „Zug/Körpers" von der Tagesoberfläche geschnitten wird; der von der Abbauwirkung ergriffene Bereich ist dann an der Tagesoberfläche enger oder gerade so groß, als das abgebaute Feld. Auch beim Abbau tiefer liegender Lagerstätten erhält man manchmal Einblick in den Setzungsvorgang und zwar beim Abbau hangender Flöze, die noch im Bereich der Zone des „Zug/Körpers" liegen.

Von technischen Fällen oder Versuchen, die zur Erläuterung herangezogen werden können, zeichnen sich die Versuche von Herrn M. Fayol dadurch aus, daß sie den natürlichen Bedingungen des Bergbaufalls am besten angepaßt sind; im übrigen lassen sich die Gesetze des Setzungsvorganges beim Ausrieseln von losem Sand aus der Bodenöffnung eines Gefäßes und an Strangpreß-Versuchen studieren.

b) Bei steif- (elastisch-) biegbaren Nebengesteinsschichten verschiedener Mächtigkeit

Bei mächtigen steif- (elastisch-) biegbaren Nebengesteins-Schichten bleibt die durch die Lücke verursachte Formänderung im Anfangsabschnitt stecken, wobei es mit der elastischen Einkrümmung in den Abbauraum sein Bewenden hat.

Diese Einkrümmung längs der Abbaufront ruft als „Urkrümmung" „Gegenkrümmungen" hervor, die dem Abbau manchmal wie Erdbeben-Wellen vorauseilen und während dieser elastischen Formänderung der betreffenden Nebengesteinsplatte oder nach dem Bruch des einen und andern Krümmungsstücks entsprechende Formänderungen der Lagerstätte zur Folge haben.

Die Gesetze dieser Krümmungs-Systeme lassen sich aus einfachen technischen Fällen der „Blockkrümmung" [1] und besonderen auf den Bergbaufall abgestellten plattenstatischen Versuchen ableiten [2].

Dementsprechend sind es zwei Reihen von Beobachtungen, durch die diese Art Abbauwirkungen klargestellt wurden.

Die eine Reihe umfaßt die Beobachtung des Verhaltens der Lagerstätte und ihres unmittelbaren Hangenden und Liegenden während der Dauer der elastischen Formänderung der betreffenden steif- (elastisch-) biegbaren Nebengesteinsschichten; auf Grund dieser Beobachtungen wurde die Erkenntnis der „Gebirgsdruck-Welle" (Herr H. Weber) und der von dieser in gewissen Abständen verursachten Zusammendrückung oder Entlastung der Lagerstätte im noch nicht abgebauten Felde gewonnen.

Die andere Beobachtungsreihe umfaßt die Untersuchungen einer gewissen Art von Gebirgsschlägen, die

---

[1] Vgl. Seidl, E.: Behandlung von Fragen der Bodenmechanik unter grenz- und allgemein-wissenschaftlichen Gesichtspunkten. Wiss. Abh. Deutsch. Mat.-Prüf.-Anst. I, Nr. 1 (1938).

[2] Vgl. Stöcke, R.: Erklärung von Druckwirkungen im Gebirge durch plattenstatische Erörterungen. Dies. Heft S. 59.

man auf den Bruch von Krümmungsstücken derartiger Nebengesteinsschichten zurückführte. Es ergab sich die Möglichkeit einer Einteilung solcher Gebirgsschläge — und dementsprechend von Wellentälern oder -bergen — in folgender Weise:

α) Bei Abbauverfahren mit langer Abbaufront, auf deren einer Seite ein ausgedehnter abgebauter Bereich („Alter Mann") und auf deren anderer Seite ein ausgedehnter noch nicht abgebauter Feldesteil liegt, ruft die „Urkrümmung", die sich unmittelbar vor Ort in langer Welle bildet und mit vorrückendem Abbau fortschreitet, weit ausgreifende „Gegenkrümmungen" im freien Felde, wie im „Alten Mann" hervor.

β) Beim Pfeilerbau hingegen und in allen Strecken, die im noch nicht abgebauten Felde getrieben sind, entstehen kurze, unregelmäßig verteilte „Urkrümmungen" und „Gegenkrümmungen" von verschiedener Gestalt.

γ) Schließlich bilden Absätze der Abbaufront, und sonstige vor- und einspringende Ecken willkürliche, wilde Krümmungszonen, die eine regelmäßige Gestaltung der regionalen und sonstigen Krümmungs-Systeme stören.

Für die Art der Zerstörungen der Lagerstätte ist entscheidend, ob sie durch den Bruch von Krümmungsstücken erfolgt, die der „Urkrümmung" oder der „Gegenkrümmung" gleichgerichtet sind. Wichtige Anhaltspunkte für die Beurteilung bilden technische Fälle und Versuche der als „Blockkrümmung" bezeichneten Art von Krümmungen und Druckversuche, bei denen anstatt der parallelen Druckplatten stehende Walzen verwendet werden.

3. Bei weit entwickeltem Abbau tiefer Lagerstätten beobachtbare Abbauwirkung: Setzung des hangenden Nebengesteins in einer trogartigen Zone, die bis an die Tagesoberfläche durchgeht

Bei weit fortgeschrittenem Abbau tiefer Lagerstätten zerbrechen im Laufe der Zeit auch die mächtigsten festen Gesteinsschichten, so daß schließlich der gesamte in den Wirkungsbereich des Abbauraums fallende Teil des hangenden Nebengesteins so zerrüttet ist, daß er sich bei dem Setzungsvorgang „quasi-plastisch" verhalten kann, daß er also ähnlich wie plastische Massen oder Lose Massen „Nachgiebige Massen" bildet.

Bei der Erklärung dieser Abbauwirkungen im hangenden Nebengestein kommt es darauf an, zwei Erscheinungen, die bisher meist getrennt behandelt wurden, in Beziehung zueinander zu setzen, einesteils die im Bereich der Lagerstätte und anderenteils die an der Tagesoberfläche beobachtbaren Formänderungen, wobei eine befriedigende Erklärung auch für die Vorgänge in dem dazwischen liegenden ausgedehnten Bereich gegeben werden muß, dessen Höhe mindestens 400—600 m, meist 600—800 m, in vielen Fällen über 1000 m beträgt.

Aus der Praxis des englischen und auch des amerikanischen Steinkohlenbergbaus heraus wurde die mittels der Konstruktion, Bild 4, erläuterte Erklärung gegeben. Man nimmt an, daß sich zunächst über dem Abbauraum ein nach oben sich verjüngender Zerrüttungsraum bildet, der dann von einem trichterförmigen Mantel eines weiteren über die Abbaukanten übergreifenden Zerrüttungsraums umgeben wird. Nach der Vorstellung deutscher Bergingenieure und Markscheider, die sich ebenfalls durchgesetzt hat, hat man es bei diesem Zerrüttungsraum mit einer Trogbildung zu tun.

Zu grundsätzlich demselben Ergebnis kommt die hier für sämtliche Arten von Lagerstätten unter Zugrundelegung der „Strömungs-Form" zu gebende Erklärung, die auf Grund der Formänderungen beim technischen Strangpressen und entsprechenden Versuchen, auch von Versuchen über das Ausrieseln Loser Massen aus der Bodenöffnung eines Gefäßes ausgearbeitet werden konnte.

Nach dem durch diese technischen Fälle und Versuche vorgezeichneten Grundplan ergibt sich auch eine mechanische Erklärung der Abbauwirkungen von im ganzen genommen „Nachgiebigen Massen", eine Formänderung, die in folgenden drei Hauptabschnitten verläuft:

1. In der Lücke, die zunächst nur von dem vierseitig begrenzten Abbauraum gebildet wird, tritt die „Erste Lückenwirkung" ein; im hangenden Nebengestein also bildet sich die Zone des „Zug/Körpers".

2. Mit dem Fortschreiten des Abbaus erweitert sich die Lücke nun nicht nur durch Herausnahme der Lagerstätte, sondern auch durch das Absinken des zerrütteten Gesteins der „Zug/Körper"-Zone in den Abbauraum; an die Stelle eines nur auf die Lagerstätte beschränkten Hohl-

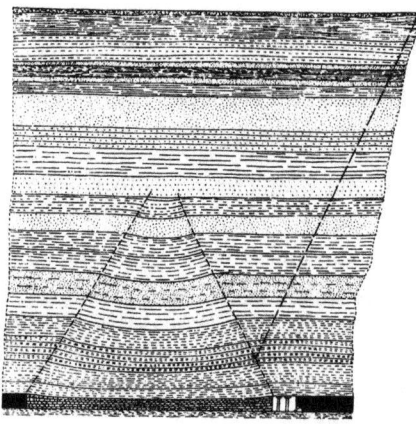

Bild 4. Setzung des hangenden Nebengesteins in einer trogartigen Zone, die bis an die Tagesoberfläche durchgeht. Erklärung auf Grund der Erfahrungen beim englischen und amerikanischen Steinkohlenbergbau

raums tritt eine mit gelockertem Gesteinsmaterial angefüllte weniger dichte Gesteinszone, die auch einen Teil des hangenden Nebengesteins umfaßt.

Mit weiter fortschreitendem Abbau nimmt nicht nur die Zerrüttungs-Zone des „Zug/Körpers" an Breite und Höhe zu, sondern sie erweitert sich auch zufolge der Stanzwirkung der Abbaukanten senkrecht zur Schichtung und weiterhin, indem sie eine flach trichterförmige Gestalt annimmt, wohl bis an die „Druck/Körper".

3. Wenn bei sehr weit fortgeschrittenem Abbau tiefliegender Flöze im Laufe der Zeit ein Bereich des hangenden Nebengesteins in die Abbauwirkung einbezogen wird, der bis zur Tagesoberfläche durchgeht und über die vertikale Verlängerung der Abbaustöße übergreift, so kann man sich den Vorgang in der Weise vorstellen, daß man die zunächst nur für den örtlichen Bereich der Lagerstätte angestellte Betrachtung auch hier anwendet.

Von Stufe zu Stufe des fortschreitenden Abbaus wird die Zerrüttungs-Zone des „Zug/Körpers" und anschließend daran die Erweiterung derselben bis in den festbleibenden Bereich der „Druck/Körper" immer größer. Diese Abbauwirkung schreitet von Etage zu Etage fort, bis schließlich die Tagesoberfläche erreicht ist.

ERKLÄRUNG VON DRUCKWIRKUNGEN IM GEBIRGE DURCH PLATTENSTATISCHE ERÖRTERUNGEN

Von Dr.-Ing. K. Stöcke,
Gruppe Natursteine des Staatlichen Materialprüfungsamts Berlin-Dahlem

Wenn schon die Ansichten über den Gebirgsdruck und die Einwirkung des Druckes auf Grubenbaue bei den Fachleuten noch sehr verschieden sind, so ist jedoch die Ansicht verschwunden, daß es sich bei Gebirgsdruckeinwirkungen um unberechenbare Vorgänge handele. Durch die Arbeiten von Seidl, Spackeler, Weber, Gärtner, Lehmann, Niemczyk, Hoffmann, Weißner u. a. hat es sich ergeben, daß die meßbaren Bewegungen nach bestimmten Gesetzen ablaufen. Zusammenhänge sind gefunden worden zwischen der Größe des Grubenraumes, der Geschwindigkeit des Verhiebs, der Form und der Anordnung der Abbau-Stöße und mehr und mehr setzt sich die Anschauung durch, daß mechanische Gesetze für die Gebirgsdruckerscheinungen in Anwendung zu bringen sind. Durch eine Reihe neuerer Arbeiten konnte festgestellt werden, daß das Verhalten des Gebirges unter gleichen statischen Bedingungen dadurch noch verschieden beeinflußt werden kann, daß die Materialkonstanten der das Gebirge aufbauenden Schichten hinsichtlich ihrer Festigkeit und ihrer Verformbarkeit verschieden sind. Sehr wenig ist der Modellversuch noch eingedrungen in bergbauliche Arbeiten. Während in der Geologie durch die Beobachtungen am verformbaren Modell schon manche Vorstellung geklärt und manche Hypothese durch den Versuch als unmöglich ausgeschaltet, andere gefestigt werden konnten, beschäftigen sich nur wenige Forscher mit dem Modellversuch für bergbauliche Zwecke. Nicht unerwähnt möge bleiben, daß Arbeiten von Bucky in den letzten Jahren häufiger angeführt worden sind, und daß dieser den Modellversuch lebhaft vertritt. Auch im Staatlichen Materialprüfungsamt Berlin-Dahlem wurden auf Grund verschiedener Arbeiten des Verfassers von Seidl, Lehr und Bussmann Modellversuche angesetzt, die das Wesen der Gebirgsdruck-Wirkung zu erfassen helfen sollten.

Erinnert man sich an den Streit, ob sich über dem Abbauraum, wie es Haak, Gillitzer, Spackeler und seine Schüler behaupten, ein Gewölbe bildet, dessen Kämpferdruck sich auf den Kohlestoß übertrage oder, wie Weber, Gärtner u. a. es vertreten, daß dem Durchbiegen des Hangenden eine ausschlaggebende Rolle beizumessen sei, so lag nahe, zur Klärung dieser Meinungsverschiedenheiten Modellversuche anzusetzen.

Die Frage ist praktisch deswegen so wichtig, weil die Maßnahmen für den Betrieb und die Unfallverhütung im wesentlichen von der Lösung dieses Problems abhängen. Man hat schon früher versucht, durch Anwendung der Hebelgesetze des Balkens der Frage nach der Druckverteilung näherzukommen. Zum Ziel konnten diese Vergleiche nicht führen, da die Gebirgsschichten keineswegs als Balken, sondern als Platten anzusprechen sind, und da die Platte anderen statischen Gesetzen bei der Verformung unterliegt, als der Balken. Die Übertragung des Belastungsdrucks auf die Stützen (Kohlestoß und Versatz), auf denen die Platte (Hangendes) aufliegt, ist besonders wichtig. Dieser Stützdruck verteilt sich je nach Gestalt der Platte verschieden.

Daß sich eine belastete Platte trogförmig durchbiegt und die Ecken von dem Auflager nach der entgegengesetzten Richtung des Auflagerdruckes streben, steht fest (Bild 1); Sohlenabsenkungen sind dauernd markschei-

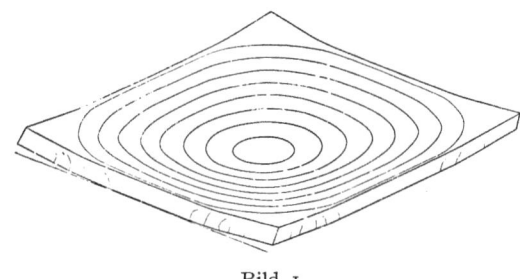

Bild 1

derisch nachgewiesen (Bild 2) und gestatten die Übertragung der versuchstechnischen Erkenntnisse auf den praktischen Bergbau. Bei kreisförmigen Platten ist der Druck gleichmäßig, bei elliptischen Platten ist ein umgekehrtes Verhältnis zwischen der Pressung im Scheitel der kleinen und der großen Achse, bei rechteckigen Platten tritt der Höchstwert des Auflagerdrucks in der Randmitte auf; er nimmt nach den Ecken zu ab und geht in einen negativen Wert über. Dieses bedeutet, daß sich die Platte, wie erwähnt, an den Ecken aufbiegt. Bei fest eingespannten Platten wirkt dem Bestreben der Aufbiegung das Einspannungsmoment entgegen, was zusätzliche Spannungen

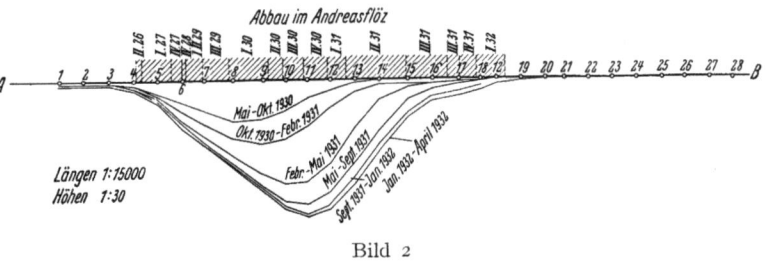

Bild 2

hervorruft. Sind die Platten nicht fest, sondern nur unvollkommen eingespannt, so richtet sich die Größe und die Druckverteilung in Platte und Auflager nach den elastischen Verhältnissen dieser beiden. Die Lücke, über der

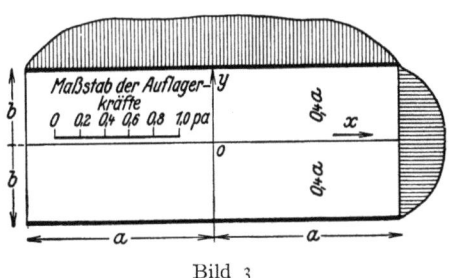

Bild 3

sich eine Platte durchbiegt, spielt naturgemäß ebenfalls eine Rolle. Bei Strecken und Streben ist der Vergleich mit der rechteckigen Platte der zutreffende. Der Auflagerdruck verteilt sich gleichmäßig über den langen Teil der

---

[1] Bild 1—13 Gebirgsdruck und Plattendruck (Zeitschrift für das Berg-, Hütten- und Salinenwesen 1934, S. 307 und 1936, S. 467. Verlag von Wilhelm Ernst & Sohn, Berlin W 9.)

Platte und nimmt an der kurzen Seite ein Höchstmaß an (Bild 3). Bei quadratischen Platten ist die Druckverteilung nicht so gleichmäßig wie bei Platten mit zwei langen Rändern, sondern der Druck steigt und fällt an jeder Quadratseite etwa sinusförmig (Bild 4). Ist die Randbegrenzung der Platte nicht gradlinig, sondern springen Ecken ein, so treten in den Ecken konzentrierte Kräfte auf (Bild 5).

Daß sich unter Belastung eine allseitig aufliegende Platte

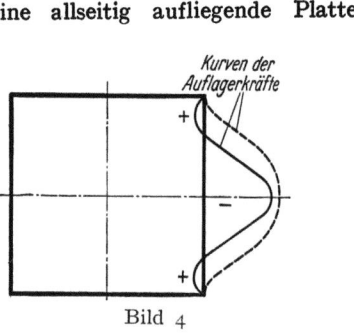
Bild 4

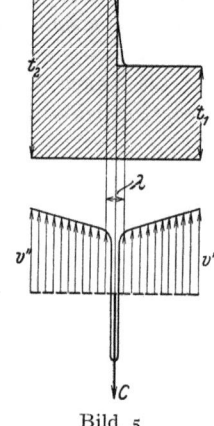
Bild 5

trogförmig verbiegt ist markscheiderisch so einwandfrei nachgewiesen, daß dies als Tatsache feststeht. Daß

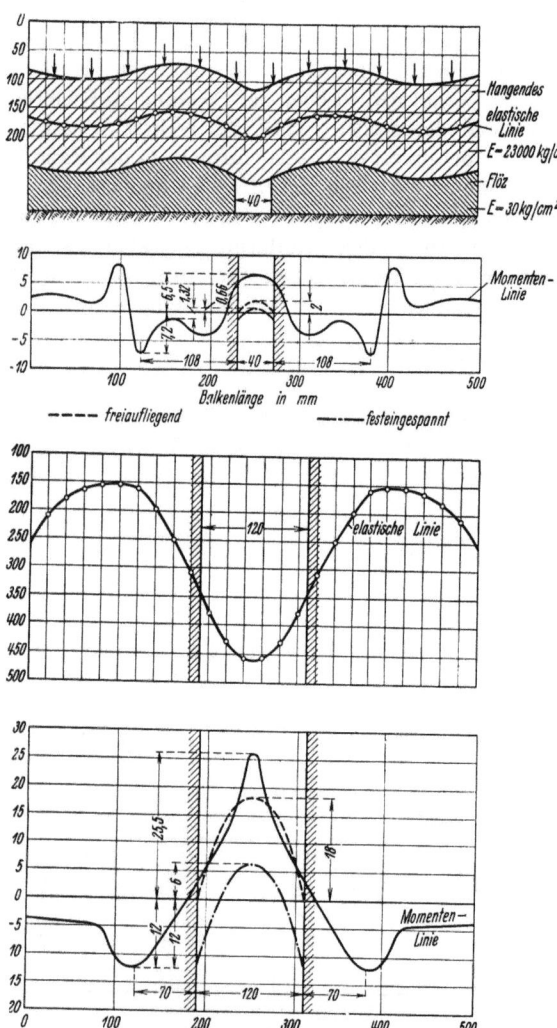
Bild 6

andererseits bei der Durchbiegung der Platte eine Einwirkung auf den Kohlenstoß erfolgt, ist ebenfalls durch Messung nachgewiesen. Die Erkenntnisse gehen sogar so

weit, daß durch die Druckfolgen und durch die ungleichmäßige Verteilung des Druckes die Kohle stellenweise leichter hereingewinnbar ist und zum Teil fest wird. Die bekannten Erscheinungen kann man dahin zusammenfassen, daß überall da, wo die Kohle schlecht geht, ein Mangel an Druck, überall da wo sie gut geht, ein Überschuß an Druck im Gebirge zu verzeichnen ist.

Wir hätten demnach in der Grube bei schichtförmig aufgebautem Gebirge den statischen Fall der allseitig auflagernden Platte, die nicht auf starren Stützen liegt und auch keine freie Bewegungsmöglichkeit nach oben hat, sondern die auf mehr oder weniger nachgiebigen Stützen

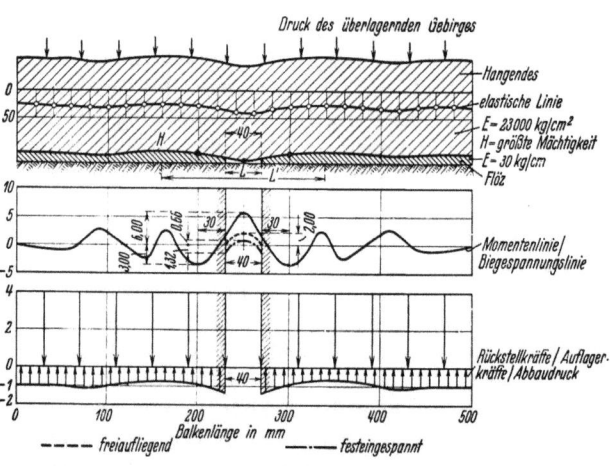

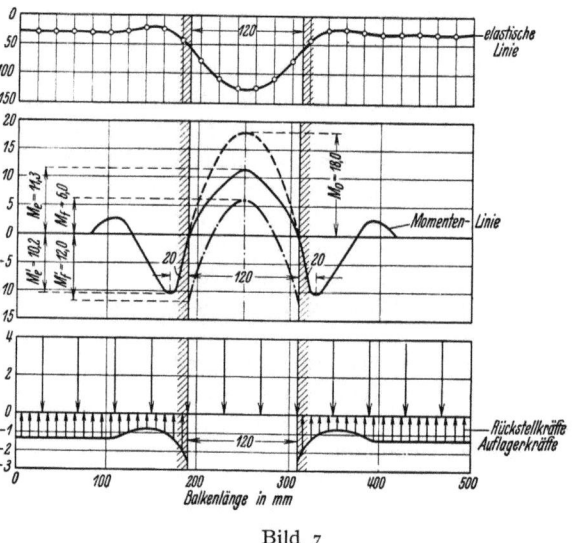
Bild 7

„unvollkommen eingespannt" aufliegt. Da statisch die Berechnung derartiger Fälle sehr schwierig ist, wurden von Lehr Versuche durchgeführt mit Platten, die auf zwei Seiten von breiten nachgiebigen Stützen getragen wurden und bei denen die Stützen von verschiedener aber bekannter Nachgiebigkeit und Mächtigkeit waren.

Der Zweck des Versuches war der, die wahre Einspannungslinie, d. h. die Größe der Spannung in der Platte (Hangendem) zu ermitteln, die Lage der größten Spannung in bezug auf die Abbaukante festzustellen und die im Flöz auftretenden Auflagerdrucke zu messen.

Die Bilder 6—8 gaben die durch Versuchsergebnisse belegten Verhältnisse für die verschiedenen Fälle wieder.

Die elastische Linie, d. i. die durch die einwirkende Kraft gebogene Mittellinie der hangenden Schicht, hat in jedem der aufgeführten Fälle eine Wellenform. Die Linie hat eine Einsenkung über der Abbaulücke und mehrere

Täler und Berge, d. h. Spannungsmaxima mit positiven und negativen Vorzeichen in ihrem Verlauf im frischen Felde. Bei enger Abbaulücke (von 40 Einheiten) und kleiner Federkonstanten (60 kg/cm) zeigt sich dies deutlicher als bei weiter Abbaulücke (120 Einheiten) und großer Federkonstanten (46 000 kg/cm). Bild 6, 7 und 8 geben die gemessenen Verhältnisse wieder.

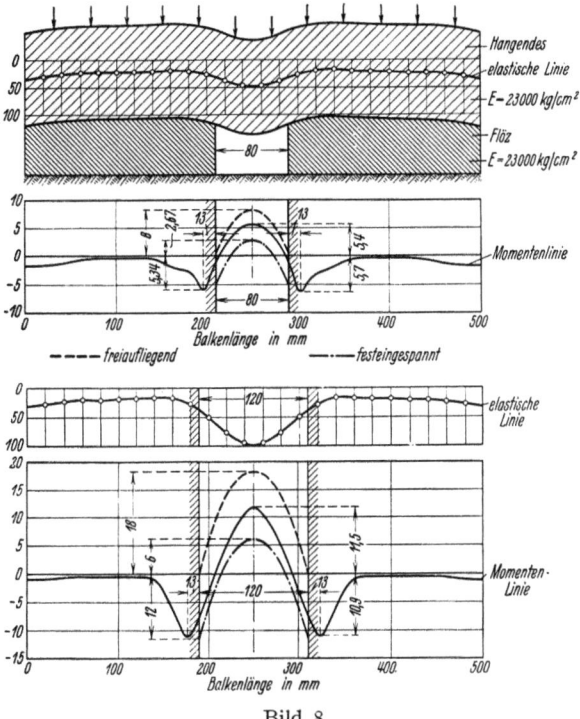

Bild 8

Aus der Momentenlinie — die dadurch erhalten wird, daß senkrecht zur Balkenachse aufgetragene Strecken, die den an den betreffenden Stellen herrschenden Biegemomenten entsprechen, mit ihren Endpunkten verbunden werden —, sind die Stellen höchster Beanspruchung zu erkennen. Diese gefährlichen Stellen liegen in verschiedenen Abständen von der Kante des Abbaus. Stets verringert sich der Abstand der höchsten Biegebeanspruchung, die bei enger Abbauweite und kleiner Federkonstante im frischen Felde größer sein kann, als die Biegespannung über der Abbaulücke, mit zunehmender Abbauweite.

Bei kleiner Federkonstante, d. h. wenn die Flözmächtigkeit groß und der Elastizitätsmodul des Auflagers, also des Flözes klein ist, ist der Einfluß der Abbauweite auf die Entfernung der Höchstspannungs-Punkte am größten. Druckspannungen und Zugspannungen wechseln wellenförmig. Die Zugspannungen sind die weit gefährlicheren.

Wichtig ist, zu erkennen, daß gerade bei engen Abbauweiten und mächtigen „weich" elastischen Flözen die Biegespannungen bedeutend größer sind für die unvollkommen eingespannte Hangendschicht als bei einer frei aufliegenden oder absolut fest eingespannten Platte. Bei großen Abbauweiten sind die Spannungen größer als bei der fest eingespannten und kleiner als bei der frei aufliegenden Platte (Bild 6 und 7). Ebenso wie die Kräfte im Hangenden ansteigen und abklingen, steigen auch die Auflagerkräfte („Rückstellkräfte") im Auflager (Flöz, Ausbau, Versatz) an und nehmen in ihrer Größe wellenförmig zu und ab bis sie einen gleichmäßigen Verlauf haben (Bild 7).

Wichtiger noch als die Tatsache der trogförmigen Verbiegung einer Platte ist, daß man erkennt, daß die Platte beim Aufbiegen die Tendenz hat, sich von der Unterlage abzuheben, und daß sich die Auflagerkräfte längs des Randes einer Platte sofort dann ungleichmäßig verteilen und sprunghaft zunehmen, wenn eine Unstetigkeit in der Randbegrenzung (Ecke) (Bild 5) den glatten Plattenrand unterbricht.

Bild 9, zeigt den gleichmäßigen Verlauf von Feinrissen im Hangenden eines streichenden Strebebaues und das Umbiegen der Risse an den Ecken.

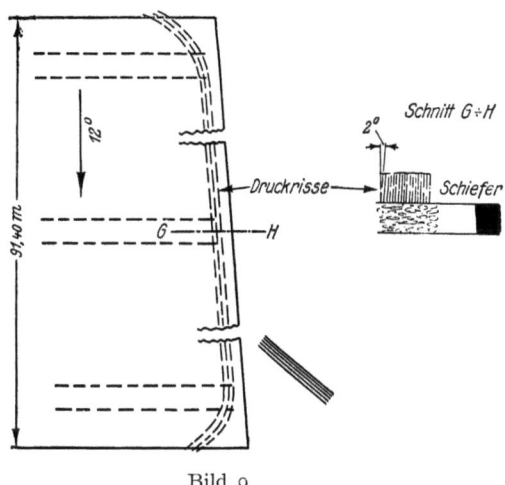

Bild 9

Bild 10 zeigt die gleichen Druckrisse im Verlaufen eines Strebs mit abgesetzten Stößen, bei dem die Schlechten in der Kohle besonders stark in den Ecken ausgebildet sind, am Rande des Strebs biegen die Feinrisse um, wie dies bei der normalen Platte gleichmäßiger Randbegrenzung auch der Fall ist.

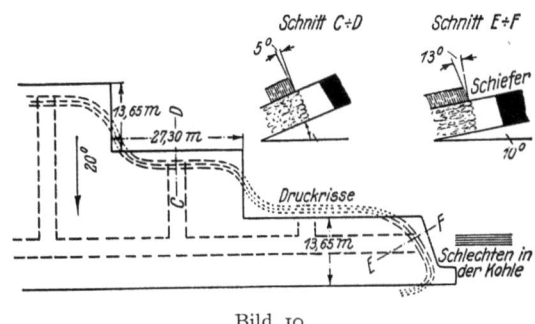

Bild 10

Auch Bild 11 zeigt Druckrisse in einem Breitort, die in der Mitte des Ortes gekrümmt sind. Je enger die anschließenden vorgetriebenen Strecken sind, je deutlicher machen sich die Risse bemerkbar.

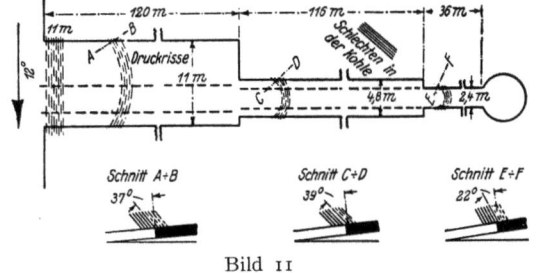

Bild 11

Auf Bild 12 und 13 ist die Richtung der allgemeinen Bruchlinie, d. h. die Linie der höchsten Biegebeanspruchung vor dem Abbau eingezeichnet. Auf dieser Linie entstehen an den Unstetigkeitsstellen der Eckbereiche die Gebirgsschläge.

Im vorliegenden Fall ist nur der eine Grenz-Zustand, nämlich der, daß die Hangendschicht steif- (elastisch) biegbar tragend und daher gespannt ist, behandelt. Da der Bergmann den Grubenraum so lange aufzuhalten hat, wie

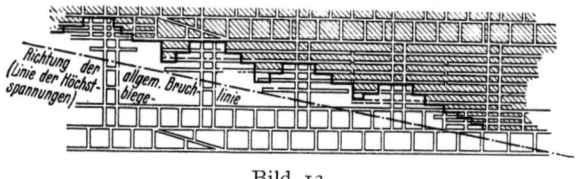

Bild 12

er gebraucht wird, und erst dann zulassen darf, daß die Gebirgsmassen die Abbaulücke nachgiebig entweder plastisch oder quasi-plastisch (vgl. Seidl) schließen, ist der behandelte Fall der steifelastischen Platte, die tragend und gespannt ist für den Gewinnungsbetrieb der meist anwendbare. Hier ist nur der ganz einfache Fall einer Abbaulücke behandelt, naturgemäß sind noch zahlreiche Ergänzungsversuche mit mehreren Abbaulücken, mit schräg gestellten Hohlräumen und einfallenden Schichten anzuknüpfen.

Der Zweck der hier angeführten Arbeit ist aber damit erreicht, wenn es gelungen ist, auseinanderzusetzen, daß durch den Modellversuch und bei Anwendung statischer Gesetze eine Klärung von Gebirgsdruckfragen unter Tage

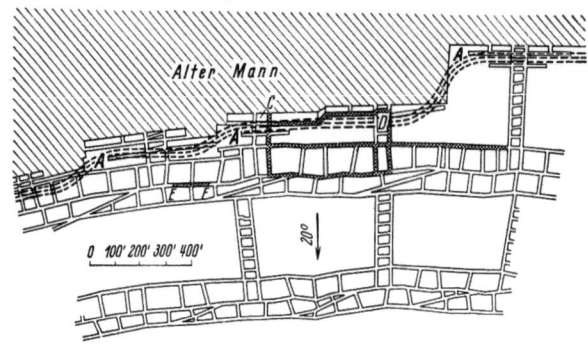

Bild 13

ähnlich möglich wird, wie die Klärung von sichtbaren Bergschäden über Tage, die vom Markscheider mit der Theorie der Bruch- und Grenzwinkel und der Trogtheorie zu lösen versucht wurde.

MODELLVERSUCHE ZUR KLÄRUNG DER SPANNUNGSVERTEILUNG IN DER UMGEBUNG VON STRECKEN IM GEBIRGE[1]

Von Dipl.-Ing. K. H. Bußmann und Dr.-Ing. K. Stöcke,
Gruppe Maschinenbau und Gruppe Natursteine des Staatlichen Materialprüfungsamts Berlin-Dahlem

Einleitende Bemerkungen

Für die Beurteilung der Festigkeitsbedingungen von Bergbaustrecken und Tunnels ist die Tatsache maßgebend, daß die betreffende „Lücke" zusammen mit dem Gesteinskörper, der sie umgibt, ein Ganzes bildet. Sowohl die Form der Lücke als auch die Festigkeitseigenschaften des umgebenden Gebirges bestimmen die Tragfähigkeit dieses Ganzen mehr oder minder stark. Der massive Gebirgskörper stellt ein Spannungsfeld dar. Die Größe der dort herrschenden Spannungen ist von Ort zu Ort je nach der Teufe und dem Aufbau des Gebirges verschieden, es besteht jedoch insofern ein Gleichgewichtszustand, als der Mangel an Ausweichmöglichkeiten und die Festigkeit des Gebirges einen Ausgleich oder eine Verschärfung der Spannungsgegensätze verhindert. Eine Strecke, die in einen derartigen Gesteinskörper oder in ein Kohlenflöz hineingetrieben wird, stört das dort herrschende Gleichgewicht. Sind gar mehrere Strecken neben- oder übereinander vorhanden, so werden sich diese gegenseitig beeinflussen. Es entsteht ein Konstruktionsgebäude, dessen richtige Gestaltung maßgebend ist für seine Festigkeitsverhältnisse.

Dem Einfluß von Form und Anordnung der Strecke überlagern sich die Einflüsse der Gebirgsdruckhöhe, die Festigkeitsbedingungen und die Lage der beteiligten Gesteinsschichten; ferner spielen für die Tragfähigkeit des Konstruktionsgebäudes die „Vorgeschichte" des Gesteinskörpers, nämlich die tektonischen und sonstigen Beanspruchungen, denen er ausgesetzt war, sowie Feuchtigkeit und Temperatur eine wesentliche Rolle.

Um bei der großen Zahl der bei so vielfältigen Bedingungen sich ergebenden Fragen zu einem klaren Bild zu kommen, ist es erforderlich, die Einzeleinflüsse voneinander zu trennen und so soll hier nur von den Spannungs- und Formänderungsverhältnissen die Rede sein.

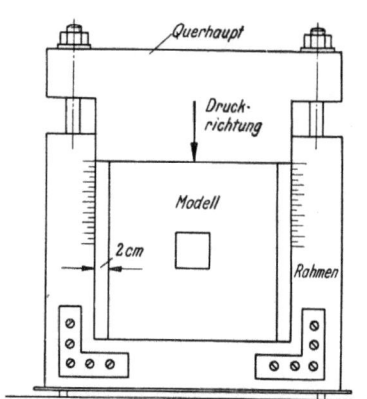

Bild 1. Modell im Druckrahmen gemäß Versuchsanordnung I

Die zur Erklärung von gewissen, in dieses Gebiet gehörenden Erscheinungen — schalenartiges Absplittern der Stöße, explosionsartiges Auswerfen von Gesteinen aus Eckzonen der Strecke, mannigfache Verwerfungen, wie z. B. Einsenkungen und Stoßverkürzungen — bisher aufgestellten Theorien[2] widersprechen sich leider vielfach und ordnen sich nicht zwangsläufig in einen großen physikalischen Zusammenhang ein. Erst die Anwendung der Regeln der

---

[1] Siehe auch ergänzend: E. Lehr: Modellversuche an Balken auf elastischer Unterlage zur Klärung der Spannungsverteilung im Hangenden von Abbenörtern. VDI-Forsch.-Heft 372, Berlin: VDI-Verlag 1935.

[2] Siehe die Schrifttumszusammenstellung zu dem Aufsatz von E. Lehr und K. Seidl, VDI-Forsch.-Heft 372, Berlin: VDI-Verlag 1935.

Elastizitäts- und Festigkeitslehre im weitesten Sinne, auf denen auch die „Systematik bleibender Formänderungen" aufbaut, gestattet eine wirklich befriedigende Erklärung dieser Vorgänge zu finden.

Um zu exakten, vergleichbaren Unterlagen zu kommen, ist stets dann, wenn das Objekt selbst eine Trennung der Einzeleinflüsse nicht gestattet, die Durchführung von Modellversuchen am Platze. Bei diesen können einwandfrei festgelegte Versuchsbedingungen geschaffen werden; wird jeweils nur eine von diesen geändert, so tritt deren Einfluß klar zutage. Nachstehend sei über derartige Versuche kurz berichtet.

Beschreibung der Versuche

Der Einfluß einer Lücke auf die Spannungsverteilung in ihrer Umgebung wurde an Hand von Modellversuchen untersucht, die mit Körpern aus plastischem, elastischem und sprödem Werkstoff durchgeführt wurden. Dabei

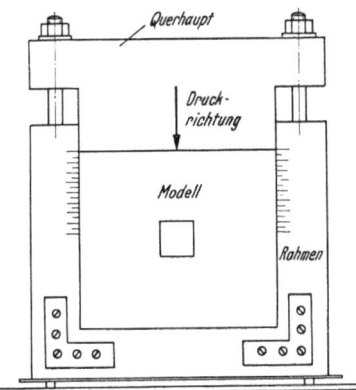

Bild 2. Modell im Druckrahmen gemäß Versuchsanordnung II

wurde der quadratische und der elliptische Querschnitt als Ausgangsform für die Lücke gewählt. Beide Lückenarten wurden bei Druckbeanspruchung unter den Bedingungen untersucht, daß

I. gemäß Bild 1 sich der Modellkörper sowohl in Richtung der Streckenachse, als auch in der hierzu senkrechten Querachse frei ausdehnen konnte;

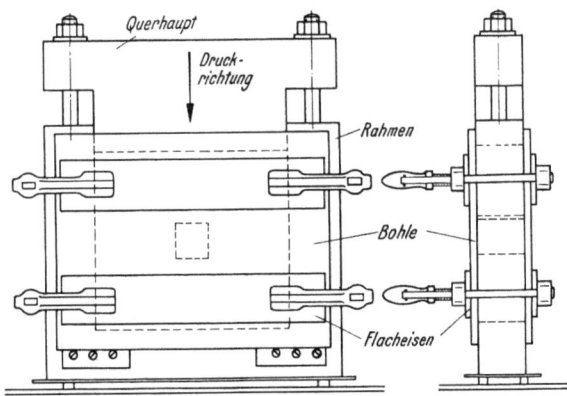

Bild 3. Modell im Druckrahmen gemäß Versuchsanordnung III

II. gemäß Bild 2 eine Ausdehnung nur in Richtung der Streckenachse möglich war und

III. gemäß Bild 3 die Ausdehnung allseitig behindert wurde, so daß ein Ausweichen nur noch in die Strecke hinein möglich war.

Die allseitige Ausdehnung (Fall I) ist möglich bei entwickeltem Abbau, Streb mit Begleichstrecken u. dgl.

Die Ausdehnung nur in Richtung der Streckenachse (Fall II) wird in den meisten Fällen beim Vortrieb von Strecken eintreten. Mündet die Strecke auf Füllörter, Stapelschächte oder geht sie von einer Richtstrecke oder von einem Querschlag aus, so ist an diesen Einmündungsstellen eine Bewegung in Richtung der Streckenachse auf den schon bestehenden Grubenhohlraum möglich.

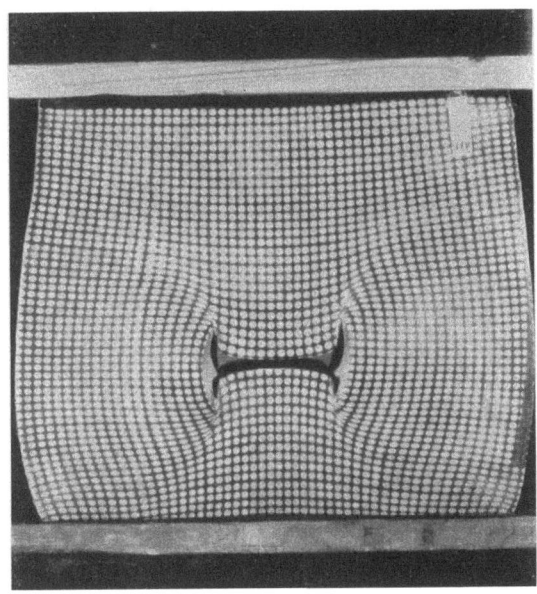

Bild 4. Quadratische Lücke im Plastilinmodell unter starker Druckwirkung

Die allseitig behinderte Ausdehnung (Fall III) liegt z. B. vor Ort einer in das frische Feld vorgetriebenen Strecke vor. Hier blockieren bei weitem Vortrieb die rückwärtigen Zonen die Ausdehnung in dieser Richtung und ein Ausweichen ist praktisch nur in die Strecke hinein möglich.

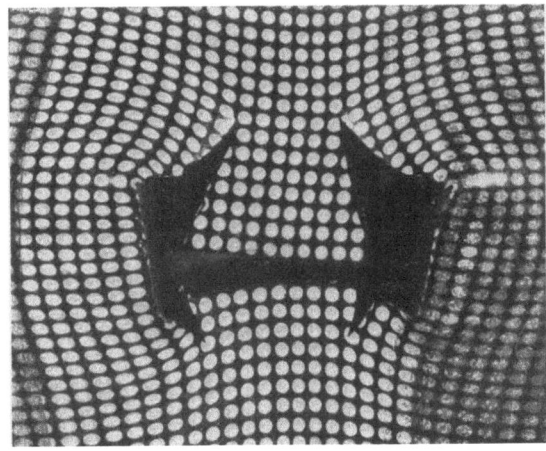

Bild 5. Quadratische Lücke im elastischen Modell unter starker Druckwirkung

Im großen und ganzen ist zwar der Fall der allseitig möglichen oder nur teilweise behinderten Ausdehnungsmöglichkeit der häufigste, der Fall der allseitig behinderten Ausdehnung hatte jedoch als Grenzfall ebenfalls für die Untersuchung Interesse.

Die quadratische Lücke

Zunächst seien die bei einer **quadratischen Lücke** gefundenen Ergebnisse hier nochmals aufgeführt.

Auf eine ausführliche Wiedergabe kann mit Rücksicht auf ihre bereits früher erfolgte vollständige Veröffentlichung[3] verzichtet werden.

Bei den Versuchen mit plastischen Modellen (Plastilin) und elastischen Modellen (Gelatine-Glycerin-Mischung) zeigt sich insofern eine äußere Übereinstimmung, als beide Modellarten bei Versuchsbedingung I (allseitige Ausdehnung) ein Hineinwachsen von Firste und Sohle in die Strecke hinein unter Bildung von Anrissen in den Ecken zeigen (Bild 4 und 5). Während jedoch die Stöße beim plastischen Material infolge ihrer Standfestigkeit eine gewisse Stanzwirkung ausübten und so Firste und Sohle zum Abscheren brachten (Bild 6), bildeten sich bei den hochelastischen Modellen in den Ecken Zugspannungen aus, die man in Bild 7 an der langgezogenen Form der aufgespritzten Kreise erkennt und denen schließlich der Werkstoff nicht mehr gewachsen ist.

Bei den plastischen Modellen wichen die Stöße etwas nach der Seite aus, wie besonders deutlich Bild 4 erkennen

[3] E. Lehr und K. Seidl: Modellversuche zur Klärung der Spannungsverteilung in der Umgebung von Strecken im Gebirge. VDI-Forsch.-Heft 372, Berlin: VDI-Verlag 1935.

läßt, während sie beim elastischen Werkstoff gerade blieben und erst nach Ausbildung der Risse, und zwar an der zuerst angerissenen Firstseite am stärksten, nach außen auswichen.

Unter der Voraussetzung, daß eine Ausdehnung nur in Richtung der Streckenachse möglich war (Versuchsbedingung II), blieb sowohl beim plastischen, als auch beim elastischen Modell die Strecke länger offen, als bei Versuchsbedingung I. Die Stöße blieben beim plastischen Körper gerade (Bild 8), während sie bei der Gelatine-Glycerin-Mischung leicht nach innen gewölbt waren (Bild 9). Aus diesem andersartigen Verhalten der Stöße ist das geringere Zuwachsen der Strecke bei Anordnung II zu erklären: Der gerade Stoß des Plastilin-Modells ist steifer als der nach außen gewölbte; der beim elastischen Modell nach innen gewölbte Stoß läßt nicht so hohe Zugspannungen aufkommen, wie der gerade.

Bei Versuchsbedingung II wurde im übrigen erwartungsgemäß ein stärkeres Ausweichen des Werkstoffs in

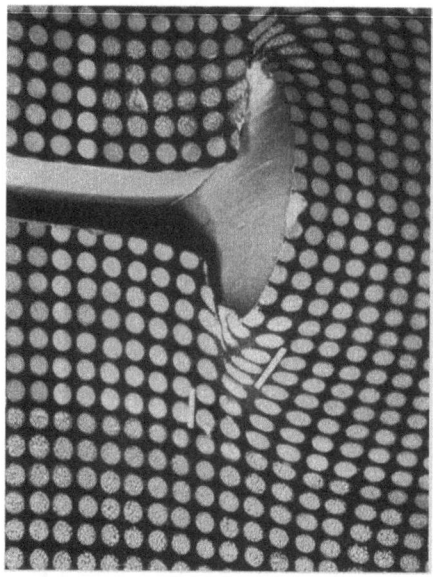

Bild 6. Stanzwirkung der Stöße beim Plastilinmodell

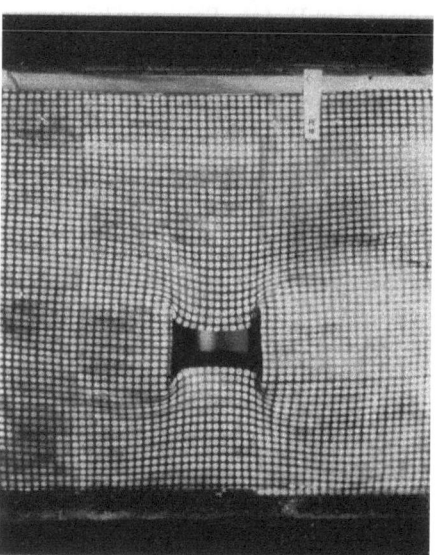

Bild 8. Quadratische Lücke im Plastilinmodell bei Versuchsanordnung II

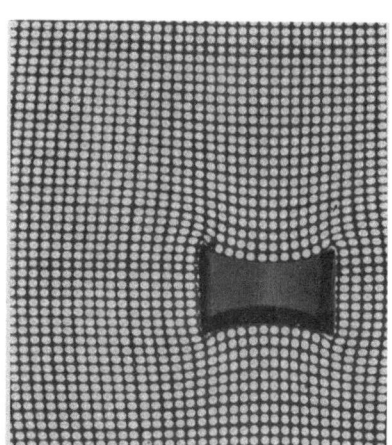

Bild 7. Rechteckige Lücke im elastischen Modell mit starken Zugspannungen in den Ecken

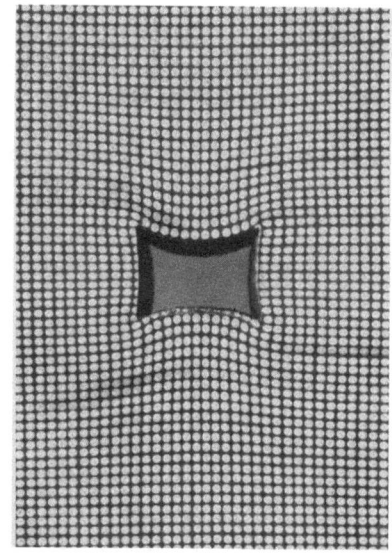

Bild 9. Quadratische Lücke im elastischen Modell bei Versuchsanordnung II

der Streckenrichtung gefunden als bei Versuchsbedingung I. Bemerkenswert hierbei ist jedoch, daß dieses Ausweichen

Bild 10. Schnitte durch das Plastilinmodell nach dem Versuch mit allseitig behinderter Ausdehnung. Man erkennt die Einfaltung der Eckzonen

rechts und links von der Strecke stattfand, während die Modelloberfläche in dem Bereich über und unter der Strecke

Bei dem Plastilin-Modell floß unter dieser Versuchsbedingung der Werkstoff vorwiegend in der Druckrichtung, im übrigen jedoch allseitig in die Strecke hinein, ohne daß eine Materialtrennung in den Ecken stattfand. Hier faltete sich das Material einfach zusammen, wie Bild 10 deutlich erkennen läßt. Die Strecke verengte sich bei diesem Versuch wesentlich stärker als bei den vorangegangenen.

Die Paraffin-Modelle zeigten ein gänzlich anderes Verhalten. Bei Versuchsanordnung II entstanden zunächst leichte Adhäsionsbrüche senkrecht zu Firste und Sohle. Diese Brüche blieben jedoch im weiteren Verlauf des Versuchs in dem anfänglichen Zustand und gefährdeten den Zusammenhalt des Modells in keiner Weise. Aus den Stößen brachen schalenartige Absplitterungen aus, die sich in die Strecke hineinschoben, während Firste und Sohle völlig unverletzt blieben (Bild 11). Im weiteren Verlauf der Versuche entstanden in Richtung einer Diagonale Brüche, die als Schubbrüche unter 45° zur Modelloberfläche den Körper durchsetzten und ihn so in zwei Teile zerlegten (Bild 12), die aufeinander abrutschten (Bild 13).

Bei Versuchsanordnung III entstanden neben diesen Erscheinungen auch noch in der anderen Diagonalrichtung Schubbrüche. Die Brüche verliefen in beiden Diagonalrichtungen allerdings nicht mehr unter 45°, sondern senk-

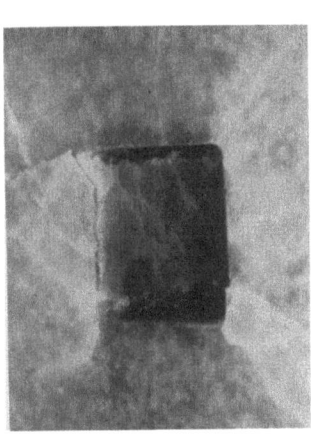

Bild 11. Paraffinmodell mit quadratischer Lücke und beginnender Zerstörung der Stöße bei Versuchsanordnung II

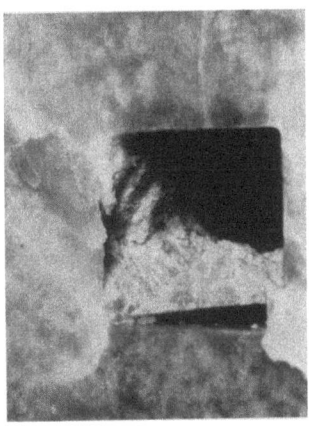

Bild 12. Paraffinmodell mit schalenartiger Absplitterung der Stöße und deutlicher Ausbildung der Diagonalbrüche bei Versuchsanordnung II

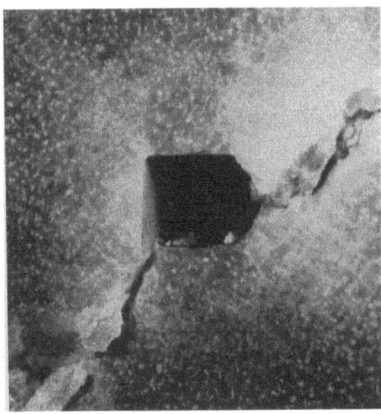

Bild 13. Paraffinmodell mit quadratischer Lücke, dessen Ober- und Unterteil aufeinander abgerutscht sind, bei Versuchsanordnung II

Bild 14. Paraffinkörper mit quadratischer Lücke nach dem Versuch bei Versuchsanordnung III

nahezu eben blieb. Unter Versuchsbedingung III (Ausweichmöglichkeit in die Strecke hinein) wurde das Gelatine-Glycerin-Modell nicht untersucht, da die für die übrigen Versuche benutzte Vorrichtung dies nicht gestattete.

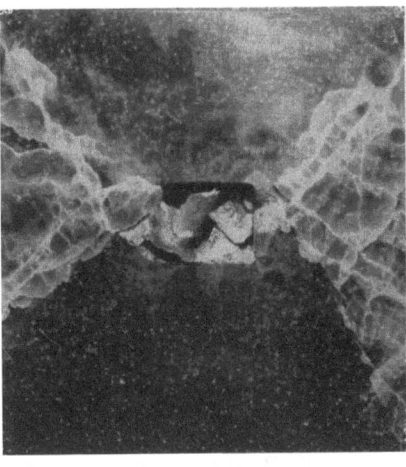

Bild 15. Paraffinkörper mit quadratischer Lücke bei Versuchsanordnung III am Ende des Versuchs. Man erkennt die hereingebrochenen Stöße und die vollständig erhaltene Firste und Sohle

66 Fragen des Gebirgsdrucks und der Abbauwirkungen

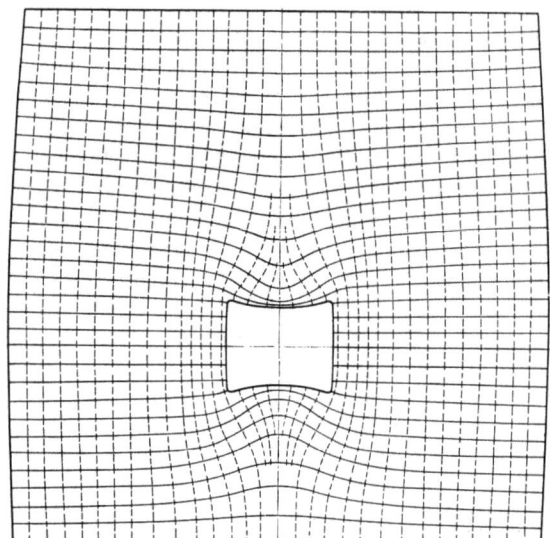

Bild 16. Netz der Hauptspannungslinien für den elastischen Körper mit quadratischer Lücke bei Versuchsanordnung I. Die Hauptspannungslinien sind so entworfen, daß sie an jeder Stelle die Richtung der versuchsmäßig ermittelten Hauptachsen der Hauptspannungen kennzeichnen

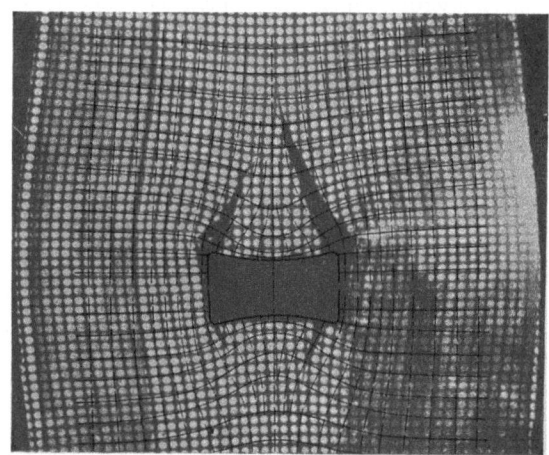

Bild 17. Modellkörper mit eingetragenem Hauptspannungsnetz. Man erkennt, daß die Brüche fast genau in Richtung dieser Hauptspannungen verlaufen

Bild 18. Strecke im Thick Coal mit Hauptspannungsrissen zeigt, daß in Kohlebergwerken Brucherscheinungen ähnlich den bei den vorliegenden Versuchen beobachteten auftreten. Man beachte besonders die Brucherscheinungen in der Firste (Abb. aus: K. Seidl, „Erfahrungen beim Abbau mächtiger Flöze in großer Teufe in Mittelengland und ihre Nutzanwendung in Oberschlesien. Z. Berg-, Hütten- und Salinenwesen 1933 S. 162/69)

recht zur Oberfläche, wodurch 4 Teilkörper entstanden, die in Bild 14 deutlich zu erkennen sind. Bild 15 zeigt die völlig zusammengetriebene Strecke, die mit Bruchstücken von den Stößen her angefüllt ist, während Firste und Sohle

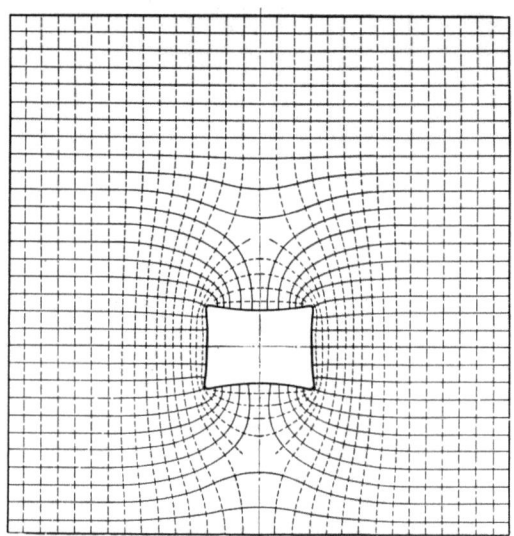

Bild 19. Hauptspannungslinien für das elastische Modell mit quadratischer Lücke in Versuchsanordnung II. Man beachte besonders die spannungsfreien Bezirke (singuläre Punkte), die sich oberhalb und unterhalb der Lücke ausbilden

vollständig erhalten sind. Die rechts und links von der Strecke entstandenen Teilstücke sind, wie Abb. 14 zeigt, vollständig in sich zertrümmert, während die beiden anderen Teilstücke, die oberhalb der Firste und unterhalb der Sohle lagen, praktisch vollständig erhalten sind.

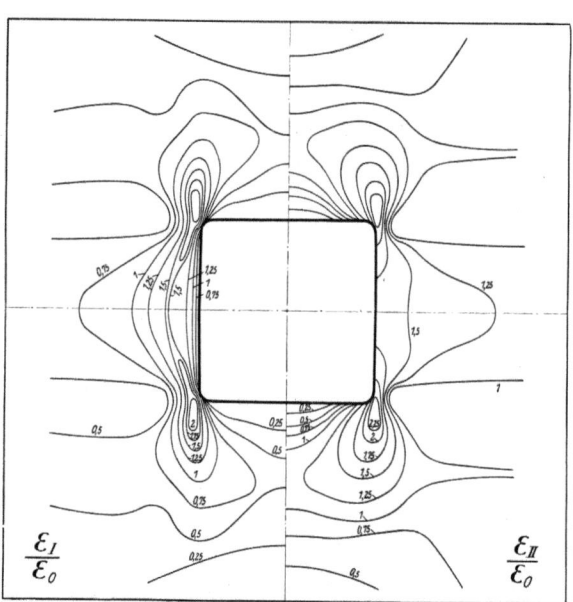

Bild 20. Höhenlinienpläne der ersten und der zweiten Hauptdehnung; linke Hälfte Hügel der ersten Hauptdehnung, diese verläuft in Richtung der ausgezogenen Hauptspannungslinien in Bild 19; rechte Hälfte Hügel der zweiten Hauptdehnung, die in Richtung der gestrichelten Hauptspannungslinien in Bild 19 verläuft

Bei den Versuchen mit Gelatine-Glycerin-Körpern wurde versucht, die örtlichen Verformungen auch größenordnungsmäßig und ihrer Richtung nach festzulegen. Bild 16 zeigt das Netz der Hauptspannungslinien für Versuchsbedingung I, Bild 17 den Modellkörper selbst mit dem darüber gezeichneten Hauptspannungsliniennetz — man erkennt die gute Übereinstimmung — und Bild 18 eine Strecke im Thick-Coal mit Entspannungsrissen, bei dem ähnliche Brucherscheinungen eingetreten sind. Bild 19

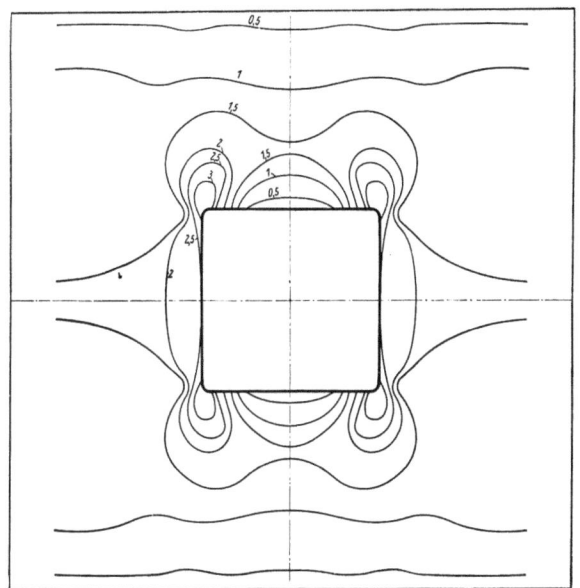

Bild 21. Höhenlinienplan für den Hügel der Anstrengung, die nach der Hypothese von Sandel (Hauptdehnungsvektor maßgebend) berechnet wurde. Man erkennt, daß an den Ecken des Stollenquerschnitts eine etwa dreifache Spannungserhöhung vorliegt

zeigt die Hauptspannungslinien bei Versuchsbedingung II, Bild 20 gibt den Plan der Hauptdehnungen, Bild 21 den Höhenlinienplan für den Hügel der Anstrengung wieder. Man erkennt in diesem Höhenlinienplan, daß in den Ecken der Strecke die Punkte höchster Anstrengung im Modell

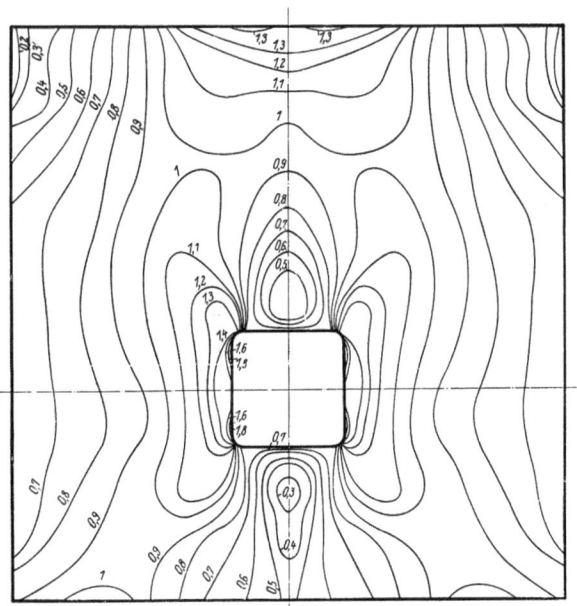

Bild 22. Höhenlinienplan des Hügels der Anstrengung (Hypothese der größten Gestaltsänderungsarbeit)

liegen, daß außer den Modellecken auch Partien unmittelbar neben den Stößen besonders hoch beansprucht sind, während die Beanspruchung oberhalb der Firste verhältnismäßig gering ist. Durch Dehnungsmessungen an einer Stahlplatte, die in der ersten Veröffentlichung ausführlich

beschrieben sind, wurden diese Ergebnisse nachgeprüft. Bild 22 gibt den Höhenlinienplan des Hügels der Anstrengung wieder. Man erkennt, daß in Anlehnung an den Höhenlinienplan Bild 21 die Ecken die am meisten gefährdeten Stellen sind, während sich oberhalb der Firste und unterhalb der Sohle nahezu spannungsfreie Gebiete ausgebildet haben. Ein in diese Gebiete hineingetriebener Stollen würde durch den Hauptstollen nahezu vollständig entlastet sein.

Die elliptische Lücke

Im folgenden seien nun noch auszugsweise die Versuche mit einer elliptischen Öffnung beschrieben.

Bei dieser Lückenform zeigten die Körper aus Plastilin bei Versuchsanordnung I zunächst ein leichtes, mit zunehmender Gesamtverformung immer stärkeres, seitliches Ausweichen der Stöße, bei gleichzeitiger Annäherung von

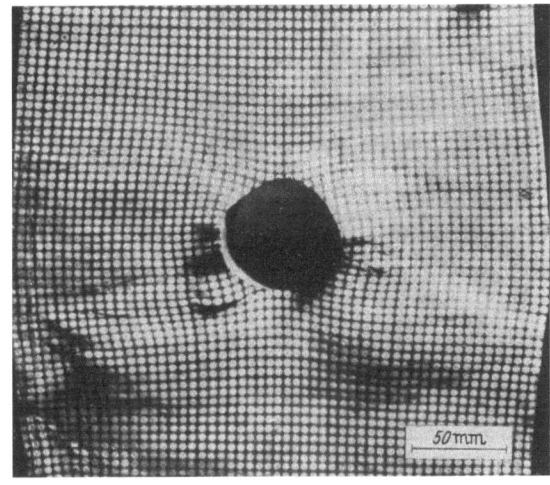

Bild 23. Plastilinkörper mit ovaler Öffnung bei Versuchsanordnung I und mittlerer Belastung

Firste und Sohle und kissenförmigen Vorwölbungen des rechten und linken Stoßes in Richtung der Streckenachse und der Oberfläche rechts und links unterhalb der Strecke (Bild 23). Im Scheitel der Firste und der Sohle entstanden erst Risse, nachdem die Verformung der Lücke soweit fort-

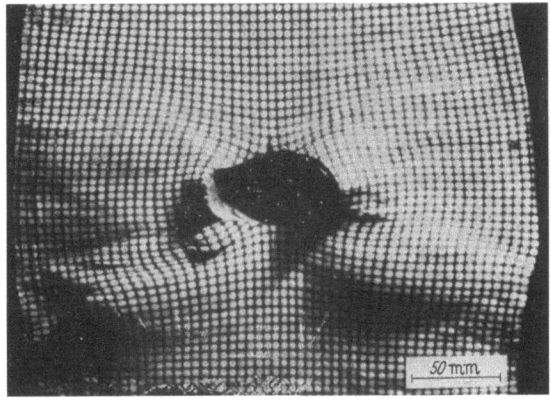

Bild 24. Versuchskörper von Bild 23 bei starker Belastung

geschritten war, daß der ursprünglich elliptische Querschnitt angenähert kreisförmige Gestalt angenommen hatte. Die Risse verliefen in Richtung der Streckenachse, was auf senkrecht zur Streckenachse in der Firste wirksame Zugspannungen schließen läßt. Auch bei einer Zusammenschiebung des Gesamtkörpers um 60 mm, d. h. um rund

70 % der ursprünglichen Streckenhöhe, kam es nicht zu Lostrennungen oder zu einer völligen Zusammenschiebung von Firste und Sohle. Vielmehr betrug auf dieser Versuchsstufe die freie Höhe der Strecke noch etwa 45% des ursprünglichen Wertes, war also verhältnismäßig sehr beachtlich. Bei dieser Verformung, bei der die Breite der Strecke größer war als ihre Höhe, trat der in der Firste entstandene Längsriß besonders stark hervor (Bild 24).

Bei der Versuchsanordnung II, bei welcher eine Ausdehnung nur nach der Richtung der Streckenachse möglich war, wuchs die Lücke (im Gegensatz zu Versuchsanordnung I) allseitig langsam zu. Risse in First und Sohle bildeten sich erst verhältnismäßig spät aus und verliefen in einer Hauptrichtung quer zur Achse, was auf Zugspannungen in Richtung der Streckenachse, die durch die Ausdehnung des Materials in dieser Richtung entstehen, schließen läßt. Zum Teil zeigten diese Risse keinen glatten, sondern einen zickzackförmigen Verlauf. Bild 25 wurde nach Abschluß sämtlicher Versuche aufgenommen und zeigt diese in der Firste entstandenen Risse besonders deutlich. Wieder ist, wie bei Versuchanordnung I, eine Vorwölbung der Oberfläche festzustellen, als deren Folge das Auftreten von Zugspannungen bereits gekennzeichnet wurde. Bei der gleichen Gesamtverformung wie bei Versuchsreihe I betrug die Streckenhöhe noch 55% des ursprünglichen Wertes. Wie Bild 26 zeigt, ging jedoch die Verformung der Strecke durchaus unsymmetrisch vor sich, was durch Faltungserscheinungen, die durch die ganze Dicke des Modellkörpers auftraten, an der Oberfläche jedoch besonders deutlich sichtbar wurden, bedingt war. Man vergleiche hierzu auch das Bild 27.

Bei Versuchsanordnung III wuchs die Strecke, da dem plastischen Material ein anderer Ausweg nicht blieb, erheblich schneller zu, als bei den anderen Versuchsanordnungen. Diese Erscheinung war zu erwarten. Zu beachten ist jedoch, daß die Verengung in der Querrichtung stärker war als in der senkrechten. Es fand also ein deutliches Hereinwandern der Stöße in die Strecke statt.

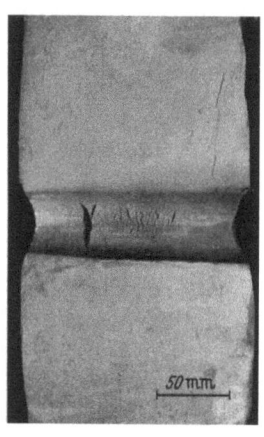

Bild 25. Ansicht der Firste eines Plastilinkörpers mit elliptischer Lücke bei Versuchsanordnung II nach dem Versuch

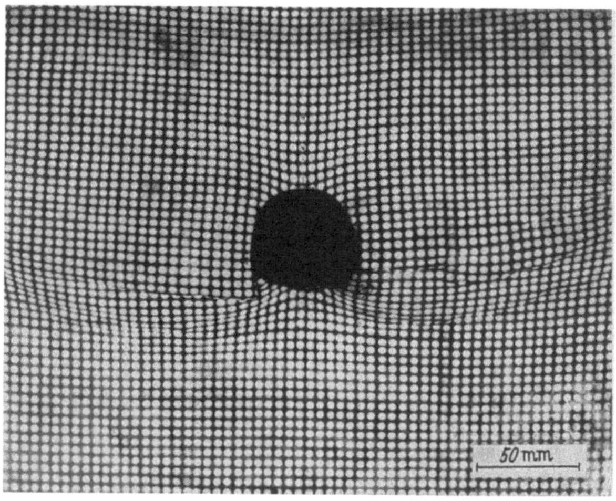

Bild 26. Verformung der elliptischen Öffnung in einem Plastilinkörper nach Versuchsanordnung II in Ansicht von vorne

Bild 27. Versuchskörper von Bild 26 beim gleichen Belastungszustand in Seitenansicht. Man erkennt den Verlauf der Faltungen im linken Stoß

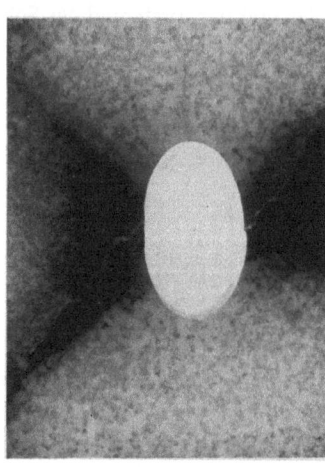

Bild 28. Paraffinkörper mit elliptischer Öffnung in Versuchsanordnung II im durchfallenden Licht

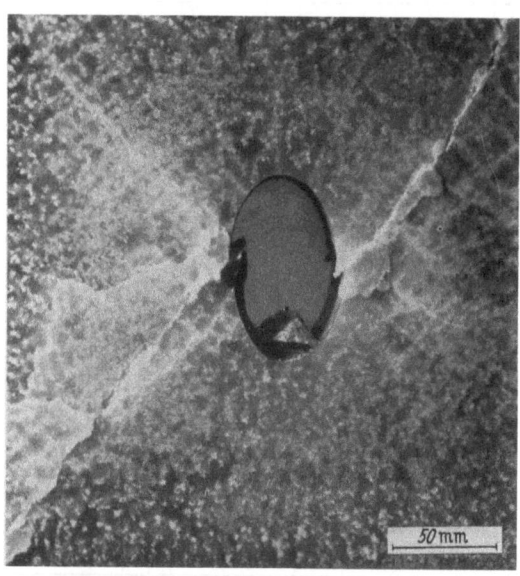

Bild 29. Paraffinkörper mit ovaler Öffnung und ausgesplitterten Stößen

Ganz anders verhalten sich erwartungsgemäß die Paraffin-Modelle. Hier entstand bei Versuchsanordnung II schon bei geringster Belastung in der Firste der Strecke ein die ganze Dicke des Körpers durchsetzender Kohäsionsbruch. Dieser Bruch blieb jedoch in der Folge bedeutungslos. Es entstand vielmehr unmittelbar anständig, so daß, wie Bild 31 erkennen läßt, schließlich die ganze Strecke mehr oder minder davon gefüllt war. Der obere Teil des Modells machte dabei, wie Abb. 32 andeutungsweise zeigt, eine leichte Drehbewegung um eine senkrechte Achse gegenüber dem unteren Modellteil. Die Ursache für diese Bewegung lag in dem Entstehen einer von

Bild 30. Gleicher Versuchskörper wie Bild 29. Man erkennt die dachförmige Lücke im linken Stoß

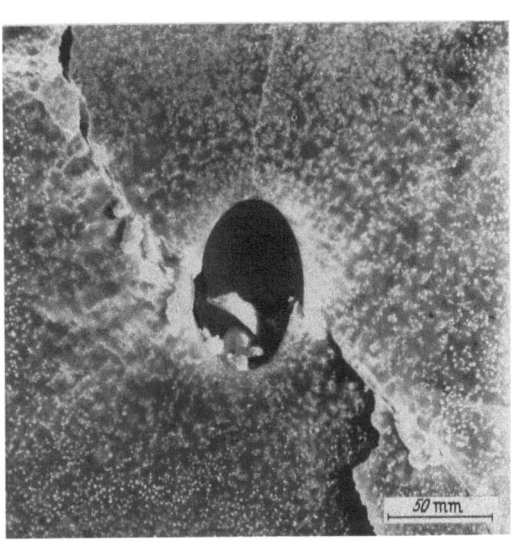

Bild 32. Gleicher Versuchskörper wie Bild 29. Man erkennt die Verdrehung des oberen Teiles gegenüber dem unteren

schließend ein in der Diagonalrichtung verlaufender Schubbruch, zu dem sich bald zahlreiche weitere Bruchansätze hinzugesellten. Die „Quellgebiete" der Haupt-Schubbruchflächen sind die Mitten der Stöße. Bild 28 zeigt eine Aufnahme des mit einer starken Lichtquelle durchleuchteten Modells. Bei dieser Aufnahmeart machen

der Streckensohle ausgehenden, unter 45° zur Modelloberfläche geneigten Schubbruchfläche, die auch zu einer erst nach dem Ausbau erkennbaren senkrechten Zweiteilung des Modellkörpers führte (Bild 33).

Bild 31. Gleicher Versuchskörper wie Bild 29 im späteren Versuchsstadium. Man erkennt, daß aus den Stößen stets neue „Schalen" ausgeworfen werden

sich Risse als Schatten bemerkbar, da an diesen Stellen der Durchschnitt des Lichtes durch das Paraffin behindert ist. Man erkennt deutlich die starken Schatten- und Anrißgebiete seitlich der Stöße, während die durch die Diagonalen begrenzten Gebiete ober- und unterhalb der Strecke bis auf den Kohäsionsriß in der Firste frei von Zerstörungen blieben. Im weiteren Versuchsablauf trat dann bald ein Abschalen der Stöße auf; die dachförmige Gestalt der Bruchstücke ist aus den Bildern 29 und 30 deutlich zu erkennen. Bei weiteren Belastungen vermehrt sich die Anzahl der aus den Stößen ausgeworfenen Schalen

Bild 33. Versuchskörper wie Bild 29 nach dem Ausbau

Wie bei der vorangegangenen Versuchsanordnung entstanden auch bei allseitig behinderter Ausweichmöglichkeit starke Schubbrüche, sowohl in der Diagonalen als auch unter 45° zur Modelloberfläche. Die durch die Diagonale begrenzten Gebiete rechts und links der Strecke zeigten sich mit Scharen von Bruchansätzen durchsetzt (Bild 34). Aus den Stößen wurden dachförmige Schalen (Bild 35) ausgeworfen; in Übereinstimmung mit Versuchsanordnung II konnte auch hier eine deutliche Drehbewegung des oberen Teiles gegenüber dem unteren festgestellt werden, die in diesem Fall durch die ungleichmäßig verteilten Schubbrüche rechts und links der Strecke, die auf der einen Seite unter 45° zur Modelloberfläche verlaufen, verursacht wurden. Bild 36 zeigt die Seitenflächen des Modells nach Beendigung des Versuches und Ausbau aus dem Versuchsrahmen.

Bei den Versuchen mit hochelastischen Modellkörpern der Versuchsanordnung I trat infolge der seitlichen Ausdehnungsmöglichkeit zunächst ein leichtes Ausweichen der Stöße, verbunden mit einer stärkeren Verkürzung der Streckenhöhe (Bild 37), auf. Bei einer Verkürzung des Gesamtkörpers um 28 mm nahm die Strecke gemäß Bild 38 nahezu Kreisform an, ohne daß Anrisse auftraten.

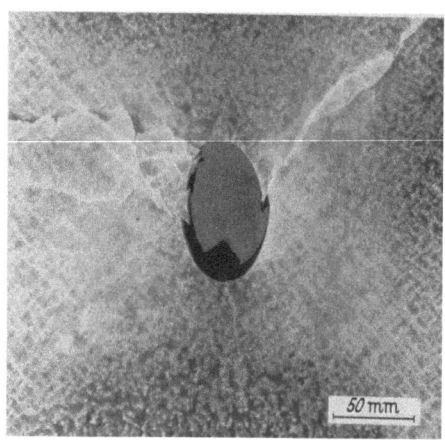

Bild 34. Paraffinkörper mit elliptischer Öffnung bei Versuchsanordnung III

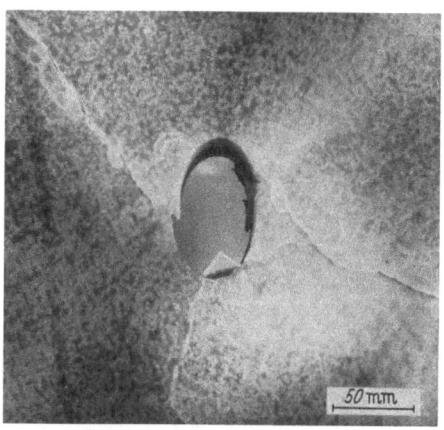

Bild 35. Modellkörper aus Bild 34. Aufnahme von der Rückseite

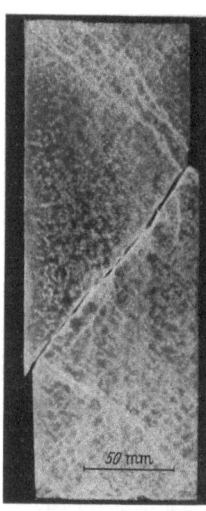

Bild 36. Modellkörper von Bild 34 nach dem Ausbau aus der Versuchsvorrichtung

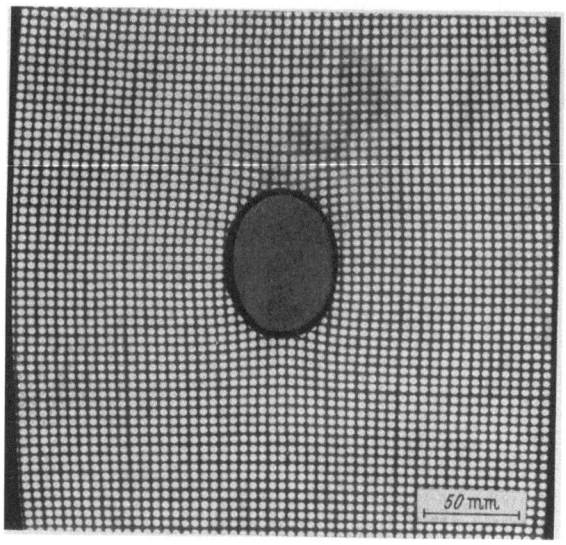

Bild 37. Elastischer Modellkörper mit elliptischer Lücke in Versuchsanordnung I bei geringer Belastung

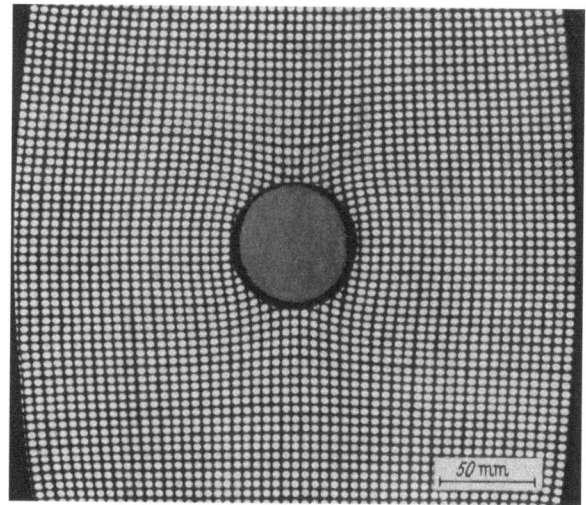

Bild 38. Der gleiche Versuchskörper wie in Bild 37 bei mittlerer Belastung

Bild 39. Versuchskörper von Bild 37 mit Anriß in der Sohle

Rechts und links von der Strecke liegende Teile wölbten sich vor; die Partie über Firste und unter Sohle erschien leicht eingezogen. Zwischen der Verformung und der rechts und links von der Strecke zur Verfügung stehenden Stützmasse des Modells bestand eine erhebliche Abhängigkeit. Bei einer Verschmälerung des Modells unter das normale Maß ergaben sich sofort stärkere Verformungen und

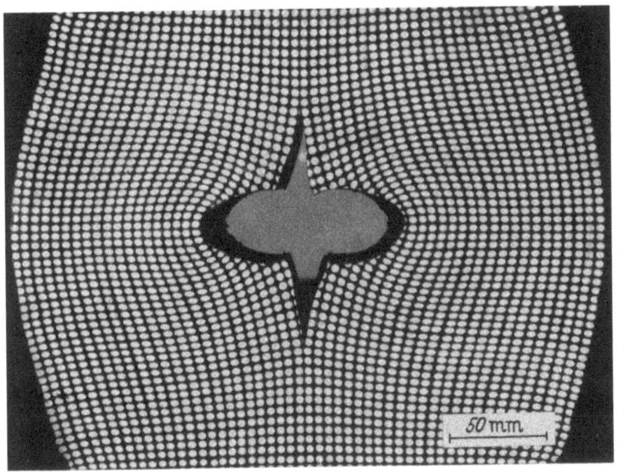

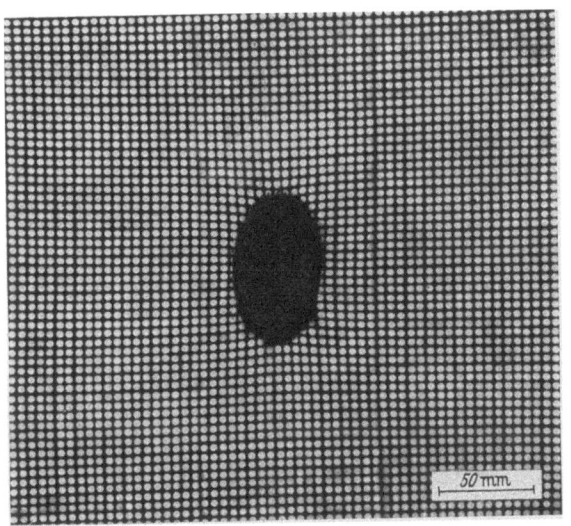

Bild 40. Versuchskörper von Bild 37 mit völlig zerstörter Lücke

Bild 43. Elastischer Versuchskörper mit elliptischer Lücke in Versuchsanordnung II. Die große Achse der Ellipse ist geringfügig aus der Senkrechten im Uhrzeigersinn verdreht

Zugspannungen quer zur Achse in Firste und Sohle (Bild 39), die zum Auftreten von Rissen führten (Bild 40) und ein verstärktes Auswölben der Stöße, so daß die mit ihrer größeren Achse senkrecht stehende Ellipsenform der

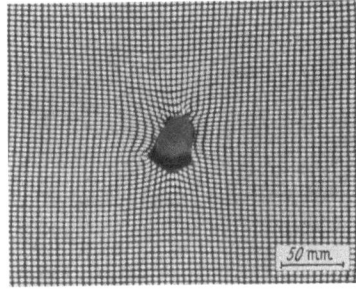

Bild 44. Versuchskörper von Bild 43 bei mittlerer Belastung

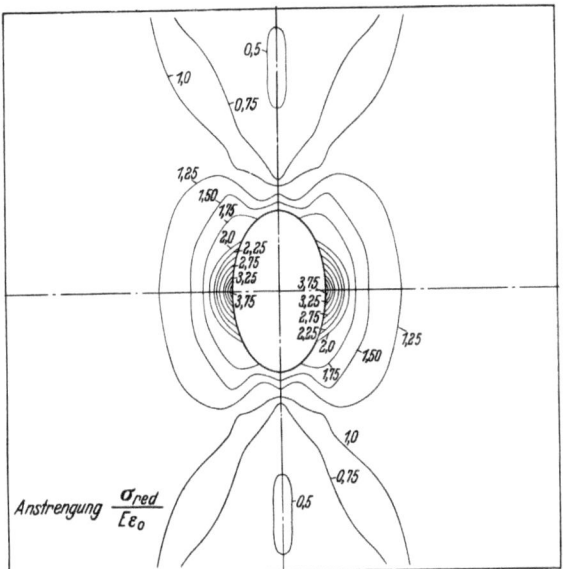

Bild 41. Elastischer Körper mit elliptischer Lücke in Versuchsanordnung II

Lücke sich in eine Strecke mit größter waagerechter Ausdehnung verwandelte.

Bei der Versuchsanordnung II traten im Gegensatz zum ersten Belastungsfall infolge der behinderten Ausdeh-

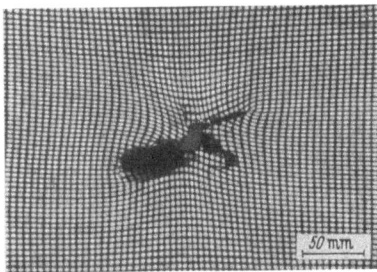

Bild 45. Versuchskörper von Bild 43 bei Versuchsende. Bei gleichbleibender Belastung lösten sich einzelne Teile der Oberfläche langsam ab. Man erkennt dies in dem als Zeitaufnahme gewonnenen Bild besonders deutlich an dem verwaschenen Schatten links

Bild 42. Höhenlinienplan des Hügels der Anstrengung für den elastischen Körper mit elliptischer Lücke bei Versuchsanordnung II

nungsmöglichkeit in der Querachse keine starken Zugspannungen in Firste und Sohle auf, so daß bei dieser Versuchsanordnung ein Einreißen von Firste und Sohle nicht erfolgte. Die Beanspruchung der Stöße war jedoch stärker, sie wuchsen mit zunehmender Belastung in die Strecke hinein (Bild 41), eine genaue Auswertung dieser Verhältnisse, bei der die Abmessungen der aufgespritzten und zu ellipsenförmigen Körpern verzerrten Kreiskörperchen be-

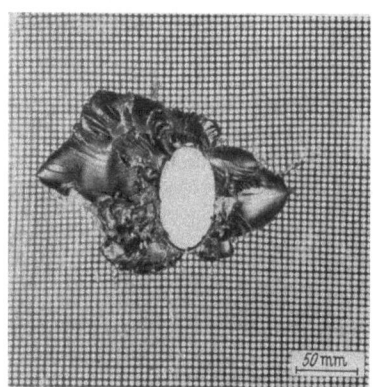

Bild 46. Teile der losgelösten Oberfläche. Interessant ist auch hier die schalenartige Form

stimmt wurden, ergab für die Anstrengung das Bild 42, aus dem entnommen werden kann, daß die Anstrengung in den Stößen besonders hoch ist, während ober- und unterhalb

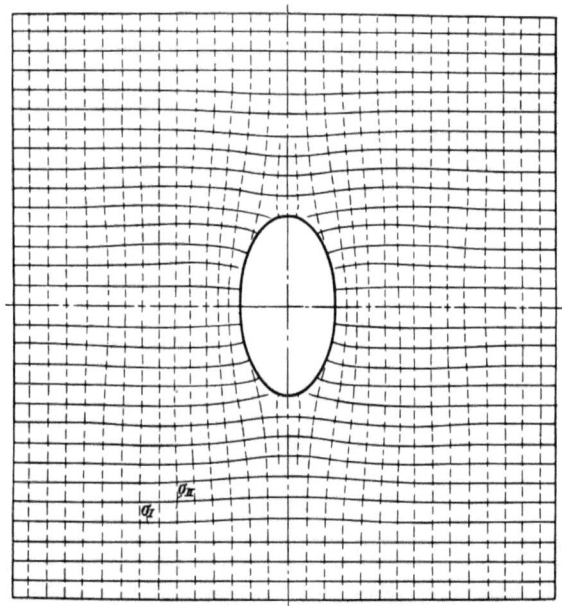

Bild 47. Versuchskörper von Bild 43 nach völliger Entlastung und mehrstündiger Erholungszeit

Bild 48. Hauptspannungslinien einer Stahlplatte mit elliptischer Öffnung nach Versuchsanordnung I, erhalten durch Messung mit dem Huggenberger Tensometer

der Strecke sich stark entlastete Zonen finden. Bemerkenswert ist, daß eine leichte Abweichung der Druckrichtung aus der großen Ellipsenachse etwa durch mangelhafte Ausrichtung des Modells in der Versuchseinrichtung (Bild 43) stark unsymmetrische Verformungen der Strecke zur Folge hatte. Auf Grund dieser Unsymmetrien entstanden Knickerscheinungen, so daß die Streckenform schließlich zu einem Vieleck ausartete (Bild 44), in dessen Umgebung äußerst verwickelte dreiachsige Spannungszustände mit hohen Zugspannungen senkrecht zur Modelloberfläche auftreten. Diese Zugspannungen waren äußerlich an dem Hervorquellen der Oberfläche zu erkennen. Als Folge dieser Spannungszustände erfolgte schließlich ein Abschälen der Oberfläche (Bild 45 und 46). Die nahezu vollkommene Elastizität des verwendeten Versuchsmaterials geht aus Bild 47 hervor, die nach völliger Entlastung und einer mehrstündigen Erholungszeit aufgenommen wurde.

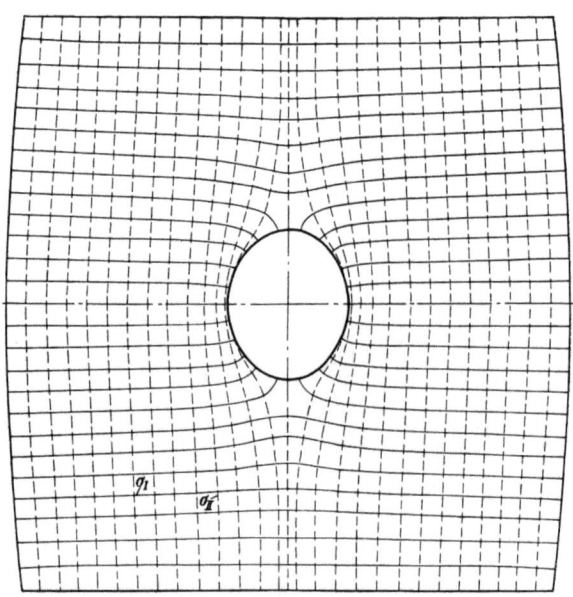

Bild 49. Hauptspannungslinien eines elastischen Körpers mit elliptischer Lücke in Versuchsanordnung I, erhalten durch Auswertung der Kreisverzerrungen auf der Oberfläche des Körpers

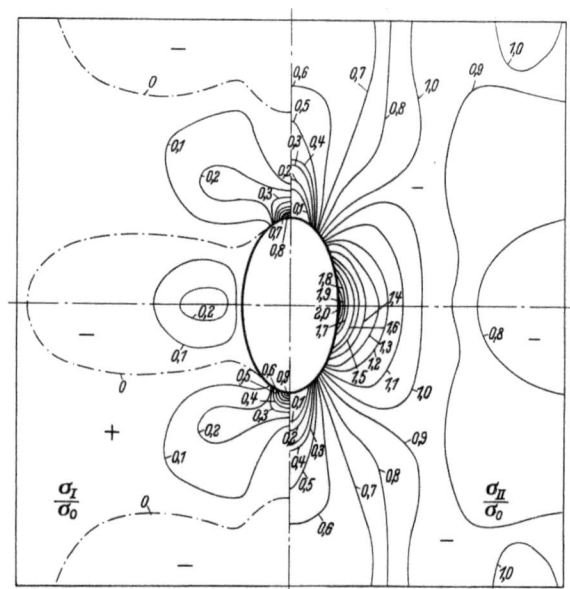

Bild 50. Höhenlinienplan der ersten und zweiten Hauptspannungen in einem Körper mit elliptischer Öffnung

Die Versuchsanordnung III ließ sich bei der Eigenart des verwendeten Versuchsmaterials nicht verwirklichen.

Die Versuche mit einem Stahlmodell konnten aus naheliegenden versuchstechnischen Gründen im Rahmen der vorgesehenen Versuche nur in Anordnung I durchgeführt werden. Die mit Huggenberger Tensometern durchgeführten Messungen ergaben hinsichtlich des Trajektorenbildes (Bild 48) völlige Übereinstimmung mit dem am hoch-

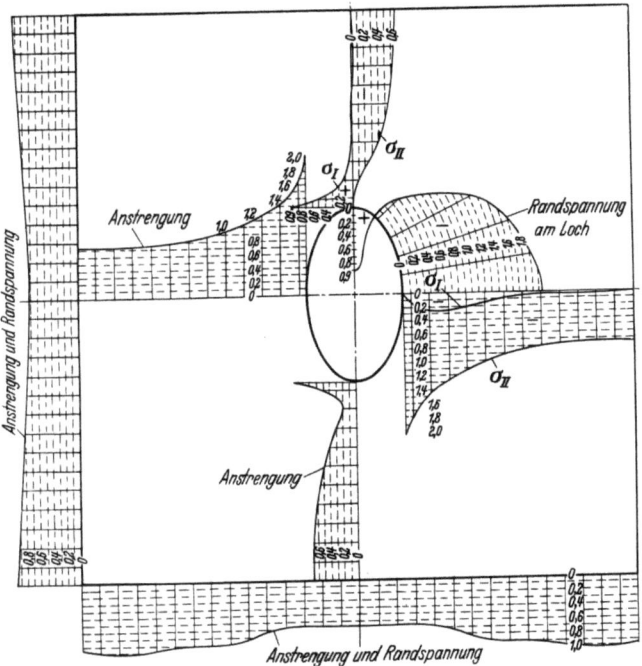

Bild 51. Randspannungen und Spannungen in den Hauptquerschnitten in einem Körper mit elliptischer Öffnung

elastischen Modell gewonnenen Bilde (Bild 49). Die scheinbaren Abweichungen sind lediglich durch die größere Verformungsfähigkeit des hochelastischen Körpers gegeben. Der Höhenlinienplan der Anstrengung zeigt, daß auch bei dieser Versuchsanordnung die Stöße wesentlich höher und zwar mehr als doppelt so hoch beansprucht sind als Firste

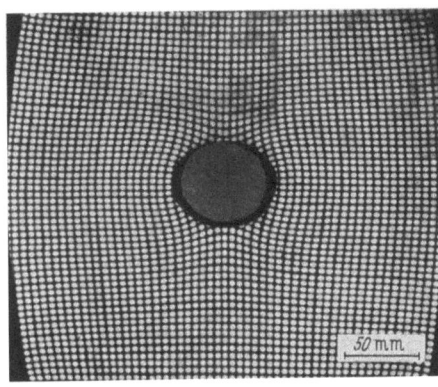

Bild 52. Körper mit elliptischer Öffnung bei starker Belastung

gefundenen Werte berücksichtigt werden. Es ist vielmehr auch die Frage der verschiedenartigen Empfindlichkeit der vorliegenden Werkstoffe auf Zug oder Druckspannungen zu bedenken. Diese Verhältnisse gehen besonders deutlich aus der Darstellung von Bild 51 hervor.

Zusammenfassende Beurteilung der Ergebnisse

Die Versuchsergebnisse bringen durchweg eindeutig den Beweis, daß bei schwierigen Gebirgsdruckverhältnissen bei ovaler Form des Streckenquerschnittes auf Firste und Sohle eine geringere Druckwirkung zum Angriff kommt als bei gewöhnlicher Trapezform mit Türstockausbau. Der ovale Streckenquerschnitt nimmt die im Gebirge auftretenden Spannungen somit günstiger auf.

Wo bei eckigem Streckenquerschnitt schon eine erhebliche Verformung, Durchbiegen der Firste und Aufwölben der Sohle bei gleichzeitigem, von den Eckbereichen ausgehendem Hereinbrechen der Stöße eingetreten ist, zeigt die Strecke mit ovalem Querschnitt sich vollkommen erhalten.

Für das elastische Material wird dies besonders durch den Vergleich der Bilder 52 und 5 deutlich, die bei nahezu gleichen äußeren Abmessungen des Modellkörpers und dem gleichen Belastungszustand (gemessen als Verminderung der Gesamthöhe des Modellkörpers) aufgenommen wurden. Eine ähnliche Anschauung vermitteln die Bilder 4 und 26. Obschon die in Bild 26 dargestellte elliptische Strecke stark verformt ist, erscheint sie doch noch frei, während die quadratische Lücke als völlig zerstört angesprochen werden muß.

In Firste und Sohle treten geringere Spannungen und Anstrengungen des Materials auf — Bild 53 (Anstrengungsbild) und Bild 50 (Druck- und Zugbeanspruchung) — als

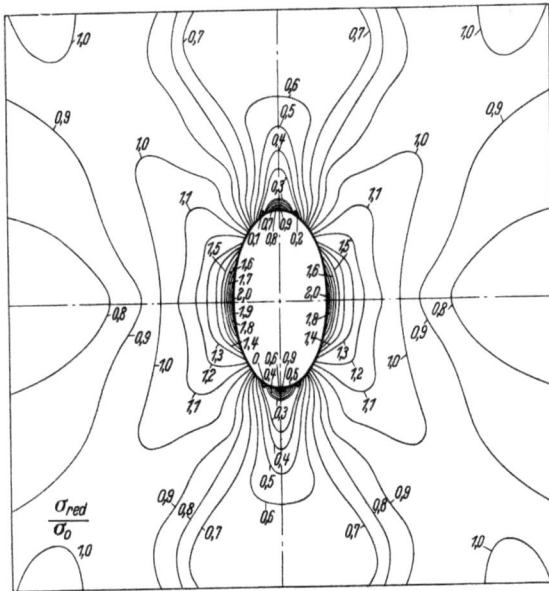

Bild 53. Hügel der Anstrengung in einem Körper mit elliptischer Öffnung

und Sohle. Bei der Anwendung dieses Ergebnisses ist allerdings zu berücksichtigen, daß die in der Anstrengung enthaltene erste Hauptspannung in der Firste eine Zugspannung darstellt (Bild 50), während es sich bei dem hohen Wert der zweiten Hauptspannung in den Stößen, welcher im wesentlichen gleich der Anstrengung ist, um eine Druckspannung handelt. Bezüglich der als Folge der Anstrengung bzw. dieser Hauptspannungen zu erwartenden Brucherscheinungen darf also nicht nur die absolute Höhe der

an den Stößen. Der Stoß nimmt hauptsächlich Druckspannungen auf, die zwar im Höchstfalle das Zweifache der Spannung ausmachen, die im ungestörten Gebirge besteht, wenn keine Durchörterung durch eine Strecke stattgefunden hat, in den Firsten aber werden die Zugspannungen bis auf ein Zehntel des Normalwertes heruntergesetzt. Der Nachweis dieser Tatsache ist besonders wichtig, da Gesteine, vor allen Dingen Sandsteine, besonders zugempfindlich sind und die Biegezugfestigkeit etwa ein Zwanzigstel niedriger liegt als die Druckfestigkeit.

Die durch den Verlauf der Spannungs- und Anstrengungslinien geklärten Verhältnisse zeigen sich besonders deutlich in dem Bilde 28, Firste und Sohle sind spannungsfrei, während die Stöße die erheblichen Druckspannungen aufnehmen.

Wichtig ist, daß diese Verhältnisse sowohl für plastische Körper, also feuchte Tonschiefer, als auch für elastische (spröde) Körper (trockene Tonschiefer und Sandsteine, sowie alle übrigen Festgesteine) gelten. Im Prinzip ist es auch gleichgültig, ob der Körper unbehindert oder behindert in seiner Ausweichmöglichkeit ist. Immer schält sich heraus, daß bei ovalem Streckenquerschnitt Firste und Sohle geschont werden. Während z. B. beim spröde elastischen Paraffinkörper (zu vgl. mit trockenem, hochelastischem Tonschiefer) bei der Ausdehnungsmöglichkeit nur nach dem Inneren der Strecke zu, also praktisch gesehen vor Ort einer Richtstrecke oder eines Querschlages im frischen Felde Firste und Sohle noch stehen, sind in den Stößen Schubrisse aufgetreten (Bild 35). Gleichzeitig haben sich Ober- und Unterteil der Strecke gegeneinander verdreht und es sind Schalen der Stöße in die Strecke hereingebrochen. Diese Drehbewegung, die markscheiderisch und durch korkenzieherartig verformte Eisenstempel nachgewiesen worden ist, ist auch hier beim Versuch aufgetreten.

Endlich ist es wichtig, nachgewiesen zu haben, wie der Verlauf der Spannungs- und Anstrengungslinien um den ovalen Querschnitt herum ist. Die Entlastung liegt an ganz bestimmten Stellen und auf bestimmten Linien, sie kann bis zu einem Zehntel unter der im Gebirgskörper herrschenden Normalspannung liegen, was für die Anlage von Begleitstrecken, Wetterüberhauen u. dgl. von Wichtigkeit ist. Es ist durch Auswahl der Lage in einer entlasteten Zone möglich, große Ersparnisse an Aufwältigen und Ausbau zu machen.

Es soll noch darauf hingewiesen werden, daß besonders gefährdete Stellen nachweislich solche sind, bei denen die Strecke auf größere Grubenhohlräume mündet (vgl. Bild 27 und Bild 47), da hier die Bewegungsmöglichkeit nach dem Hohlraum hin (Füllort, Stapel u. dgl.) gegeben ist, und ein Hereinbrechen der Stöße nach dieser Richtung auftreten kann.

Schlußbemerkung

Die Untersuchungen wollten, wie einleitend bemerkt, nur einen kleinen Ausschnitt aus der Vielzahl der vorliegenden Fragenstellungen einer Erklärung näherbringen. Es dürfte wünschenswert sein, die Untersuchungen zunächst auf homogene, in ihren Werkstoffeigenschaften genau bestimmte Steinkörper auszudehnen und möglichst unter exakter Messung der aufgebrachten Belastungen die Verformungen zu ermitteln. Eine Prüfung inhomogener geschichteter Körper, bei denen elastische und plastische, elastische und spröde oder plastische und spröde Schichten miteinander abwechseln, könnte weitere Aufschlüsse bringen. Das eingeschlagene Versuchsverfahren dürfte jedenfalls eine begrüßenswerte Ergänzung der im Gebirge gemachten Beobachtungen darstellen und manche bisher nicht erklärbare Erscheinung verständlich machen.

E. ERZ- UND GESTEINSUNTERSUCHUNG

ÜBER FEHLERQUELLEN BEI DER MASSANALYTISCHEN EISENBESTIMMUNG NACH KESSLER-REINHARDT

Von Dr. H. Blumenthal, Gruppe Anorganische Chemie des Staatlichen Materialprüfungsamts Berlin-Dahlem

Die quantitative Bestimmung des Eisengehaltes von Erzen und anderen eisenhaltigen Schmelzmaterialien wird in den Eisenhüttenlaboratorien so gut wie ausschließlich auf maßanalytischem Wege ausgeführt, und zwar nach dem Kaliumpermanganat-Verfahren von Kessler-Reinhardt. F. Kessler[1] hatte erkannt, daß die zuerst von Fr. Margueritte[2] vorgeschlagene Eisentitration in schwefelsaurer Lösung unter geeigneten Bedingungen auch in Gegenwart von Salzsäure ausgeführt werden kann, wenn nämlich Manganosalz in ausreichender Menge hinzugefügt wird. Durch den Zusatz des Mangan(2)-salzes erreichte er, daß die durch die Oxydation des Eisen(2)-salzes „induzierte" Reaktion zwischen Salzsäure und Kaliumpermanganat verhindert wurde. Nach späteren Untersuchungen von W. Manchot[3] und O. Wilhelms[3] hierüber reagieren Übermangansäure und Eisen(2)-salz unter Bildung eines unstabilen „Eisenperoxydes". Ist Manganosalz zugegen, so setzt sich dieses mit dem entstehenden „Eisenperoxyd" zu Eisen(3)-salz und Manganperoxyd um; Manganperoxyd reagiert aber mit Salzsäure langsamer als Eisenperoxyd, so daß die Oxydation der Salzsäure weitgehend unterbunden wird.

C. Reinhardt[4] ist das Verdienst zuzuschreiben, auf den Erkenntnissen von F. Kessler fußend, ein für die Praxis des Laboratoriumschemikers geeignetes Verfahren für die Eisenbestimmung durch Titration mit Kaliumpermanganat beschrieben zu haben. Er empfahl, um die während der Titration infolge Bildung von Eisen(3)-chlorid auftretende Gelbfärbung zu beseitigen, Phosphorsäure zuzusetzen und machte auch Angaben über die Zusammensetzung der anzuwendenden Lösungen sowie über die Titerstellung der Maßflüssigkeit.

Das von ihm mitgeteilte Verfahren fand sehr rasch Eingang in die Eisenhüttenlaboratorien, da es eine große Vereinfachung der dort betriebsmäßig auszuführenden Eisenbestimmungen bedeutete. Das Erfordernis, die Genauigkeit dieser Analysen möglichst zu erhöhen, hatte später zahlreiche Untersuchungen zur Folge, an denen sich vor allem C. Meinecke[5], A. Skrabal[6], A. Müller[7] und L. Brandt[8] beteiligten. Auf Grund dieser Arbeiten wurde im Jahre 1910 von der Fachgruppe für analytische Chemie des Vereins deutscher Chemiker[9] die Kessler-Reinhardtsche Methode einer eingehenden Nachprüfung unterzogen und eine genaue Arbeitsweise vereinbart.

Auch der Chemikerausschuß des Vereins deutscher Eisenhüttenleute[10] befaßte sich eingehend mit diesen Verfahren und studierte die Fehlerquellen, die durch die Titerstellung der Kaliumpermanganat-Lösung und durch den Einfluß von fremden Begleitelementen zustande kommen können. Das Ergebnis war, daß der Titer der Maßflüssigkeit unter den gleichen Bedingungen zu stellen ist, unter denen später die Titration erfolgt, daß also der theoretische mit Natriumoxalat nach S. P. L. Sörensen ermittelte Titer nicht oder nur nach Korrektur mit einem empirisch ermittelten Faktor Verwendung finden darf, und daß praktisch nur auf Vanadin als störendes Begleitelement Rücksicht genommen werden muß[11].

Diese Feststellungen stehen nun im Gegensatz zu denen anderer Autoren, die ohne weiteres den theoretischen Titer der Kaliumpermanganat-Lösung einsetzen[12] und ferner vor allem dem Kupfer, sofern es nicht nur in sehr geringer Menge zugegen ist, einen Einfluß auf den Reaktionsverlauf und damit auf das Analysenergebnis nachsagen[13]. Auch der Verfasser[14] hatte sich mit dem Einfluß des Kupfers bereits früher einmal beschäftigt. Da seiner Mitteilung darüber widersprochen worden ist[15], hat er inzwischen weitere Untersuchungen darüber angestellt und diese nun auch auf die Frage ausgedehnt, ob und gegebenenfalls unter welchen Versuchsbedingungen der Kessler-Reinhardtschen Methode der theoretische Wirkungswert der verwandten Kaliumpermanganat-Lösung zugrunde gelegt werden kann, d. h. ob das Verfahren wirklich nur als empirisch anzusprechen ist. Über das Ergebnis dieser Untersuchungen soll hier berichtet werden.

I. Titerstellung der Kaliumpermanganat-Lösung

Eingehende Untersuchungen, die A. Skrabal[16] ausgeführt hat, bezweckten u. a. die Feststellung des Ein-

---

[1] F. Kessler: Pogg. Ann. 95 (1855) S. 223; ebenda 118 (1863) S. 41; ebenda 119 (1863) S. 225; Z. anal. Chem. 21 (1822) S. 381.
[2] Fr. Margueritte: Ann. Chim. Phy. 18 (1846) S. 244.
[3] W. Manchot u. O. Wilhelms: Lieb. Ann. 325 (1902) S. 114.
[4] C. Reinhardt: Stahl u. Eisen 4 (1884) S. 704.
[5] C. Meinecke: Z. öffentl. Chem. 4 (1898) S. 443.
[6] A. Skrabal: Z. anal. Chem. 42 (1903) S. 359.
[7] A. Müller: Stahl u. Eisen 26 (1906) S. 1477.
[8] L. Brandt: Chem.-Ztg. 32 (1908) S. 812, 830, 840, 851.
[9] Z. angew. Chem. 24 (1910) S. 1118.
[10] H. Kinder: Stahl u. Eisen 28 (1908) S. 508; ebenda 30 (1910) S. 411.
[11] Handbuch für das Eisenhüttenlaboratorium. Verlag Stahleisen, 1939 I. Bd. S. 22 ff.
[12] P. Lehnkering: Z. öff. Chem. 4 (1898) S. 459; A. Müller: Stahl u. Eisen loc. cit.; H. Low: Technical Methods of Ore Analysis; J. Wiley a. Sons, New York 1922, S. 108.
[13] L. Brandt: Chem.-Ztg. 32 (1908) S. 830; K. Schröder: Z. öffentl. Chem. 14 (1908) S. 477.
[14] H. Blumenthal: Mitt. Materialprüfungsamt 4 (1926) S. 82.
[15] A. Stadler: Stahl u. Eisen 48 (1928) S. 349.
[16] A. Skrabal: loc. cit. S. 391.

flusses der Salzsäure und des Quecksilberchlorürs auf den Reaktionsverlauf bei der Eisentitration nach dem Verfahren von Kessler-Reinhardt. A. Skrabal hatte diese Versuche wie folgt vorgenommen:

Zu einer gemessenen Menge von Ferrosulfat-Lösung, deren Wirkungswert gegenüber Kaliumpermanganat er durch Titration in schwefelsaurer Lösung genau ermittelt hatte, setzte er schwefelsaure Manganosulfat-Lösung (60 cm³) und ferner Salzsäure hinzu und titrierte sodann das Eisen(2)-salz. Die Salzsäure-Menge, die er anwandte, betrug 250 cm³ 1/1 n HCl, entsprechend etwa 35 cm³ HCl 1,12 bzw. etwa 21 cm³ HCl 1,19; das Flüssigkeitsvolumen, in welchem er titrierte, betrug 1000 cm³.

Hierbei stellte er fest, daß sich trotz Anwesenheit von Manganosalz der Einfluß der Salzsäure dahingehend bemerkbar macht, daß etwas mehr Kaliumpermanganat-Lösung bis zum Auftreten der Rotfärbung verbraucht wird, als dies bei der Titration der gleichen Menge von Ferrosulfat-Lösung in rein schwefelsaurer Lösung der Fall war. — Sobald er überdies Quecksilberchlorür hinzusetzte, das er nebenher durch Umsetzung von Zinnchlorür mit Quecksilberchlorid hergestellt hatte, so erhöhte sich der Mehrverbrauch an Kaliumpermanganat-Lösung weiter und zwar auf etwa das Doppelte.

Er schloß aus diesen Feststellungen, daß sich bei der Eisentitration in Gegenwart von Salzsäure die störende Nebenreaktion zwischen Salzsäure und Kaliumpermanganat durch Manganosalz-Zusatz nicht völlig verhindern läßt, und daß der Mehrverbrauch an Kaliumpermanganat durch Anwesenheit von Quecksilberchlorür, wie das bei der Eisenbestimmung nach Kessler-Reinhardt der Fall ist, noch weiter vergrößert wird.

Es lag nun die Vermutung nahe, daß die Versuchsfehler, die A. Skrabal beobachtet hatte, geringer werden und sich möglicherweise verhindern lassen, wenn eine geringere Menge Salzsäure verwendet wird, als bei den Versuchen vcn A. Skrabal zugegen war. Es wurde deshalb untersucht, inwieweit Salzsäure allein, in kleineren Mengen der Eisen(2)-salz-Lösung hinzugesetzt, das Versuchsergebnis noch beeinflußt.

Angewandt wurden 40 cm³ $FeSO_3$-Lösung, die in schwefelsaurer Lösung titriert, 40,55 cm³ n/10 $KMnO_4$-Lösung zur Oxydation verbrauchten.

Die Mangansulfat-Lösung, von der bei den Versuchen je 50 cm³ zugesetzt wurden, enthielt 70 g krist. $MnSO_4$, 130 cm³ H_2SO_4 konz., und 140 cm³ H_3PO_4 (1,7) in einem Liter. Das Volumen, in dem titriert wurde, betrug zunächst 500 cm.

Die Versuchsergebnisse gehen aus der nachstehenden Zahlentafel hervor:

Tafel 1

Versuch	HCl-Menge cm³	$KMnO_4$-Verbrauch cm³	Mehrverbrauch cm³ $KMnO_4$
1	10 cm³ 1,12	40,55	0,00
2	20 ,, 1,12	40,55	0,00
3	30 ,, 1,12	40,58	0,03
4	40 ,, 1,12	40,60	0,05
5	50 ,, 1,12	40,70	0,15

Wurde der Mangansulfat-Zusatz auf 100 cm³ erhöht, so waren die Versuchsergebnisse etwa die gleichen.

Bei weiteren Versuchen war neben Salzsäure noch Quecksilberchlorür zugegen.

Dieses wurde bereitet, indem in einem Flüssigkeitsvolumen von 50 cm³ in Gegenwart von 10 cm³ Salzsäure 1,12 eine Menge von 0,5 cm³ Zinnchlorür-Lösung (enthaltend 250 g Zinnchlorür und 100 cm³ HCl 1,12 in 1 Liter) mit 25 cm³ Quecksilberchlorid-Lösung (5proz.) zur Umsetzung gebracht wurden. Das Reaktionsgemisch wurde in die mit Eisensulfat- und Mangansulfat-Lösung versetzte Titrierflüssigkeit eingetragen und bei der Bemessung des Salzsäure-Zusatzes die hiermit hinzugefügte Menge in Ansatz gebracht.

Tafel 2

Versuch	HCl-Menge cm³	$KMnO_4$-Verbrauch cm³	Mehrverbrauch cm³ $KMnO_3$
6	10 cm³ 1,12	40,55	0,00
7	20 ,, 1,12	40,70	0,15
8	30 ,, 1,12	40,80	0,25
9	40 ,, 1,12	41,20	0,65
10	50 ,, 1,12	41,70	1,15

Schon bei Gegenwart von 40 cm³ Salzsäure 1,12 (Versuch 9) war der Endpunkt der Titration unsicher, da sich die Lösung schnell weiter entfärbte; enthielt die Lösung 50 cm³ Salzsäure 1,12 (Versuch 10), so reagierte der $KMnO_4$-Überschuß noch schneller mit dem in der Titerflüssigkeit vorhandenen Quecksilberchlorür, durch weiteres Hinzufügen von Kaliumpermanganat konnte der Kalomel-Niederschlag schließlich vollständig zum Verschwinden gebracht werden.

Zwecks Feststellung, inwieweit eine Vergrößerung des Volumens der zu titrierenden Flüssigkeit Einfluß auf die Versuchsfehler hat, wurden die Versuche 6—10 in einem Volumen von 750 cm³ wiederholt. Es folgen die Ergebnisse:

Tafel 3

Versuch	HCl-Menge cm³	$KMnO_4$-Verbrauch cm³	Mehrverbrauch cm³ $KMnO_4$
11	10 cm³ 1,12	40,55	0,00
12	20 ,, 1,12	40,60	0,05
13	30 ,, 1,12	40,80	0,15
14	40 ,, 1,12	41,05	0,50
15	50 ,, 1,12	41,20	0,65

Bei dem Versuch 14, insbesondere aber bei Versuch 15 war der Endpunkt der Titration wieder unsicher, auf weiteren Zusatz von Kaliumpermanganat-Lösung verschwand schließlich auch hier wieder der Quecksilberchlorür-Niederschlag vollständig.

Aus den vorstehend beschriebenen Versuchen geht folgendes hervor:

Die Salzsäure-Menge, die bei der Eisentitration nach dem Verfahren von Kessler-Reinhardt zugegen ist, ist kritisch; sie darf etwa 10 cm³ 1,12 nicht überschreiten. Während Salzsäure allein selbst in einer Menge von 20 cm³ 1,12 unter den erwähnten Versuchsbedingungen noch keinen Mehrverbrauch von Kaliumpermanganat-Lösung zustande bringt, ist bei Anwesenheit von Quecksilberchlorür diese Menge schon viel zu groß, vor allem, wenn in einem Volumen von nur 500 cm³ titriert wird. Wie die Versuche mit größeren Salzsäure-Konzentrationen gezeigt haben, tritt schließlich eine Oxydation des Quecksilberchlorürs ein, weil wahrscheinlich die Löslichkeit dieses Salzes in der vorhandenen Salzsäure-Menge so groß ist, daß es an der Reaktion mit Kaliumpermanganat teilzunehmen und sich mit diesem schon während der Titration des Eisens umzusetzen vermag.

Die Beobachtungen von A. Skrabal wurden somit insofern bestätigt, als unter dem von ihm angewendeten Versuchsbedingungen — 35 cm³ Salzsäure 1,12 — in der Tat eine zu große Kaliumpermanganat-Menge verbraucht wird, vor allem, wenn Quecksilberchlorür zugegen ist. Weder er noch alle späteren Autoren, die sich mit den Fehlerquellen des Kessler-Reinhardtschen Verfahrens beschäftigten, erkannten aber, worin der Grund für diese Fehler zu suchen war. Auch in einer neuerdings beschriebenen Arbeitsvorschrift[17] für die Eisentitration nach Kessler-Reinhardt werden 25 cm³ Salzsäure 1,19 = etwa 42 cm³ Salzsäure 1,12 angewendet, und selbst unter der Voraussetzung, daß während des Arbeitsvorganges ein Teil davon chemisch gebunden wird und ferner verdampft, ist die verbleibende Menge immer noch zu groß, als daß ein richtiges Analysenergebnis mit Sicherheit zu erwarten wäre. — Weil die Fehlerquelle nicht richtig erkannt wurde, hat man sie erfolglos in allen möglichen anderen Ursachen zu erblicken gesucht. Man schreibt vor, in einem möglichst großen Flüssigkeitsvolumen zu titrieren (bis 1,5 Liter), wodurch sie aber auch nicht beseitigt, dagegen aber das Erkennen des Endpunktes der Reaktion erschwert wird, empfahl, den Zinnchlorür-Überschuß so klein wie nur möglich zu halten und ihn mehrere Minuten vor der Titration auf Quecksilberchlorid einwirken zu lassen, fand aber dennoch Abweichungen von den theoretisch zu erwartenden Werten, was insbesondere bei der Titerstellung zum Ausdruck kam. Unter den richtigen Versuchsbedingungen, wenn nämlich die Salzsäure-Menge auf etwa 10 cm³ HCl 1,12 gebracht wird, braucht das Flüssigkeitsvolumen nur höchstens 750 cm³ zu betragen; selbst ein Zinnchlorür-Überschuß von 0,25 cm³ der gebräuchlichen Lösung — eine Menge, die mühelos eingehalten werden kann — ist nicht zu groß, der Niederschlag von Quecksilberchlorür erscheint in seiden-glänzenden Kristallnadeln, so daß der Endpunkt der Reaktion mit Kaliumpermanganat leicht zu erkennen ist, und es kann sofort verdünnt und titriert werden. Ob die richtige Salzsäure-Konzentration ungefähr getroffen wurde, läßt sich im übrigen danach beurteilen, wie bald nach Zugabe von Quecksilberchlorid der Quecksilberchlorür-Niederschlag erscheint; tritt er sogleich in der gewünschten Beschaffenheit auf, so ist die Salzsäure-Konzentration vermutlich richtig, eine zu große Salzsäure-Menge verzögert dagegen diese Reaktion merklich und der Quecksilberchlorür-Niederschlag erscheint nur langsam und zögernd.

Es war nunmehr zu erwarten, daß auch die Beobachtungen, welche H. Kinder[18] bei der Titerstellung der Kaliumpermanganat-Lösung gemacht hatte, auf die Anwendung einer zu großen Salzsäure-Menge zurückzuführen sind.

Er hatte gefunden, daß der mit Natriumoxalat nach Sörensen ermittelte Wirkungswert der Maßflüssigkeit gut mit dem Titer übereinstimmte, der bei Anwendung von Elektrolyteisen bzw. weichem Flußeisen in rein schwefelsaurer Lösung ermittelt worden war, daß dagegen bei dem Kessler-Reinhardtschen Verfahren bei Verwendung des gleichen Eisens als Titersubstanz stets ein fast gleichbleibender, von der Größe der Einwaage unabhängiger Mehrverbrauch an Kaliumpermanganat zustande kommt, der dazu führt, daß der Eisentiter um so niedriger ausfällt, je weniger Titersubstanz für den Versuch zur Anwendung gelangt. Die Salzsäure-Menge, in deren Gegenwart er titrierte, betrug 25 cm³ HCl 1,19, entsprechend etwa 42 cm³ HCl 1,12.

An den nachstehend beschriebenen Versuchen beteiligten sich vier Analytiker. Die verwendete Kaliumpermanganat-Lösung wurde zunächst mit Natriumoxalat

---
[17] Handbuch für das Eisenhüttenlaboratorium, loc. cit.
[18] H. Kinder: Chem.-Ztg. 30 (1906) S. 631; ebenda 31 (1907) S. 69.

nach Sörensen genauest auf ihren theoretischen Wirkungswert untersucht. Der Endpunkt der Reaktion wurde potentiometrisch beobachtet. Die Analysen ergaben folgende Mittelwerte von je zwei Untersuchungen:

Tafel 4

	1 cm³ = g Eisen
Analytiker A	0,010032
,, B	0,010030
,, C	0,010028
,, D	0,010030

im Mittel mithin: 1 cm³ = 0,010030 g Eisen.

Für die vergleichende Titerstellung nach dem Verfahren von Kessler-Reinhardt wurde von reinem nach L. Brandt hergestellten Eisenoxyd (Fe_2O_3) ausgegangen, das von der Firma E. Merck bezogen worden war.

Die darin enthaltene Feuchtigkeit wurde vor dem Einwägen durch Trocknen bei 120° entfernt. Die Einwaagen wurden in 25 cm³ HCl 1,19 aufgelöst, die Lösungen auf dem Wasserbade zur Trockene eingedampft und sodann der Abdampfrückstand mit 10 cm³ HCl 1,12 aufgenommen. Die Weiterbehandlung erfolgte wie üblich, das Flüssigkeitsvolumen, in dem titriert wurde, betrug etwa 750 cm³. Vor dem Eintragen des Reaktionsgemisches wurde die mit Mangansulfat-Lösung versetzte Titrierlösung zum Ausgleich des zum Erkennen des Reaktionsendpunktes erforderlichen Permanganat-Überschusses mit zwei Tropfen der Maßflüssigkeit angefärbt, da ohne Potentiometer gearbeitet wurde.

Diese Versuche hatten das folgende durchschnittliche Ergebnis:

Tafel 5

Versuch	Einwaage g Fe_2O_3	$KMnO_4$-Verbrauch cm³	Wirkungswert 1 cm³ = g Fe
16	0,3500	24,40	0,010034
17	0,5000	34,87	0,010028
18	0,7000	48,81	0,010030

mittlerer Wirkungswert mithin:

1 cm³ = 0,010031 g Eisen je cm³.

Mit Natriumoxalat als Titersubstanz war praktisch der gleiche Wirkungswert — 0,010030 je cm³ Kaliumpermanganat-Lösung — gefunden worden. Es dürfte also erwiesen sein, daß bei der Eisentitration nach Kessler-Reinhardt ohne weiteres der Oxalat-Titer der Maßflüssigkeit verwendet werden kann, sofern die Salzsäurekonzentration auf das richtige Maß eingeschränkt wird, und daß sodann die Analysenergebnisse des Verfahrens die gleichen sind, wie bei Titration in rein schwefelsaurer Lösung nach Margueritte.

II. Einfluß des Kupfers

Wie schon erwähnt, hatte der Verfasser bereits im Jahre 1926 über Ergebnisse von Versuchen berichtet[14], die die Nachprüfung des Einflusses von Kupfer auf die Eisentitration nach Kessler-Reinhardt zum Gegenstande hatten. Zu diesen Versuchen sah er sich damals veranlaßt, weil sich immer wieder gezeigt hatte, daß die Bestimmung des Eisengehaltes kupferreicher Schwefelkies-Abbrände nach diesem Verfahren niedrigere Werte ergab, wenn in Gegenwart des Kupfers titriert wurde, als sie erhalten wurden, nachdem das Kupfer entfernt worden war. Der störende Einfluß des Kupfers machte sich allerdings erst von Kupfergehalten an deutlich bemerkbar, die über 1 % lagen.

Die Meinungen über den Einfluß des Kupfers gehen weit auseinander: während zunächst die Ansicht vorherrsche, daß Kupfer die Befunde erhöhen müßte, weil es zu Kupfer(I)-salz reduziert und sodann von der Kaliumpermanganat-Lösung ebenfalls oxydiert wird[19], ergaben spätere Versuche[20], daß seine Wirkung unsicher sei und daß sogar im Gegenteil Minderbefunde an Eisen dadurch zustande kommen, daß das bei der Reduktion mit Zinnchlorür gebildete Kupferchlorür bei seiner Oxydation durch Kaliumpermanganat den in der zu titrierenden Flüssigkeit gelösten Luftsauerstoff katalytisch wirksam werden läßt und dieser sich sodann an der Reaktion beteiligt[13]. H. Kinder[21] berichtete im Chemikerausschuß des Vereins deutscher Eisenhüttenleute auf Grund von Versuchen verschiedener Laboratorien, daß Kupfer selbst in Mengen von 10 % praktisch keinen störenden Einfluß ausübt, während die **Fachgruppe für analytische Chemie des Vereins deutscher Chemiker**[22] wegen der darüber auseinander gehenden Ansichten zu dieser Frage keine endgültige Stellung nehmen konnte.

Der Verfasser war bei seinen eingehenden Untersuchungen s. Zt. zu dem Ergebnis gelangt, daß Kupfermengen über 1 % der Einwaage unter gewöhnlichen Bedingungen den Analysenbefund regelmäßig herabsetzen, und daß aber ein Mehrbefund zustande kommt, wenn mit ausgekochtem Wasser unter Durchleiten von Kohlendioxyd gearbeitet wird. Umgekehrt hatte L. Brandt festgestellt, daß in Gegenwart von Kupfer besonders dann zu niedrige Eisengehalte gefunden werden, wenn das bei der Titration verwendete Wasser vorher mit Sauerstoff gesättigt worden war.

Die Mitteilung des Verfassers über seine Beobachtungen veranlaßten den **Chemikerausschuß des Vereins deutscher Eisenhüttenleute**, seine früheren Befunde einer Nachprüfung zu unterziehen. Aus dem Bericht darüber[15] geht hervor, daß fünf Laboratorien, ausgehend von getrockneten Eisenoxyd nach L. Brandt, selbst bei Zusatz von Kupfermengen bis zu 6 % der Einwaage überhaupt keinen Fehler feststellen konnten, daß sich vielmehr die Ergebnisse mitunter bis auf die 2. Dezimale mit dem in Abwesenheit von Kupfer ermittelten Eisengehalt des Ausgangsmaterials deckten. Hierbei fällt im übrigen auf, daß dieser Eisengehalt nur mit 69,47 bis 69,65 % ermittelt wurde, während doch zu erwarten gewesen wäre, daß der Befund dem theoretischen Eisengehalt von 69,94 % wesentlich näher hätte kommen müssen, zumal wohl vorausgesetzt werden kann, daß die Titerstellung der Maßflüssigkeit mit dem gleichen Eisenoxyd als Titersubstanz und unter den gleichen Bedingungen ausgeführt worden war.

Haben diese Versuche des Chemikerausschusses auch sein früheres Ergebnis bestätigt, so kann die Frage, ob und unter welchen Umständen sich Kupfer störend bemerkbar macht, dennoch nicht als erledigt betrachtet werden. Theoretische Überlegungen und die Erfahrungen, die in anderem Zusammenhange gerade mit Kupfersalzen gemacht wurden und dazu führten, daß ihre Eigenschaft, den Sauerstoff katalytisch zu übertragen, sogar technische Bedeutung erlangte, lassen im Gegenteil darauf schließen, daß auch hier der Reaktionsverlauf durch Aktivierung des in der zu titrierenden Flüssigkeit gelösten Luftsauerstoffes beeinflußt werden kann. Mag auch der durch Kupfer bedingte Fehler bei der Bestimmung des Eisengehaltes der Schmelzmaterialien, insbesondere von Erzen, deshalb praktisch nicht ins Gewicht fallen, weil diese so gut wie stets nur sehr geringe Mengen von Kupfer aufweisen, so müßte dennoch wenigstens der Schiedsanalytiker bei seinen Untersuchungen stets auf die Gegenwart von Kupfer Rücksicht nehmen, solange noch keine Übereinstimmung der Ansichten über die Wirkung dieses Elementes bei der Eisentitration nach dem Verfahren von Keßler-Reinhardt erzielt worden ist.

Der Verfasser hat neuerdings seine Versuche zum Studium des Einflusses von Kupfersalzen auf das Ergebnis der Eisentitration nach dem Verfahren von Keßler-Reinhardt wiederholt. Zunächst sollen eingehend die Bedingungen geschildert werden, unter denen er diese Versuche ausführte.

Als Ausgangsmaterial diente ihm reines Eisenoxyd nach L. Brandt, das bei 120° getrocknet worden war. Einwaagen von je 0,7 g wurden in Salzsäure 1,19 gelöst, die Lösung wurde auf dem Wasserbade zur Trockene gedampft, der Rückstand mit 10 cm³ HCl 1,12 aufgenommen und die Lösung auf etwa 30 cm³ verdünnt.

Zu diesen Lösungen wurden abgestufte Mengen einer Kupferchlorid-Lösung gegeben, die etwa 0,9 g $CuCl_2 \cdot 2$ aq in 250 cm³ enthält, so daß 5 cm³ etwa 0,007 g Kupfer, d. h. 1 % der obigen Eisenoxyd-Einwaage entsprachen. Nunmehr wurde wie üblich in der Hitze mit Zinnchlorür-Lösung reduziert, wobei der Überschuß des Reduktionsmittels möglichst gleichmäßig etwa drei Tropfen betrug, sodann abgekühlt, mit 25 Quecksilberchlorid-Lösung (1 : 20) versetzt und in einem Gesamtvolumen von etwa 750 cm³ Flüssigkeit — nach Hinzufügen von 50 cm³ Mangansulfat-Lösung — mit Kaliumpermanganat-Lösung titriert. Zum Verdünnen wurde bei der ersten Versuchsserie destilliertes Wasser, bei der zweiten Leitungswasser verwendet.

Das Ergebnis dieser Versuche geht aus den folgenden Zahlentafeln hervor:

Tafel 6a. Destilliertes Wasser

Versuch	Angewandt Fe_2O_3 g	Kupfer-Zusatz %	Verbrauch an Kaliumpermanganat ccm	Unterschied ccm
19	0,7000	0	48,80	—
20	0,7000	1	48,75	—0,05
21	0,7000	2	48,60	—0,20
22	0,7000	3	48,55	—0,25
23	0,7000	4	48,45	—0,35

Tafel 6b. Leitungswasser

Versuch	Angewandt Fe_2O_3 g	Kupfer-Zusatz %	Verbrauch an Kaliumpermanganat ccm	Unterschied ccm
24	0,7000	0	48,80	—
25	0,7000	1	48,75	—0,05
26	0,7000	2	48,55	—0,25
27	0,7000	3	48,55	—0,25
28	0,7000	4	48,40	—0,40

Bei beiden Versuchsserien zeigte sich also übereinstimmend ein beträchtlicher Einfluß des hinzugefügten Kupfers, der sich in einem Minderverbrauch an Maßflüssigkeit auswirkte. Bei einem Kupfergehalt von 4 % wurden sogar etwa 0,7 % weniger Eisen gefunden als angewandt worden war. Dieses Ergebnis deckt sich mit den Beobachtungen, die der Verfasser auch bei seinen früheren Versuchen gemacht hatte und bestätigt auch, was wie erwähnt von L. Brandt und K. Schröder bereits über den Einfluß von Kupfer festgestellt worden war. Es dürfte

---

[19] A. Skrabal: loc. cit. S. 394.
[20] L. Brandt: Chem.-Ztg. 32 (1908) S. 830.
[21] H. Kinder: Stahl u. Eisen 28 (1908) S. 508.
[22] Z. angew. Chem. 24 (1910) S. 1118.

also erneut dargetan sein, daß ein Kupfergehalt von über 1% bei dem Titrieren nach Keßler-Reinhardt nicht vernachlässigt werden kann, sondern unter den beschriebenen Versuchsbedingungen regelmäßig einen Minderbefund an Eisen herbeiführt, der um so größer ist, je mehr Kupfer vorhanden ist. Das ist aber nur so zu erklären, daß, wie L. Brandt und ebenso der Verfasser durch Versuche bewiesen haben, unter dem Einfluß des Kupfers der in der Titrierflüssigkeit gelöst vorhandene Sauerstoff sich an der Oxydation des Eisens beteiligt. Nach wie vor ist völlig unerklärlich, auf welche Ursachen es zurückzuführen ist, daß andere Laboratorien diese Erscheinung nicht beobachten konnten.

Zusammenfassung

1. Wie bewiesen werden konnte, darf die Salzsäuremenge, die bei der Eisentitration nach Keßler-Reinhardt zugegen ist, möglichst nicht wesentlich mehr als 10 cm^3 HCl 1,12 bei einem Flüssigkeitsvolumen von mindestens 500 cm^3 betragen, da sonst fehlerhafte Ergebnisse zustande kommen. Wird die richtige Salzsäure-Menge eingehalten, so ist das Verfahren ebenso zuverlässig wie die maßanalytische Bestimmung des Eisens in schwefelsaurer Lösung nach Margueritte, so daß als Wirkungswert der Maßflüssigkeit der theoretische mit Natriumoxalat ermittelte Titer in Ansatz gebracht werden kann.

2. Die Anwesenheit von Kupfer bei der Eisentitration nach Keßler-Reinhardt — über 1% der Einwaage — führt zu zu niedrigen Befunden, da das bei der Reduktion mit Zinnchlorür entstehende Kupfer(1)-Salz bei seiner Oxydation mit Kaliumpermanganat den in der Titrierflüssigkeit gelösten Sauerstoff aktiviert und ihn somit befähigt, an der Oxydation des Eisens(2)-Salzes teilzunehmen.

ERDÖLGEHALT UND POROSITÄT VERSCHIEDENER SEDIMENTGESTEINE

Von Dr. **F. Schlosser,** Gruppe Kohle- und Erdölerzeugnisse des Staatlichen Materialprüfungsamts Berlin-Dahlem

Gesteinsproben aus Bohrungen, an denen der Erdölgehalt festgestellt werden soll, bedürfen wegen der leichten Verdampfbarkeit von Ölbestandteilen einer sorgfältigen Behandlung nicht nur hinsichtlich der Probenahme, sondern auch des Transportes und der Lagerung bis zur Untersuchung. Einpacken in porösen oder luftdurchlässigen Werkstoffen wie Papier-, Papp- oder Holzkästen gibt häufig beachtliche Fehlerquellen und ist deshalb zu verwerfen. Am besten werden die Bohrkerne in nicht rostende, gut passende Metallbehälter luftdicht verpackt. Die Probe muß gegebenenfalls, um vor starkem Abrieb geschützt zu werden, mit Bruchgestein gleicher Herkunft im Behälter festgeklemmt werden. Der Deckel wird zweckmäßig mit Isolierband gesichert. Wegen der meist leichten Veränderlichkeit des Probematerials sollten die praktischen Prüfungen möglichst umgehend ausgeführt werden.

Für die Bestimmung des Ölgehaltes werden mit Rücksicht auf die späteren Gewichts- und Porositätsermittlungen etwa faustgroße Versuchsstücke, die gegebenenfalls durch Zerschlagen der Bohrkerne gewonnen werden, benutzt. Die Herauslösung der Erdölanteile kann bei hellen, Petroleum führenden Stücken mit einem leicht siedenden Benzin (Normalbenzin) erfolgen. Es hat sich aber gezeigt, daß die Alterungsstoffe des Erdöls (Harze, asphaltartige Stoffe) in den Gesteinsproben verbleiben und dann zu Fehlbestimmungen Anlaß geben. Wird dagegen die Extraktion des Gesteinsmaterials mit Chloroform vorgenommen, so werden bei genügend langer Behandlung alle Erdölanteile restlos aus den Poren gelöst. Bei der Extraktion von festem Gesteinsmaterial kann man sich der Apparate nach Soxleth oder Graefe bedienen, die heißes Lösungsmittel im Kreislauf anwenden und schnell arbeiten. Bei lockeren, leicht zermürbenden Gesteinsproben sind diese Arbeitsweisen nicht mehr ausführbar. Hier muß eine solche gewählt werden, die sowohl eine mechanische Beanspruchung durch strömendes Lösungsmittel als auch eine Temperaturbeanspruchung der Proben durch siedendes Lösungsmittel verhindert. Am einfachsten werden die Versuchsstücke auf Drahtsieben in ruhendes Chloroform gelagert und dieses von Zeit zu Zeit, etwa alle 3 Tage, mittelst eines Saughebers abgezogen. Nach 6- bis 10maliger Behandlung mit reinem Chloroform ist nach hiesigen Beobachtungen auch bei dichtem Gesteinsmaterial das Erdöl praktisch restlos ausgezogen.

Die Gewinnung des ausgezogenen Erdöls aus der Benzin- oder Chloroformlösung kann durch Abdestillieren des überschüssigen Lösungsmittels geschehen. Die letzten Anteile des Lösungsmittels werden durch kurzfristiges Erhitzen des Destillationsrückstandes auf dem Wasserbade entfernt. Das auf diesem Wege erhaltene Ölprodukt darf dem ursprünglich im Gestein enthaltenen Erdöl nicht gleichgesetzt werden, da es im allgemeinen infolge der obigen Behandlung nicht mehr die niedrig siedenden Ölanteile des ursprünglichen Erdölproduktes enthalten dürfte. Es ist wohl aber dennoch möglich, dieses Öl soweit chemisch zu charakterisieren, daß Rückschlüsse auf das ursprünglich vorhandene Erdöl gezogen werden können.

Die Ermittlung der Gewichts- und Dichtigkeits-(Porositäts-) Verhältnisse des vom Erdöl befreiten Gesteins erfolgt gemäß den „Prüfverfahren für natürliche Gesteine" DIN DVM 2102 und DIN DVM 2103. Für die praktische Ausführung wird darauf hingewiesen, daß eine gründliche Entfernung des organischen Lösungsmittels notwendig ist, was am einfachsten durch allmähliches Erwärmen der Proben bis auf 70° im Trockenschrank erfolgt.

Die Wasseraufnahme unter vermindertem Druck nach DIN DVM 2103c zur Ermittlung der „scheinbaren Porosität" wird zuerst ausgeführt, so dann das Volumen der Probe durch den Auftrieb des wassergesättigten Probekörpers in Wasser von Zimmertemperatur für die Errechnung des Raumgewichtes bestimmt. Nach Trocknen der Probe bei 100° im Trockenschrank und Zerkleinern gemäß DIN DVM 2102 wird das spezifische Gewicht zweckmäßig unter Benutzung des Gerätes von Erdmenger-Mann festgestellt. Die „wahre Porosität" läßt sich sodann in bekannter Weise aus dem Raumgewicht und dem spezifischen Gewicht derselben Probe errechnen und die nicht mit Öl verfüllbaren, geschlossenen Hohlräume im Gestein aus der Differenz von „wahrer" und „scheinbarer" Porosität bestimmen.

Im folgenden sind einige Gewichts- und Porositätsverhältnisse bei Bohrproben aus Sedimentgesteinen verschiedener Herkunft zusammengestellt:

Probematerial:
1. Rogenstein, rot — Schacht Asse II bei Remlingen
2. Dasselbe, gebleicht — Schacht Asse II bei Remlingen
3. Buntsandstein — Schacht Asse II bei Remlingen
4. Schilfsandstein — Felsenkeller bei Sambleben
5. Schilfsandstein — 1¼ km östlich Ölber
6. Rätsandstein, gelblich — Wohlenberg an der Asse bei Dettum
7. Rätsandstein, weißlich — Groß-Denkte an der Asse
8. Rätsandstein, bräunlich-gelb — Wohlenberg an der Asse
9. Schieferton, Angulatenschichten des **Unteren Lias** — Klein-Schöppenstedt
10. Kalksandstein der Angulatenschichten **Unterer Lias** — Klein-Schöppenstedt
11. Eisenschüssiger Kalkstein der Arietenschichten, Unterer Lias — Mattierzoll
12. Hilssandstein, Untere **Kreide** — Heiningen bei Schladen
13. Kalkstein des Oberen Cenoman — Burgdorf bei Schladen
14. Diluvialer Kalktuff — westlich Veltheim bei Hessen
15. Diluvialer Löß — Südrand des Elm bei Sambleben

Zur besseren Übersicht sind die Ergebnisse im Schaubilde Bild 1 dargestellt.

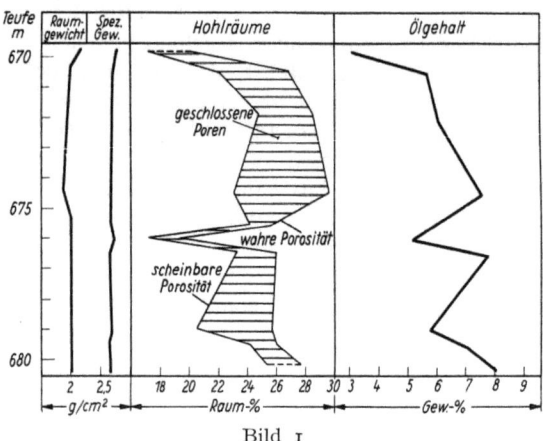

Bild 1

Probematerial	Vakuum-Wasseraufnahme Ag in Gew. %	Raumgewicht r	Spez. Gewicht s	Gehalt an		
				Gesamtporen ("wahre" Porosität) (1−r/s)·100 R %	offenen Poren ("scheinbare" Porosität) r·Ag R %	geschlossenen Poren R %
1	1,1	2,570	2,650	3,0	2,8	0,2
2	1,7	2,640	2,677	4,8	4,5	0,3
3	0,7	2,649	2,704	2,2	1,9	0,3
4	20,6	1,677	2,650	36,7	34,5	1,2
5	16,8	1,825	2,660	31,3	30,7	0,6
6	4,9	1,938	2,158	10,2	9,5	0,7
7	16,9	1,825	2,684	32,1	30,8	1,3
8	19,4	1,710	2,721	37,2	33,2	4,0
9	0,4	2,654	2,684	1,3	1,1	0,2
10	1,0	2,654	2,740	3,2	2,6	0,6
11	1,0	2,610	2,721	4,2	2,6	1,6
12	14,7	1,890	2,650	28,7	27,8	0,9
13	6,4	2,271	2,721	16,6	14,6	2,0
14	4,8	2,314	2,688	14,0	11,1	2,9
15	22,6	1,668	2,684	37,9	37,7	0,2

Über die Zusammenhänge zwischen Erdölführung und Porosität von Lagerstätten können zwei Untersuchungsreihen aus norddeutschen Ölbohrungen dienen. Die folgenden in der Tabelle aufgeführten Untersuchungsergebnisse stammen aus einer Tiefbohrung in ölführenden Kalkstein (Ölkreide):

Teufe m	Ölgehalt in Gew. %	Vakuum-Wasseraufnahme Ag in Gew. %	Raumgewicht r	Spez. Gewicht s	Gehalt an		
					Gesamtporen ("wahre" Porosität) (1−r/s)·100 R %	offenen Poren ("scheinbare" Porosität) r·Ag R %	geschlossenen Poren R %
669,5	3,0	8,1	2,162	2,702	20,0	17,5	2,5
670,5	5,6	10,4	1,970	2,693	26,8	20,5	1,3
672,0	5,9	12,7	1,938	2,711	28,5	24,6	3,9
674,5	7,6	11,7	1,879	2,670	24,6	22,0	7,6
675,5	7,5	12,2	1,987	2,659	25,6	24,2	1,4
676,0	4,8	7,7	2,175	2,688	19,2	17,1	2,1
676,5	7,3	11,6	1,984	2,678	25,8	23,1	2,7
679,0	5,8	10,5	1,964	2,678	25,6	20,6	5,0
679,5	7,0	12,4	1,948	2,638	26,1	24,1	2,0
680,3	8,0	13,1	1,921	2,650	27,5	25,1	2,4

Bei einer anderen Tiefbohrung im ölführenden Sandstein wurden folgende Werte erhalten:

Teufe m	Ölgehalt in Gew. %	Vakuum-Wasseraufnahme Ag in Gew. %	Raumgewicht r	Spez. Gewicht s	Gehalt an		
					Gesamtporen ("wahre" Porosität) (1−r/s)·100 R %	offenen Poren ("scheinbare" Porosität) r·Ag R %	geschlossenen Poren R %
628,5	0,4	4,5	2,366	2,650	10,7	10,0	0,7
629,5	1,1	7,7	2,199	2,670	17,7	16,9	0,8
634,0	0,3	7,9	2,178	2,706	19,5	17,2	2,3
636,5	1,0	7,0	2,260	2,688	15,9	15,8	0,1
540,5	0,3	6,1	2,250	2,706	16,2	13,8	2,4
643,5	1,1	8,9	2,140	2,670	19,9	19,0	0,9
648,5	0,9	5,1	2,344	2,670	12,4	12,0	0,4
656,0	0,2	2,2	2,538	2,740	7,4	5,6	1,8

In dem nebenstehenden Bild 2 sind Hohlräume, geschlossene Poren (schraffiert) und Ölgehalt der Bohrung dargestellt:

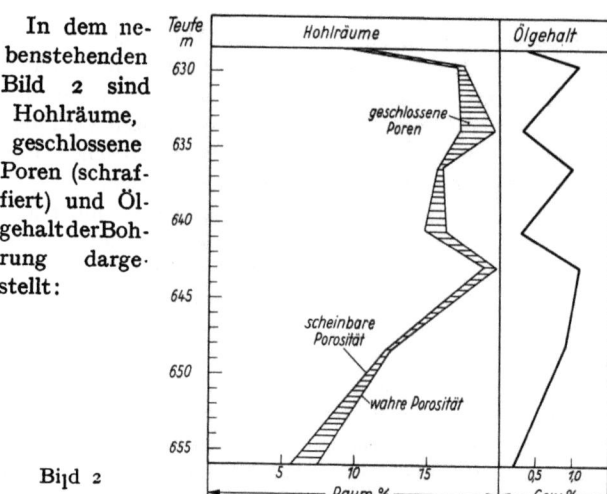

Bild 2

Wie aus der Lage der Kurven bei den Abbildungen 1 und 2 zu ersehen ist, steht offenbar Erdölgehalt und scheinbare Porosität bei Tiefbohrungen in ölführenden Schichten in unmittelbarem Zusammenhange. Es läßt sich aber, wie die in den Tabellen ermittelten Zahlen ergeben, aus der scheinbaren Porosität der Gesteinsproben der Erdölgehalt nicht berechnen. Dieser muß bei jeder Probe experimentell bestimmt werden.

Auf die zu ergreifenden Vorsichtsmaßnahmen bei Probenahme, Verpackung und Prüfverfahren zur richtigen Ermittlung des Ölgehaltes in Gesteinen hinzuweisen, dazu sollen diese kurzen Ausführungen dienen.

Gruben-Lokomotiven

Schlagwettergeschützte Streckenlokomotive

mit AFA Blei- oder DEAC Stahl-Akkumulatoren sind als betriebssicher und zuverlässig bekannt. Sie sind leicht bedienbar und arbeiten sehr wirtschaftlich. Lokomotiven und Batterien sind schlagwettergeschützt. Durch die selbsttätige Ladung ist die Wartung der Batterien erleichtert. Batteriewechsel während der Schicht ist nicht mehr nötig. Bei Stillstand haben die Maschinen keinen Energieverbrauch. Akkumulator-Lokomotiven arbeiten geräusch- und geruchlos.

AFA und DEAC

ACCUMULATOREN-FABRIK AKTIENGESELLSCHAFT · BERLIN · HAGEN · I. W.

Aus der **M·A·N** Prüfmaschinenfertigung in Werk Nürnberg

MASCHINENFABRIK AUGSBURG-NÜRNBERG A.G.

If you have any concerns about our products,
you can contact us on
ProductSafety@springernature.com

In case Publisher is established outside the EU,
the EU authorized representative is:
**Springer Nature Customer Service Center GmbH
Europaplatz 3, 69115 Heidelberg, Germany**

Printed by Libri Plureos GmbH
in Hamburg, Germany